Bernhard Fechner

Transiente Fehler in Mikroprozessoren

AF618937

VIEWEG+TEUBNER RESEARCH

Bernhard Fechner

Transiente Fehler in Mikroprozessoren

Mechanismen zur Erkennung, Behebung und Tolerierung

Mit einem Geleitwort von Prof. Dr. Jörg Keller

VIEWEG+TEUBNER RESEARCH

Bibliografische Information der Deutschen Nationalbibliothek
Die Deutsche Nationalbibliothek verzeichnet diese Publikation in der Deutschen Nationalbibliografie; detaillierte bibliografische Daten sind im Internet über <http://dnb.d-nb.de> abrufbar.

Dissertation der FernUniversität Hagen, 2008

1. Auflage 2009

Alle Rechte vorbehalten
© Vieweg+Teubner | GWV Fachverlage GmbH, Wiesbaden 2009

Lektorat: Christel A. Roß

Vieweg+Teubner ist Teil der Fachverlagsgruppe Springer Science+Business Media.
www.viewegteubner.de

Das Werk einschließlich aller seiner Teile ist urheberrechtlich geschützt. Jede Verwertung außerhalb der engen Grenzen des Urheberrechtsgesetzes ist ohne Zustimmung des Verlags unzulässig und strafbar. Das gilt insbesondere für Vervielfältigungen, Übersetzungen, Mikroverfilmungen und die Einspeicherung und Verarbeitung in elektronischen Systemen.

Die Wiedergabe von Gebrauchsnamen, Handelsnamen, Warenbezeichnungen usw. in diesem Werk berechtigt auch ohne besondere Kennzeichnung nicht zu der Annahme, dass solche Namen im Sinne der Warenzeichen- und Markenschutz-Gesetzgebung als frei zu betrachten wären und daher von jedermann benutzt werden dürften.

Umschlaggestaltung: KünkelLopka Medienentwicklung, Heidelberg
Druck und buchbinderische Verarbeitung: STRAUSS GMBH, Mörlenbach
Gedruckt auf säurefreiem und chlorfrei gebleichtem Papier.
Printed in Germany

ISBN 978-3-8348-0714-4

Wenn ich nicht für mich bin, wer ist für mich?
Und solange ich nur für mich bin, was bin ich?
Und wenn nicht jetzt, wann?
Hillel d. Ä.

Meiner Familie

Geleitwort

Spätestens mit der Verbreitung des Internets und des PCs hat die computergestützte Informationsverarbeitung alle Bereiche des menschlichen Lebens erreicht. Immer mehr Vorgänge des privaten und beruflichen Lebens werden mittels Computern aus Standard-Hardware durchgeführt, weshalb diese Rechner preisgünstig *und* zuverlässig sein müssen. Durch die immer weitere Verkleinerung der Strukturbreiten in hochintegrierten Chips steigt aber das Risiko von Bitfehlern auf Grund von Partikeleinschlägen, sodass hiergegen Vorsorge getroffen werden muss. Die vorliegende Schrift stellt die Grundlagen zur Betrachtung dieser Probleme zur Verfügung, sichtet die große Fülle von Literatur dieses gut beforschten Gebiets und stellt neue Lösungen vor, die Software unverändert lassen und Prozessoren möglichst wenig ändern. Beides sind unabdingbare Voraussetzungen für eine wirtschaftliche Nutzung. Auch Platz- und Energieverbrauch werden betrachtet, sodass eine möglichst ganzheitliche Bewertung erfolgen kann, mit der die Auswahl von Verfahren für so unterschiedliche Systeme wie eingebettete und Hochleistungsprozessoren gelingt.

Für mich eine Schrift zum Schmökern, Nachschlagen und Nachdenken, die interessante Stunden beschert.

Hagen, den 01.10.2008 Prof. Dr. Jörg Keller

Zusammenfassung

Innerhalb der vorliegenden Forschungsarbeit werden Mechanismen zur Erkennung und Tolerierung transienter Fehler während des Betriebs in Mikroprozessoren detailliert ausgearbeitet und validiert. Hauptaugenmerk ist eine einfache Eingliederungsmöglichkeit in bestehende Hardware unter Berücksichtigung des Flächenverbrauchs und des kritischen Pfades der Mechanismen.

Um diese Ziele erreichen zu können, werden folgende Innovationen entwickelt:

1. Ein Befehlshole-Algorithmus, der die dynamische Auswahl verschiedener Multithreading-Strategien (*dynamische Mehrfädigkeit*) und verschiedene virtuelle Konfigurationen (Einprozessor-, Duplex-, lockstepped- oder Dualprozessorsystem) ermöglicht. In Kombination mit Innovation 2 können Leistung und Fehlerüberdeckung zur Laufzeit angepasst werden.
2. Um eine schnelle Reaktion auf plötzliche Veränderungen der Fehlerrate zu gewährleisten, wurde *History Voting* entwickelt, das variable Schwellwerte für die Signalisierung von Fehlerraten benutzt und die Fehlerrate mit 98 % Genauigkeit vorhersagt.
3. Zur Erkennung transienter Kontrollfluss- und Datenfehler wurde das kompressionsbehaftete und kompressionslose pipelinebasierte Prüfsummenkalkül entwickelt. In Abhängigkeit von Innovation 1 kann ein einfaches Verfahren gewählt werden, das Fehler in maximal einem Takt

erkennt, genau lokalisiert und eine perfekte Fehlerüberdeckung aufweist.

4. Damit mehrere Ergebnisse aus der redundanten Ausführung von Threads im Vergleich zu warteschlangenbasierten Ansätzen zeitlich effektiv kommuniziert und wiederverwendet werden können, wurde der *temporäre Speicher* entwickelt. Durch Unterscheidung der Operandenbitbreiten wird der Datenspeicher um bis zu 48 %, durch Wiederverwendung von Sprungzielen der Sprungzielspeicher um durchschnittlich 91 % entlastet.
5. Ein taktgesteuertes Verfahren erkennt durchschnittlich 93,9 % der injizierten transienten Kontrollflussfehler in Mikroprogrammen und den durch Mikrocodes angesteuerten Zustandsautomaten.
6. Für das schnelle Zurückrollen architekturell fixierter Zustände wurde ein Protokoll für die Abbildung von Schreib-/Lesezugriffen auf Register entwickelt. Während des Zurückrollens kann bereits auf bestimmte Register geschrieben und von ihnen gelesen werden, wodurch die Ausführungszeit bei einem Rollback um durchschnittlich 19,92 % reduziert wird. Durch den Mikro-Rollback können einzelne Pipelinestufen oder die gesamte Pipeline zurückgesetzt werden. Die Fehlererkennung und -behebung dauert im günstigsten Fall drei Takte.

Verschiedene Entwurfsstile wurden gewählt, um unterschiedliche ökonomische Anforderungen abschätzen zu können. Alle Verfahren wurden aus diesem Grund für FPGAs- und Standardzellen implementiert und daraus wichtige Kenngrößen wie Flächenverbrauch, kritischer Pfad, Kapazität (Standardzellen) und Leistungsaufnahme (FPGAs) gewonnen und in den Kontext mehrerer CPU-Implementierungen gebracht. Daraus folgt eine Empfehlung für den Einsatzbereich jedes Verfahrens.

Inhaltsverzeichnis

Abbildungsverzeichnis

Tabellenverzeichnis

Liste der Symbole

τ	Anzahl der Hardware-Threads
π	Anzahl der Pipelinestufen
λ	Fehlerrate
ϕ	Durchschnittliche Anzahl von Befehlen, die pro Takt parallel ausgeführt werden können (IPC)
ρ	Schwellwert für die Aktivierung von zeitlich eng gekoppeltem Multithreading
p_t	Schwellwert für die Aktivierung des Fail-Safe Modus
Λ	Wahrscheinlichkeit von Loads im Befehlsstrom
Σ	Wahrscheinlichkeit von Stores im Befehlsstrom
Π	Wahrscheinlichkeit bedingter Sprünge im Befehlsstrom
$\langle n-1:0 \rangle$	Bitvektor der Länge n, Bits 0 bis n-1
$(x)_2$	Binärzahl x
O	Ordnung O, das Landausche Symbol
%	Der Modulo-Operator (Divisionsrest)
$\Vert$	Bitweises logisches ODER
&&	Bitweises logisches UND
$\oplus$	Bitweises logisches Exklusiv-ODER
<=	Zuweisung Variable-Ausdruck
++/—	Inkrementieren/ Dekrementieren eines Wertes um Eins

Liste der SI[1]-Einheiten

µm	Mikrometer, 10^{-6} Meter, Einheit für Länge
nm	Nanometer, 10^{-9} Meter, Einheit für Länge
eV	Elektronenvolt/ Elektronvolt, 1 eV $\approx 1{,}602 \cdot 10^{-19}$ Joule, Joule, Einheit für Energie
mA	Milliampere, 10^{-3} Ampere, Einheit für Stromstärke
mW	Milliwatt, 10^{-3} Watt, Einheit für Leistung
GHz	Gigahertz, 10^{9} Hertz, Einheit für Frequenz
MHz	Megahertz, 10^{6} Hertz, Einheit für Frequenz
ns	Nanosekunde, 10^{-9} Sekunden, Einheit für Zeit
ps	Pikosekunde, 10^{-12} Sekunden, Einheit für Zeit
pC	Pikocoulomb, 10^{-12} Coulomb, Einheit für Ladung
pF	Pikofarad, 10^{-12} Farad, Einheit für elektrische Kapazität

[1] Nach dem internationalen SI-Einheitensystem (frz.: *Système International d'unités*).

Liste der Abkürzungen

μOP	Mikrooperation
ALU	Arithmetic-Logic Unit
ATC	Produkt aus Fläche, Zeit und Kapazität (Area-Time-Capacity)
BIOS	Basic Input-Output System
BOQ	Branch Outcome Queue
BSP	Befehlsstrompuffer
BTAC	Branch Target Address Cache
CDC	Control Data Corporation
CIF	Caltech Intermediate Format
CLB	Configurable Logic Block
CMOS	Complementary Metal Oxide Semiconductor
CMP	Chip-Multiprocessor
CRC	Cyclic Redundancy Check
CRT	Chip-level Redundantly Threaded Multiprocessor
CRTR	Chip-level Redundantly Threaded Multiprocessor with Recovery
DIVA	Dynamic Implementation Verification Architecture
DMS	Dynamic Multistreaming
DMT	Dynamic Multithreading
DRAM	Dynamic Random Access Memory
DTLB	Data Translation-Lookaside Buffer
ECC	Error Correction Code
EDIF	Electronic Design Interchange Format
EFI	Extensible Firmware Interface
FIFO	First-In First-Out
FIT	Failure In Time, ein Fehler in 10^9 Betriebsstunden

FPGA	Field Programmable Gate Array
FT	Fehlertoleranz
GPS	Global Positioning System
ILP	Instruction Level Parallelism
IOB	IO-Block
IPC	Instructions Per Clock
ITLB	Instruction Translation-Lookaside Buffer
LUT	Lookup-Table
MIPS	Microprocessor without Interlocked Pipeline Stages
MIT	Massachusetts Institute of Technology
MOSFET	Metal Oxide Semiconductor Field Effect Transistor
MT	Multithreading
MTBF	Mean Time Between Failures
MTTF	Mean Time To Failure
MTTR	Mean Time To Repair
PC	Program Counter
PCF	Physical Constraints File
PCI	Peripheral Components Interconnect
RMT	Redundant Multithreading
RVQ	Register Value Queue
SAR	Speicheradressregister
SED	Single-Event Disturbance
SEDF	Single-Event Dielectric Failure
SEE	Single-Event Effect
SEFI	Single-Event Functional Interrupt
SEGR	Single-Event Gate Rupture
SET	Single-Event Transient
SEU	Single-Event Upset
SIA	Semiconductor Industry Association

SIMD	Single Instruction – Multiple Data
SIS	Signed Instruction Stream
SMT	Simultaneous Multithreading
SPARC	Scaleable Processor ARChitecture
SPEC	Standard Performance Evaluation Corporation
SRT	Simultaneous and Redundant Threading
SSMT	Simultaneous Subordinate Multithreading
TLP	Thread Level Parallelism
TMR	Triple Modular Redundancy
VHDL	Very High Speed Integrated Circuit Hardware Description Language
UCF	User Constraints File
UEFI	Universal Extensible Firmware Interface
VAX	Virtual Address eXtension
VLSI	Very Large Scale Integration
VOQ	Value Outcome Queue

Auch eine Reise über tausend Kilometer
muss mit einem einzelnen Schritt beginnen.
Laotse

Kapitel 1

Einleitung und Motivation

Rechensysteme werden heute in allen Bereichen des täglichen Lebens eingesetzt. Beispiele sind Set-Top Boxen, Digital Video Broadcast Geräte, Fernsehgeräte, Spielkonsolen, Handys und MP3-Abspielgeräte aber auch Systeme in Personen- und Lastkraftwagen, Industrierobotern, der Luft- und Raumfahrt, Monitorsysteme in Kernkraftwerken, Signalanlagen, Herzschrittmachern oder anderen lebenserhaltenden Systemen. Hieraus ergibt sich eine zunehmende Abhängigkeit von diesen Systemen und deren korrekter Funktion. Unzuverlässig arbeitende Rechensysteme können Menschenleben gefährden. Das Versagen einer Prozesssteuerung oder eines Transaktionssystems kann aufgrund der oft hohen Investitionen in Forschung, Entwicklung und Produktion beträchtliche wirtschaftliche Auswirkungen zur Folge haben. Damit der Gewinn maximiert werden kann, werden Entwicklungszyklen verkürzt, wodurch Entwurfsfehler entstehen können. Rückrufaktionen, für den Benutzer unerklärliches Fehlverhalten oder der Verlust von Menschenleben durch einen Fehler in der Soft- oder Hardware eines Produktes kann sich fatal auf das Öffentlichkeitsbild des Herstellers auswirken.

Mit der ständig wachsenden Anzahl ihrer Anwendungen haben sich auch die Leistungsanforderungen an die eingesetzten Mikroprozessoren erhöht. Diese Entwicklung hat zu einer Steigerung der Taktfrequenz auf 4,7 GHz (2007) und zu einer Erhöhung der Integrationsdichte bis zu einer minimalen Strukturbreite von derzeit (2007) 45 nm geführt. Je kleiner diese wird, desto größer wird die Verarbeitungsleistung, da die Schaltzeiten der eingesetzten Transistoren kleiner werden. Der Flächenverbrauch scheint in Zeiten der Höchstintegration keine nennenswerte Rolle mehr zu spielen. Nimmt dieser jedoch zu, wachsen die Produktionskosten, da ein fehlerhaft produzierter Chip Fläche auf dem Wafer beansprucht. Eine Konsequenz hieraus ist, durch höhere Integrationsdichte, Optimierung beim Entwurf und/oder durch Erhöhung des Wafer-Durchmessers mehr Chips auf dem Wafer unterzubringen. Die Einführung der 300-mm-Wafer-Technologie, ermöglichte die Produktionskosten bei anhaltend gleich bleibenden Chipflächen weiter zu senken. Der Leitplan der Semiconductor Industry Association (SIA) prognostiziert bis 2020 einen weiteren Anstieg der Integrationsdichte durch Verringerung der Strukturbreiten auf 14 nm [200]. Abbildung 1-1 zeigt die Eckdaten einiger Mikroprozessoren von 1970-2007. Man erkennt einen fast exponentiellen Anstieg der Taktung, der Transistorzahl, eine seit 1995 annähernd gleich bleibende Chipfläche in mm² und eine anhaltende Verkleinerung der Strukturgröße (μm).

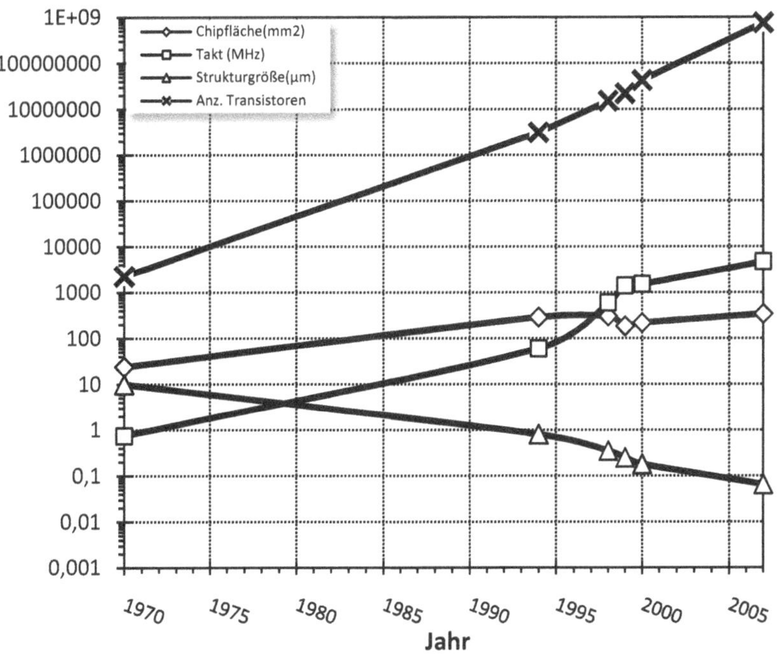

Abbildung 1-1: Technologieentwicklung (1970-2007)

Hohe Integrationsdichte ermöglicht die Implementierung neuartiger Konzepte wie simultane Mehrfädigkeit (Simultaneous Multithreading) [45], die Vernetzung hochkomplexer Komponenten zu Mehrkernsystemen auf einem Chip aber auch die Vergrößerung konventioneller Strukturen, wie z. B. den Caches.

Abbildung 1-2 zeigt diese Entwicklung mit den Parametern Strukturgröße (nm), Leistungsaufnahme (Watt, rechte y-Achse, lineare Skalierung) und Kernen, Threads[2] sowie Taktfrequenz (linke y-Achse, logarithmische Skalierung) für verschiedene Prozessoren, wobei diese aufsteigend nach dem Jahr ihres Erscheinens (2001-2008) sortiert sind. Man erkennt den Technologievorteil mancher Hersteller (Intel), eine Kongruenz zwischen Kernen und Threads, da die Anzahl der Threads pro Kern heute meist auf zwei limitiert ist, einen fast umgekehrt proportionalen Verlauf zwischen Kernen und Taktfrequenz und ein Einpendeln der Leistungsaufnahme zwischen 85 und 110 W (für den POWER6 wurde die Leistungsaufnahme auf 110 W geschätzt). Je höher die Integrationsdichte, desto mehr Schaltvorgänge laufen in kurzer Zeit auf kleinstem Raum ab und desto mehr Wärme entsteht, wodurch die Leistung des Systems beeinträchtigt wird (vgl. [175], S. 284).

[2] Die Definition des (Hardware-)Thread findet sich in Kapitel 2 (s. auch Index).

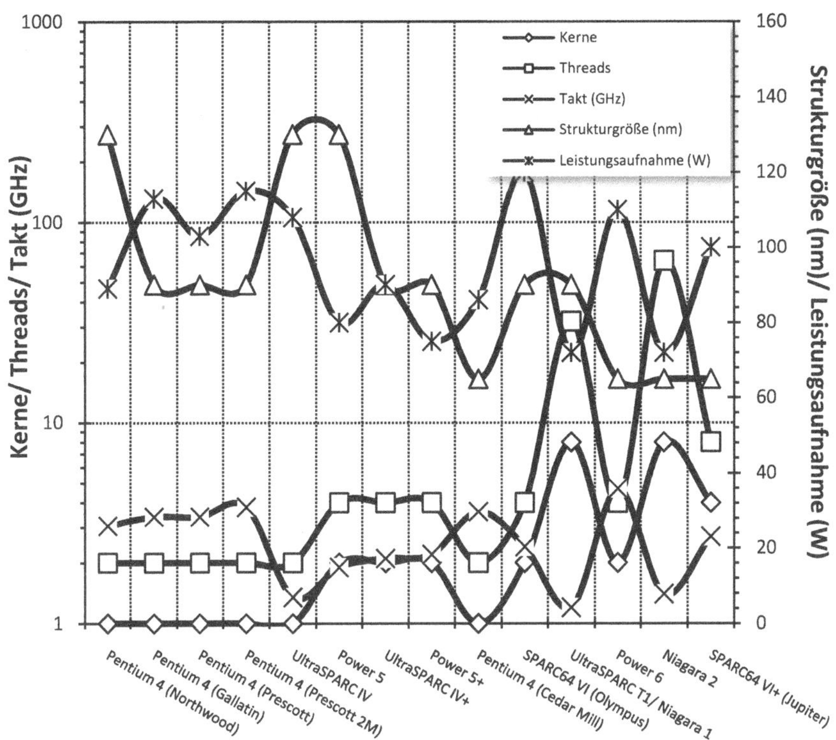

Abbildung 1-2: Entwicklung mehrfädiger Mehrkernsysteme (2001-2008)

Die Senkung der Betriebsspannung ist bei hohen Taktfrequenzen für CMOS-Technologien (Complementary Metal-Oxide Semiconductor) unumgänglich, da nach [18] die Leistungsaufnahme P einer Schaltung mit N Knoten zu $P = V_{DD}{}^2 f \sum_{i=1}^{N} \alpha_i C_i$ abgeschätzt werden kann, wobei $\alpha_i = P_i(1-P_i)$ die Wahrscheinlichkeit einer '0'-'1', '1'-'0' Transition (Schaltaktivität) in Knoten i, P_i die Wahrscheinlichkeit, dass dieser auf dem Spannungspegel '1' liegt, C_i die

Gesamtkapazität des Knotens, f die Taktfrequenz und V_{DD} die Spannungsversorgung darstellt. Um die aufgenommene Leistung zu verringern, werden die Strukturbreiten und/oder das Spannungspotenzial zwischen der logischen '0' und '1' reduziert. Der Störspannungsabstand sinkt entsprechend. Spannungsänderungen machen sich dadurch sehr viel schneller als temporäre Fehler bemerkbar.

1978 wurden bei Intel ungewöhnlich hohe Raten transienter Fehler[3] in 16-kBit-DRAMs festgestellt. Diese wurden durch α-Partikel niedriger Energie verursacht, da radioaktiv kontaminiertes Wasser das keramische Packungsmaterial verunreinigte. Die festgestellten Spuren radioaktiver Elemente waren hoch genug, um die Fehlerrate deutlich zu erhöhen [135]. Die Entdeckung dieser Fehler führte zu strikten Kontrollen der Packungs- und Halbleitermaterialien seitens der DRAM-Hersteller. Trotz dieser Kontrollen werden durch α-Partikel induzierte transiente Fehler heute immer noch als wahrscheinlich angesehen [152]. Bei Strukturbreiten unter 90 nm tritt in Meereshöhe [153] ein weiteres Problem auf, das bisher nur aus der Luft- und Raumfahrt bekannt war: die steigende Wahrscheinlichkeit, dass Neutronen transiente Fehler in Speicherelementen (Single-Event Upsets) verursachen [16][153]. Die auf Meereshöhe messbare Strahlung besteht zu etwa 92 % aus Neutronen kosmischen Ursprungs [99]. Der Spitzenwert auf Meereshöhe liegt bei 14400 Neutronen/cm²/h [100]. Abbildung 1-3 zeigt die Anzahl der gemessenen Neutroneneinschläge kosmischen Ursprungs pro Stunde pro Quadratzentimeter für Kiel (Messdaten aus [149]).

---

[3] Die Definition des transienten Fehlers findet sich in Kapitel 2.

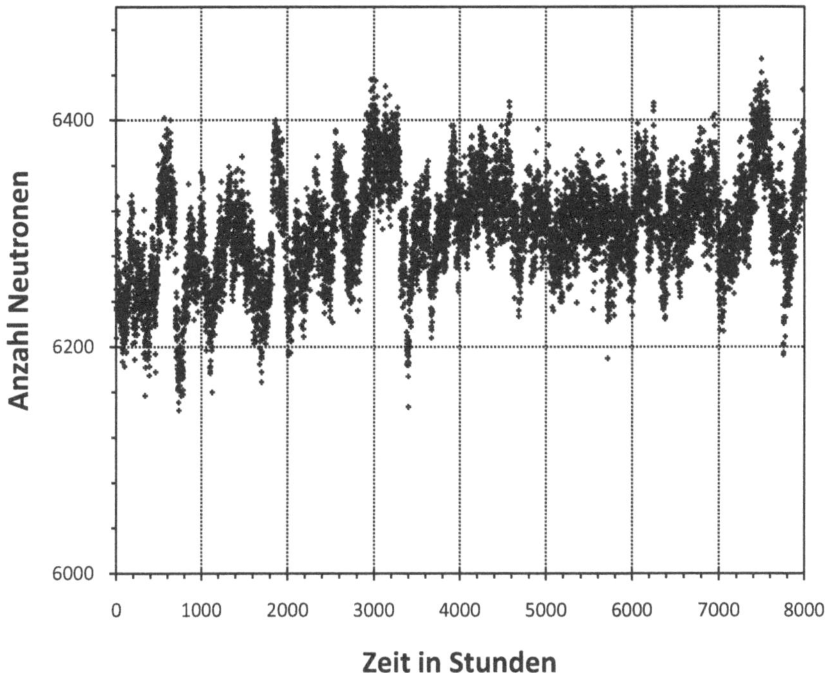

Abbildung 1-3: Anzahl Neutroneneinschläge pro Stunde für Kiel (2007)

Wichtig für eine Bestimmung der Fehlerrate ist der Neutronenfluss in Bezug auf Intensität und Ort. In [236] beschreibt J. F. Ziegler wie dieser in Abhängigkeit von den geomagnetischen Koordinaten und der Höhe des jeweiligen Orts abgeschätzt werden kann.

Tabelle 1-1 zeigt beispielhaft die so ermittelten Strahlungsdaten für Berlin und Leadville, Colorado [236] relativ zur Intensität für New York pro Stunde.

Tabelle 1-1: Strahlungsintensität einiger Städte

	Geografische Lage		Höhe (ü. NN)	Druck (g/cm²)	Intensität
Berlin	13°25'O	52°31'N	34-115 m	1032	1,06
Leadville, CO, USA	106°17'33"W	39°14'50"N	3109 m	705	12,86

Tabelle 1-2 zeigt den berechneten Neutronenfluss (cm²/h) in Abhängigkeit von der Partikelenergie E in MeV für New York. Dieser beträgt nach Ziegler $1{,}5\cdot e^{\left(\begin{smallmatrix}-5{,}2752-2{,}6043\cdot\ln E-0{,}5985\cdot(\ln E)^2\\ -0{,}08915\cdot(\ln E)^3+0{,}003694\cdot(\ln E)^4\end{smallmatrix}\right)}$ pro Stunde pro Quadratzentimeter.

Tabelle 1-2: Neutronenfluss in Abhängigkeit von der Energie in MeV

E(MeV)	Neutronenfluss (cm²/h)
2	0,0009190790968
3	0,0001894434561
4	0,00005181768842
5	0,0000169856564

Mit steigender Höhe nehmen die Fehlerraten in SRAMs um das 3- bis 10-fache zu, etwa um den Faktor 1,3 pro 1000 Fuß (304,79 m) [104]. Shivakumar et al. [180] prognostizieren einen Anstieg der Rate transienter Fehler in der Schaltungslogik um den Faktor $\sim 10^5$ von 1992 bis 2011. Für das nächste Jahrzehnt (>2010) werden 10^4 FIT vorhergesagt, eine MTBF von 11,4155 Jahren, was einer Fehlerrate von 10^{-5}/h entspricht. Bei größeren Systemen kann es durchaus zu mehreren Manifestationen pro Tag kommen, wie die Felddaten aus Anhang B belegen. Hier wird sofort klar, dass mit steigender Anzahl der Prozessoren und der Hauptspeichergröße Fehlertoleranzmechanismen unumgänglich werden. Wie wichtig ein fortlaufend fehlerfreies Verhalten in der Industrie ist, zeigt Tabelle 1-3 exemplarisch durch Abbildung der Betriebskosten pro Stunde und der Kosten pro Ausfallstunde in 10^3 US-Dollar für verschiedene Industriezweige (aus [204]).

Tabelle 1-3: Kosten pro Stunde für Systemausfälle in 10^3 US-Dollar

Industrie	Geschäftszweig	Betriebskosten	Systemausfall
Finanzwesen	Wertpapiergeschäfte	5600-7300	6450
Finanzwesen	Kreditkartenabrechnung	2200-3100	2600
Finanzwesen	Gebühren an Geldautomaten	12-17	14,5
Transportwesen	Flugreservierung	67-112	89,5
Transportwesen	Paketsendungen	24-32	28
Verkauf	Katalogverkauf	60-120	90
Medien	Kartenvorverkauf	56-82	69

Im Jahr 2000 wurden Baby Bell (Atlanta), America Online, eBay und duzende weitere Unternehmen von plötzlichen Serverausfällen überrascht. Diese wurden durch Neutroneneinschläge im L2-Cache (UltraSparc II) der Sun E3000 und E10000-Modelle verursacht, wobei diese Fehler aufgrund der aus Geschwindigkeitsgründen fehlenden Fehlerkorrektur nicht erkannt wurden [15][74]. Der Halbleiterhersteller Cypress wurde im Jahr 2001 durch den Anruf einer großen Telefongesellschaft aufgeschreckt. Die Gesellschaft berichtete, dass „*[...] a single soft fail [...] was causing an interleaved system farm to crash*", ebenfalls, dass die Fabrikanlage eines großen Automobilzulieferers fast jeden Monat durch einen transienten Fehler im Netzwerk [237] ausfiel. Hewlett Packard gibt an, dass im aus 2048 Knoten bestehenden Supercomputer ASCI-Q (AlphaServer ES45) des Los Alamos Neutron Science Center häufig transiente Fehler festgestellt wurden, die die Systemfunktionalität ganz oder teilweise beeinträchtigten [139]. Bei einer Wahl am 18. Mai 2003 im belgischen Schaerbeek wurden von einer Wahlmaschine fälschlicherweise 4096 Stimmen mehr für eine Kandidatin als bei manueller Auszählung gezählt, wobei dieser Fehler durch kosmische Strahlung verursacht wurde [31].

1.1 Aufgabenstellung

Diese und ähnliche Ausfälle werden durch die oben aufgeführte Entwicklung (steigende Taktfrequenz, Integrationsdichte, niedrige Signalpegel, mehrere Kerne etc.) in Zukunft drastisch zunehmen, wenn keine Gegenmaßnahmen getroffen werden [14][32]. Das Anliegen dieser Arbeit ist es daher, die Verlässlichkeit von Mikroprozessoren während des Betriebes trotz Anwesenheit transienter Kontrollfluss- und Datenfehler zu erhöhen und damit eine hohe Verfügbarkeit zu erreichen. Um zusätzliche Entwicklungskosten bei einer Integration der Mechanismen zu reduzieren, wird auf eine einfache Eingliederungsmöglichkeit in existierende Hardware geachtet und verschiedene ökonomische Anforderungen durch Verwendung unterschiedlicher Entwurfsstile abgeschätzt. Im Fehlerfall soll der Fehlerüberdeckungsgrad vergrößert, im fehlerfreien Fall die Leistung erhöht werden; bei Gefährdung der Systemsicherheit soll eine Rückfallmöglichkeit in einen sicheren Zustand vorhanden sein. Die Fehlererkennung soll innerhalb weniger Zyklen stattfinden, was zu einer zeitnahen Reaktion auf Fehler führt sowie Seiteneffekte wie Fehlerfortpflanzung und Unschärfe bei der Fehlerlokalisation einschränkt. Aus diesen Gründen können nicht in jedem Bereich fehlererkennende, bzw. -korrigierende Codes eingesetzt werden; es müssen innovativere Fehlertoleranzmechanismen entwickelt werden.

Es ergibt sich die erste Maxime für den Entwurf:

- *Fehlertoleranz soll ohne großen Aufwand (einfache Systemintegration, Implementierungszeit, Flächenverbrauch, Beeinflussung des kritischen Pfades) erreichbar sein.*

Um tiefgreifende und damit kostspielige Eingriffe in existierende Software zu vermeiden, ergeben sich mit Forderung der universellen Einsetzbarkeit der Mechanismen die zweite und dritte Maxime:

- *Für den Befehlssatz existierender Objektcode darf nicht verändert werden. Binärkompatibilität wird vollständig gewährleistet.*
- *Wenn sich der Prozessor im fehlertoleranten Betrieb befindet, soll dies für alle Anwendungen transparent geschehen.*

1.2 Gliederung

In Kapitel 2 werden die für das Verständnis dieser Arbeit notwendigen Grundlagen und Begriffe wie der des transienten Fehlers erläutert, Fehlerursachen klassifiziert und einige Beispiele aufgeführt. Ein wichtiger Parameter transienter, durch Neutronen verursachter Speicherfehler, die Fehlerdauer, wird herausgearbeitet. Anschließend wird das Fehlermodell auf Gatterebene vorgestellt. In einzelnen Unterabschnitten wird es auf Komponentenebene verfeinert, klassische Maßnahmen zur Fehlererkennung und -behebung diskutiert und anhand einiger Beispiele deutlich gemacht. Es erfolgt die Definition wichtiger Begriffe, z. B. dem des Threads. Die Vorgehensweise bis zum fertigen Schaltkreis unter Anwendung verschiedener Entwurfsstile (Standardzellen und FPGAs) wird in Kapitel 3 geschildert und Technologieparameter wie die Anzahl der Metallisierungsebenen und Integrationsdichte vorgestellt. Weiterhin werden wichtige Parameter für die Simulation und Fehlerinjektion herausgearbeitet. Kapitel 4 stellt den Hauptteil dieser Arbeit dar. Auf Basis einer Literaturrecherche wird zunächst das Forschungsfeld für das international stark beforschte redundante Multithreading gesichtet, Zusammenhänge aufgezeigt und daraus die Innovationen des temporären Sprungziel- und Datenspeichers entwickelt. Danach wird das Thread-Prüfsummenkalkül und Mikrocode Timing vorgestellt. Diese Verfahren erlauben die schnelle Erkennung transienter Fehler. Das Prüfsummenkalkül kann zudem Fehler lokalisieren, indem es diese auf einzelne Stufen eines Prozessors mit Pipeline abbildet. Verschiedene virtuelle Betriebsarten eines mehrfädigen Prozessors werden durch einen neuartigen Befehlshole-Algorithmus ermöglicht. In Zusammenspiel mit dem entwickelten History Voting können Leistung und Fehlerüberdeckung zur Laufzeit dynamisch angepasst werden. Dann erfolgt die Schilderung des schnellen Zurückrollens architekturell fixierter und nicht-fixierter Zustände während des Betriebs. Alle Fehlererkennungsmechanismen werden durch Software-Fehlerinjektion hinsichtlich ihres Fehlerüberdeckungsgrades bewertet, in VHDL realisiert und zum einen für FPGAs, zum anderen für Standardzellen synthetisiert und implementiert. Der Flächenanteil, maximale Pfad und Energieverbrauch der Verfahren wird ermittelt. Die Arbeit endet in Kapitel 5 mit einem Überblick und einem Fazit, wobei die Ergebnisse in den Kontext mehrerer CPU-Implementierungen gebracht werden. Es folgt eine Empfehlung für das Einsatzgebiet der Mechanismen.

Die schlimmsten Fehler macht man in der Absicht, einen Fehler gutzumachen.

Jean Paul

Kapitel 2

Grundlagen

Eine genaue Analyse der in technischen Systemen auftretenden Fehler ist für den Entwurf und die Realisierung zuverlässiger Systeme unentbehrlich. Erst dann können effektive Maßnahmen zur Entdeckung und Behebung dieser Fehler getroffen werden. Ein Fehlverhalten kann durch Soft- oder Hardwarefehler verursacht werden. Diese Arbeit beschäftigt sich mit der Erkennung und Behebung von Fehlern in Hardware durch Hardware. Techniken zur Abschwächung von Fehlerauswirkungen in Mikroprozessoren werden in technologische Maßnahmen während der Fabrikation, z. B. den Epitaxieprozess, fortgeschrittene Prozesstechnologien wie Silicon-on-Insulator und die in dieser Arbeit eingesetzten Entwurfstechniken unterteilt. Diese unterscheiden sich in vielerlei Hinsicht, beispielsweise in Zielrichtung und Strategie (Erkennung, Behebung, sicherer Zustand) und die Fehlervorgaben aus dem Fehlermodell. Ursache eines Fehlers kann eine Störung (*disturbance*) oder ein Irrtum (*mistake*) sein. Der daraus resultierende Defekt (*fault*) manifestiert sich physikalisch. Wird die betroffene Komponente benutzt, überführt der Defekt das betroffene System in einen fehlerhaften Zustand *(error).* Das durch den Benutzer (Mensch oder ein Teilsystem) beobachtbare Auftreten eines Defekts wird als Versagen (*failure*) bezeichnet. Entwurfsfehler werden nicht unbedingt vor der Auslieferung erkannt. Ursachen können eine fehlerhafte Spezifikation bzw. deren fehlerhafte Umsetzung, wachsender Zeitdruck beim Entwurf, zunehmender Anteil von Fremddesign und steigende Komplexität sein.

Eine Patriot-Rakete beim Start. Quelle: [8]

Während des ersten Golfkrieges verfehlte eine Patriot-Rakete eine irakische Scud-Rakete. Als Folge daraus wurden 28 Soldaten getötet und weitere 100 Menschen verletzt. Die Fehlerursache war ein Entwurfsfehler in den Routinen der Zeitberechnung [8]. Der 1994 aufgedeckte Entwurfsfehler in der Quotiententabelle des SRT[4]-Divisionsalgorithmus [87] in Intel Pentium-CPUs führte zum Rückruf aller bisher ausgelieferten Pentium-CPUs und zu einem finanziellen Schaden von ca. 475 Millionen US-Dollar [226]. Ein weiteres Beispiel ist der kurz nach seiner Einführungsphase zurückgerufene [97] MIPS R10000 [230]. Fertigungsfehler sind Fehler bei der physikalischen Realisierung eines korrekten Entwurfs, insbesondere Fehler durch defekte oder falsch bestückte Bauteile, Bauteile, die ihre Spezifikation nicht einhalten, Unterbrechungen oder Kurzschlüsse zwischen Leiterbahnen, Lötfehler, Störstellen als Folge von plastischen Deformationen während der Hochtemperaturprozessschritte, Verunreinigungen wie Rückstände chemischer und mechanischer Prozesse, beispielsweise der Abrieb beim Polieren des Wafers vor dem Aufbringen der Epitaxieschicht.

---

[4] Nach seinen Erfindern Sweeny (IBM), Robinson (Universität Illinois) und Tocher (Imperial College).

Abbildung 2-1 zeigt zwei Beispiele von Fertigungsfehlern (aus [156]).

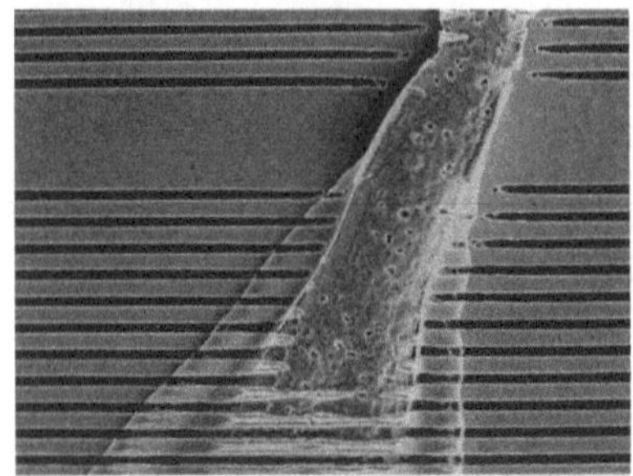

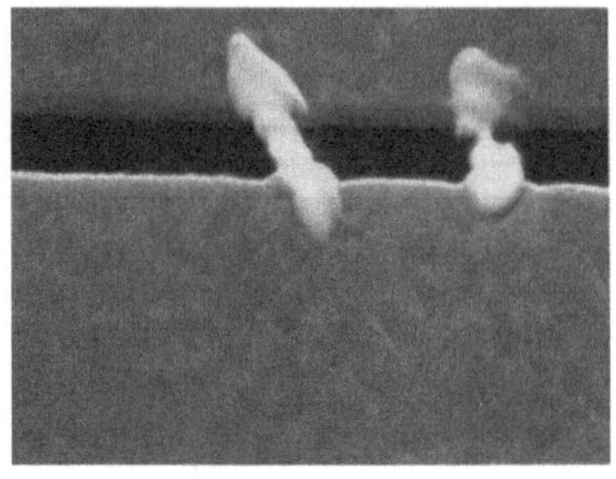

Diskontinuität zwischen mehreren Leitern

Ein Kurzschluss zwischen zwei Leitern

Abbildung 2-1: Beispiele typischer Fertigungsfehler

2.1 Charakterisierung von Fehlerursachen

Betriebsfehler sind nach [42] dadurch charakterisiert, dass sie während der Nutzungsphase eines fehlerfreien Rechensystems einen fehlerhaften Zustand desselben verursachen und ein nahezu beliebiges zeitliches Verhalten aufweisen. Vertreter von Hardware-Betriebsfehlern sind störungsbedingte Fehler (z. B. durch äußere mechanische, elektrische oder thermische Einflüsse [215]) und Verschleißfehler. Durch elektrostatische Entladung, ungünstige thermische Umgebungsbedingungen aber auch durch elektrische Überlastung können Bauteile dauerhaft geschädigt werden. Wird die betroffene Komponente nicht repariert oder ausgetauscht, bleibt der Fehler bis zur Überführung des Systems in einen sicheren Zustand (*fail-safe shutdown*) bestehen. Temporäre störungsbedingte Betriebsfehler treten als Ursache für Fehlfunktionen in digitalen Systemen 5 bis 100 Mal häufiger auf als permanente Fehler [136][181]. Unter dem Begriff des *dynamischen Fehlers* oder *temporären störungsbedingten Betriebsfehlers* werden Aussetzer (*intermittierende Fehler*) und flüchtige Fehler (*transiente Fehler*) zusammengefasst. Ursachen intermittierender Fehler sind z. B. ein fehlerhafter Hardwareentwurf oder besonders ausgezeichnete elektrische Zustände (musterabhängiges Übersprechen auf den Busleitungen etc.). Transiente Fehler stellen 80 bis 90 % der in Hardware auftretenden Betriebsfehler dar [35] und verursachen über 90 % der Wartungskosten [113]. Sie können u. a. durch zu flache Signalflanken, Übersprechen, Reflexionen der Signale an Leitungsenden, unterschiedliche Signallaufzeiten, Fluktuationen der Spannungsversorgung, lose Steckverbindungen, partiell defekte Komponenten, metastabile Zustände, Einflüsse aus der Umgebung

(Temperatur, Feuchtigkeit, Vibrationen), *Hot Carrier Injection*[5] und Elektromigration [27] ausgelöst werden. Weiterhin können elektromagnetische Interferenz (z. B. das durch Schaltvorgänge integrierter Schaltkreise erzeugte elektromagnetische Feld) und Strahlungseffekte transiente Fehler verursachen.

Abbildung 2-2 verdeutlicht den Elektromigrationseffekt (aus [156]).

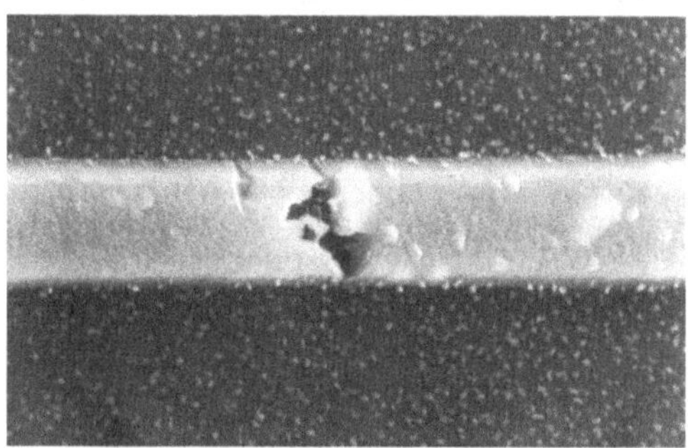

Abbildung 2-2: Elektromigrationseffekt einer Verdrahtung

Wie bereits in Kapitel 1 angesprochen, werden beobachtbare Effekte durch Strahlung verursachter transienter Fehler in Zukunft auch auf Meereshöhe mit abnehmender Versorgungsspannung, zunehmender Taktfrequenz und Integrationsdichte eine immer größere Rolle [27] spielen. Diesen Fehlern soll daher besondere Aufmerksamkeit gewidmet werden. Abbildung 2-3 zeigt die Klassifizierung von Strahlungsarten nach dem Anwendungsfeld, wobei Raumfahrzeuge i. A. eher selten in Kontakt mit Neutronen kommen [92].

---

[5] Elektronen/ Elektronenlöcher, die nach Beschleunigung durch ein starkes elektrisches Feld eine sehr hohe kinetische Energie aufweisen, in kritische Bereiche einer Schaltung gelangen und durch Ladungsverschiebung Fehlverhalten verursachen können.

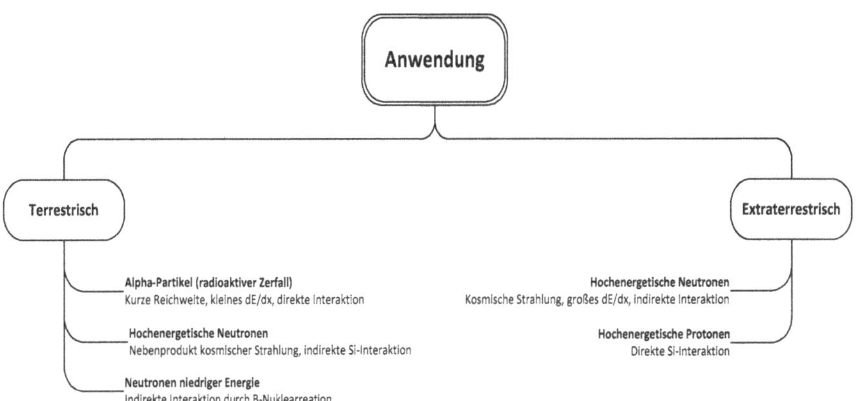

Abbildung 2-3: Klassifizierung von Strahlungsarten nach Anwendungsbereich

Temporäre und *destruktive* Strahlungseffekte können in *kumulative* und *Single-Event Effekte (SEE)* und jeweils in *ionisierende* und *nicht-ionisierende* Strahlung untergliedert werden. Im Gegensatz zu SEEs entstehen kumulative Strahlungseffekte aus der akkumulierten Wirkung vieler Teilchen. Zu nicht-ionisierender Strahlung gehören elektromagnetische Wellen, deren Energie nicht ausreicht, um Atome zu ionisieren. Bei einer Wellenlänge unter 100 nm kann ebenfalls Ionisation bewirkt werden, da ein Photon dann über genügend Energie verfügt, um ein Elektron abzustoßen.

Zu ionisierender Strahlung zählen sowohl Teilchen- (z. B. α-, β- und Neutronenstrahlung) als auch elektromagnetische Strahlung wie Röntgen- und Gammastrahlung[6]. Sie besitzt genügend Energie, um Atome und Moleküle zu ionisieren, d. h. aus elektrisch neutralen Atomen und Molekülen positiv oder negativ geladene Teilchen zu erzeugen und damit transiente Fehler auszulösen. Direkt ionisierende Strahlung bezeichnet alle geladenen Teilchen wie Elektronen oder Alphateilchen, die durch Stöße unmittelbar Ionisationen in der bestrahlten Materie erzeugen. Bei genügender Skalierung der Integrationsdichte können auch Protonen transiente Fehler verursachen [17]. In Luft- und Raumfahrtanwendungen führt dies zu einer um Größenordnungen höheren Empfindlichkeit der betroffenen Schaltungen. Bei indirekter Strahlung wird die Energie des Teilchens zunächst auf einen Stoßpartner übertragen, der die ihn umgebende Materie ionisiert. Neutronenstrahlung zählt zur indirekt ionisierenden Teilchenstrahlung. Abbildung 2-4 präsentiert den Schnitt durch die p-n Sperrschicht eines Transistors und den idealisierten Pfad eines Ions [77] (n-Si: n-dotiertes Silizium). Dabei bestimmt der Winkel θ, ob mehrere Schaltelemente gleichzeitig beeinflusst werden können.

---

[6] Nach *de Broglie* kann einem bewegten Materieteilchen eine Welle zugeordnet werden. Ist p der Impuls eines Teilchens, so ist die Wellenlänge λ durch die Beziehung $\lambda \cdot p = h$ (Plancksches Wirkungsquantum $h=4{,}13566743 \cdot 10^{-15}$ eV·s) gegeben. Somit kann auch Röntgen- oder Gammastrahlung zur Teilchenstrahlung gerechnet werden. Nach: Meyers Lexikon (*Materiewelle*), http://lexikon.meyers.de/meyers/Materiewelle, Zitiert am 23.01.2008.

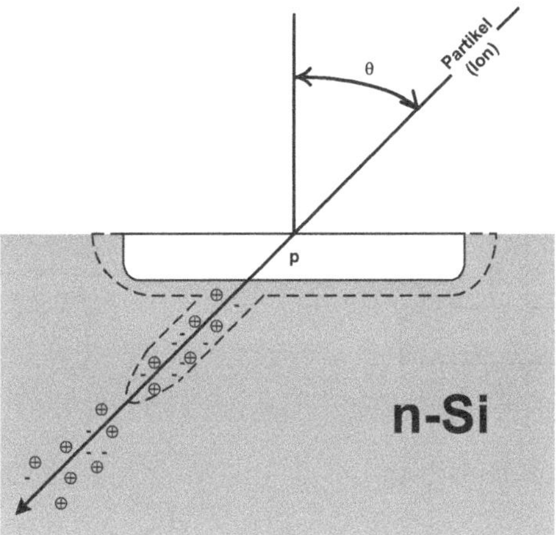

Abbildung 2-4: Ionen-Einzelimpuls in der p-n Sperrschicht

Das Partikel erzeugt auf seinem Pfad im Silizium-Kristallgitter Elektronenloch-Paare durch Coulomb-Streuung. Die eingebrachte Energie kann durch den Energieverlust E des Ions auf seinem Weg dE/dx in keV/µm, dem linearen Energietransferwert (LET = dE/ρdx, ρ ist die Materialdichte) in eV pro cm^2mg^{-1} oder in Ladung pro Längeneinheit (pC/µm) angegeben werden [92]. Durch direkt oder indirekt ionisierende Strahlung kann bei genügend eingebrachter Ladung ein Transistor innerhalb eines SRAM[7] ein- oder ausgeschaltet werden, wodurch der Zustand des gespeicherten Bit invertiert wird. Diese transienten Effekte werden als *Single-Event Upset* (*SEU*) bezeichnet. Abbildung 2-5 zeigt dazu beispielhaft die Wirkung eines SEU in einer CMOS-MOSFET SRAM-Zelle (Anreicherungstyp, ohne Substratverbindung und Transistoren für die Ansteuerung der Bitleitungen A und B).

---

[7] Ähnlich funktioniert auch die Veränderung des Zustands von DRAMs.

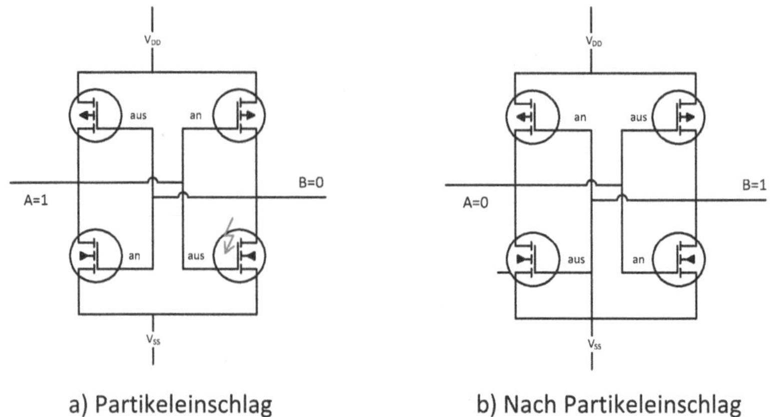

a) Partikeleinschlag b) Nach Partikeleinschlag

Abbildung 2-5: Effekt eines Single-Event Upsets in einer SRAM-Zelle

Tabelle 2-1 zeigt einige Single-Event Strahlungseffekte (aus [17][41][50][223]). Sie stellen die Hauptursache für Strahlungsschäden in terrestrischen und extraterrestrischen Umgebungen dar [12].

Tabelle 2-1: Beispiele für Single-Event Strahlungseffekte

	Temporäre Effekte	
	Name	**Beschreibung und Effekt**
SEU	Single-Event Upset	Der logische Zustand eines Speicherelements wird verändert
SED	Single-Event Disturbance	Verfälschung digitaler Information
SEFI	Single-Event Functional Interrupt	Auslösen eines Interrupts
SET	Single-Event Transient	Veränderung der Ausgabe eines Schaltnetzes
	Destruktive Effekte	
SEGR	Single-Event Gate Rupture	Zusammenbruch des Gate-Oxid Dielektrikums bei $V_{GS}<0$

SEUs werden seit den späten siebziger Jahren untersucht und führten zur Entdeckung transienter Speicherfehler in extraterrestrischen und terrestrischen [19] Umgebungen. Die mit SEUs verwandten *Single-Event Transients* (*SETs*) treten in Schaltnetzen anstatt in Speicherelementen auf. *Single-Event Disturbances* (*SEDs*) sind transiente Fehler, die durch einen Partikeleinschlag in der Verdrahtung verursacht werden und damit zu einer Verfälschung digitaler Information führen.

Wenn Fehlererkennungs- und -behebungsmechanismen innerhalb eines engen zeitlichen Rahmens arbeiten, könnte nach dem Einschlag eines Partikels noch genügend Energie vorhanden sein, sodass ein Fehler in einem Speicherelement nicht überschrieben werden kann und weitere Schreib- oder Lesezugriffe zu (weiteren) fehlerhaften Ergebnissen führen. Eine wichtige Frage ist also, wie lange die Energie eines Partikels das betroffene Schaltwerk in seiner Funktion beeinflussen kann. Nach [49] und [157] besitzt die ladungssammelnde Dynamik eine schnelle (O(100 ps)) und eine langsame (O(ns)) Komponente.

In [220] findet man bezüglich der Dauer eines transienten Fehlers folgendes:

> *„The prompt charge is collected in much less than 1 ns, which is shorter than the response time of most MOS transistor."*

Genauer und aktueller ist [99]. Hier sieht man am Beispiel eines 0,6 µm-CMOS-Prozesses, dass die langsame Komponente τ_α der ladungssammelnden Dynamik eines SEU >0,5 ns im Substrat (mit maximal 0,5 mA) und die schnelle Komponente τ_β im Bereich ≤0,2 ns mit über 3 mA aktiv ist.

Modelliert wird diese Dynamik nach [138] durch:

$$I_p(t) = I_0 \left(e^{-\frac{t}{\tau_\alpha}} - e^{-\frac{t}{\tau_\beta}} \right).$$

Abbildung 2-6 zeigt den durch einen Partikeleinschlag entstandenen transienten Stromimpuls I_p in mA über die Zeit t in ns, der Stromstärke der maximal ansammelbaren Ladung (Parameter aus [99] I_0=3 mA, τ_β=0,2 ns, τ_α=0,5 ns).

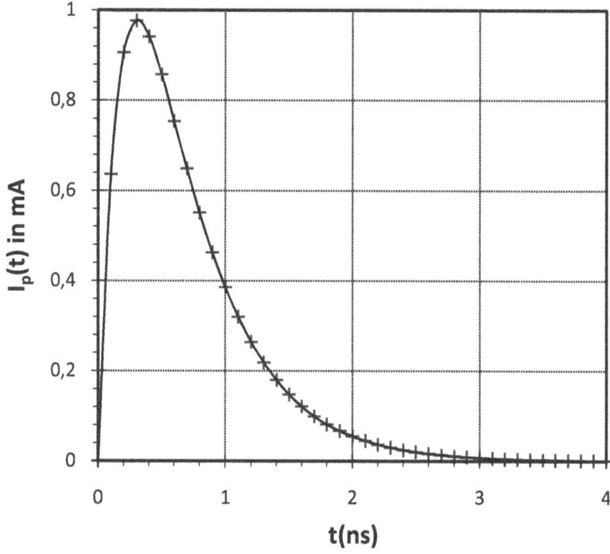

Abbildung 2-6: Partikel-Stromimpuls (I_0=3 mA, τ_α=0,5 ns, τ_β=0,2 ns)

Bei Taktfrequenzen über 2 GHz kann noch genügend Ladung vorhanden sein, um wiederholt denselben Fehler zu erkennen. Eine Konsequenz ist, eine Möglichkeit zur langsamen Degradation bis zur Fail-Safe Abschaltung vorzusehen. Diese Möglichkeit wird in Abschnitt 4.1.4.7 beschrieben. In einer Studie von IBM [235] wurden über einen Zeitraum von 15 Jahren hinweg transiente Fehler in Speichern untersucht. Die Ergebnisse der Teilstudien führten im Jahr 1989 zur Einführung von Tests auf transiente Fehler durch kosmische Strahlung in allen DRAMs. Details zu Fehlerarten und -raten in Sub-Mikron-Technologien können in [93] nachgelesen werden. Sehr ausführlich werden Strahlungseffekte in Digitalschaltungen im Buch von Holmes-Siedle [77] behandelt.

2.2 Effektabbildung physikalischer Fehler

Gegenüber zahlreichen physikalischen Fehlerursachen, deren Effekt auf das Verhalten der Schaltung nicht komplett verstanden wird oder zu komplex für eine Analyse ist, steht der Wunsch, von diesen zu abstrahieren und auf logische Fehler abzubilden. Mikroprozessoren sind seit vielen Jahren zu komplex, um alle Komponenten vor allen denkbaren Defekten zu schützen. Daraus folgt, dass die Anforderungen an ein fehlertolerierendes Rechensystem grundsätzlich nicht für beliebige Fehlerszenarien, sondern nur in Hinblick auf eine Fehlervorgabe erfüllt werden können. Solche Fehlermodelle sind ein zentraler Teil der Spezifikation eines fehlertoleranten Rechensystems und werden seit Ende der 50er Jahre [46] eingesetzt. Die im Fehlermodell festgehaltene Fehlervorgabe trifft Aussagen über Art, Ort und zeitliches Verhalten der Fehler, die die Zuverlässigkeit oder die Sicherheit des Systems nicht gefährden dürfen und deshalb erkannt werden müssen. Damit die Anzahl der Tests klein gehalten werden kann, berücksichtigt man im Fehlermodell nur Fehler, deren Auftreten sehr wahrscheinlich ist. Die zu injizierenden Fehlerarten werden aus dem Fehlermodell und dieses wiederum aus dem späteren Einsatzbereich der Schaltung bestimmt. Da das Fehlermodell bei unsachgemäßer Anwendung zu überaus positiven aber unrealistischen Ergebnissen hinsichtlich des Fehlerüberdeckungsgrades führen kann, sollte es sorgfältig entwickelt und dann entsprechende Fehlererkennungsmechanismen entworfen werden. Der *Fehlerüberdeckungsgrad* ist die Wahrscheinlichkeit, dass ein im System vorliegender, im Fehlermodell spezifizierter Fehler als Fehler erkannt wird und stellt ein Maß für die Fehlererkennungsfähigkeit eines Systems dar. Es wird eine Ein-Fehlerbereich-Annahme und eine komponentenbezogene Ein-Fehler-

Annahme getroffen d. h. zu einem Zeitpunkt gibt es nur einen (nicht absichtlich verursachten) Fehler, dessen Auswirkung sich nur innerhalb einer Komponente zeigt. Diese Annahme ist realistisch, wenn die Prüfintervalle kurz genug sind und es damit überaus unwahrscheinlich ist, dass sich innerhalb eines Prüfintervalls mehrere Fehler in einer Komponente entwickelt haben. Weiterhin treten Fehler in verschiedenen Komponenten höchst selten gleichzeitig auf. Um den Begriff der Komponente zu präzisieren und die durchgeführte Fehlerinjektion besser verstehen zu können, werden in den nächsten Abschnitten die Fehlermodelle auf Gatterebene durch Komponenten-Fehlermodelle verfeinert.

2.2.1 Auswahl realistischer Fehlermengen

Bei der Bewertung eines fehlertoleranten Systems durch Fehlerinjektion ergibt sich die Notwendigkeit der Auswahl einer realistischen Menge zu injizierender Fehler und damit eine Reihe von Fragen:

- Welche Fehler treten beim Betrieb in welchen Komponenten mit welchen Wahrscheinlichkeiten auf?
- Welche Umgebungsbedingungen (z. B. Temperatur, Strahlung, Spannungsschwankungen) sind zu erwarten?
- Welche Fehler lassen sich wie modellieren?
- Welche Fehlerdauer ist zu erwarten?

Wird bei der Injektion eines Fehlers innerhalb eines zeitlichen Limits keine Reaktion beobachtet, ist die Injektion *zu weich*, da sie keinerlei Wirkung zeigt. Bei unwahrscheinlichen Fehlermengen, bzw. Fehlerraten, kann die Injektion *zu hart* werden. Detailliertes Wissen über die Zuverlässigkeit einzelner Bauelemente (z. B. Transistoren und Leiterbahnen) steht üblicherweise nur eingeschränkt zur Verfügung. Einen alternativen Ansatz bietet die Analyse von Felddaten, die Auskunft über die in der Praxis beobachteten Betriebsfehler gibt. Es ergeben sich so schnell Fragen nach dem Schaltungsaufbau, der eingesetzten Prozesstechnologie, der Strukturgröße und den verwendeten Materialien. Eine Fehlermenge kann so bestenfalls für Prozessoren derselben Fertigungsserie als realitätsnah bezeichnet werden. Hier ist der in [128] gewählte und in [127] detailliert beschriebene Ansatz erwähnenswert, der Fehler verschiedenen Prozessorkomponenten zuordnet. Vereinfachend wird angenommen, dass die relative Fehlerhäufigkeit eines Prozessormoduls proportional zu dessen Flächenbedarf auf dem Chip ist und so eine Gleichverteilung unterstellt. Diese Annahme führt im Laufe von Fehlerinjektionsexperimenten zu Ungenauigkeiten und eventuell unbrauchbaren Ergebnissen, da die Anzahl der Fehlermanifestationen für einzelne Komponenten u. a. von der Zugriffshäufigkeit, dem Nutzungsgrad und der Anzahl der verwendeten und pro Takt aktivierten Speicherelemente abhängt. Hieraus lässt sich die Wahrscheinlichkeit ableiten, dass sich aus einem injizierten Fehler ein effektiver Fehler entwickelt (*AVF - Architectural Vulnerability Factor*) [146][147]. Mukherjee et al. [146] zeigten so unter Anwendung von SPEC2000-Benchmarks auf einem Itanium 2-ähnlichen System, dass 28 % aller Fehler in den Befehlswarteschlangen und 9 % aller Fehler in den Ausführungseinheiten effektiv werden und so den Prozessorzustand beeinflussen. Der AVF lässt sich nur durch eine ausreichend detaillierte Modellierung des zu beobachtenden Systems berechnen, woraus keine generelle Anwendbarkeit folgt. Daher werden in dieser Arbeit alle Fehlererkennungsmechanismen separat durch Fehlerinjektion bewertet.

Damit sich ein transienter Fehler manifestieren kann, muss er folgende Maskierungseffekte überwinden:

- Die durch das Partikel eingebrachte Ladung muss die kritische Ladung Q_{crit} [60] überschreiten. Grundsätzlich können Upsets auf Technologiebasis durch anheben von Q_{crit} oder absenken der maximal an einem Knoten ansammelbaren Ladung auf $Q_{max}<Q_{crit}$ verringert, jedoch nicht eliminiert werden (z. B. durch *Silicon-on-Insulator*). Derartige Maßnahmen sind aufgrund der notwendigen Veränderung der Prozesstechnologie überaus kostspielig.
- Ein Fehler kann durch die Schaltungslogik maskiert werden. Wenn z. B. ein Eingang eines ODER-Gatters mit n Eingängen auf '1' liegt, kann jeder andere Eingang beliebig belegt werden, ohne dass sich die Ausgabe ändert.
- Ein veränderter Wert auf der Datenleitung eines Speicherelements (SED) wird nicht übernommen, wenn es nicht über die Taktleitung aktiviert wird. SEUs, die im Speicherelement selbst aktiv sind, werden dadurch nicht beeinflusst.

Transiente Fehler werden nach ihrem zeitlichen Verhalten [167] im Beobachtungszeitraum klassifiziert in:

- **Überschrieben:** Fehler, die keinen Einfluss auf die Ausführung haben, da eine fehlerhaft veränderte Speicherzelle überschrieben (auch durch einen weiteren Fehler) wurde, bevor von dieser gelesen wird.
- **Latent:** Fehler, die keinen Einfluss auf die momentane Ausführung haben, z. B. fehlerhafte Werte in Speicherzellen, die nicht referenziert wurden oder fehlerhafte Berechnungsroutinen, die nicht aufgerufen wurden.

- **Effektiv:** Fehler, die sich tatsächlich auswirken, z. B. den Kontrollfluss oder Daten in einem Mikroprozessor während der Ausführung mit oder ohne Verzögerung verändern.

Latente und überschriebene Fehler werden auch als *ineffektiv* charakterisiert.

2.2.2 Das Fehlermodell auf Gatterebene

Das in dieser Arbeit verwendete Fehlermodell auf Gatterebene nimmt

- transiente Kontrollfluss- und Datenfehler in den in Abschnitt 2.2.3 spezifizierten Komponenten
- und permanente Fehler durch konstante logische Werte auf den Adressbusleitungen an.

Diese Fehlerarten sollen erkannt und die angegebenen transienten Fehler toleriert werden. Zunächst werden die auf Gatterebene verwendeten Fehlermodelle beschrieben und diese anschließend auf Komponenten eines Mikroprozessors abstrahiert.

2.2.2.1 Permanente Fehler durch konstante logische Werte

Das gängigste und älteste Fehlermodell auf Gatterebene nimmt an, dass sich ein permanenter Fehler in einer Schaltung dadurch manifestiert, dass einer ihrer Knoten auf den logischen Wert '0' oder '1' fixiert ist. Das Modell ist relativ einfach, da jeder Knoten exakt zwei Fehlzustände annehmen kann. Das Verhalten einer fehlerhaften Schaltung ist dadurch streng logisch und durch eine geänderte Boolesche Gleichung beschreibbar. Daher stellt dieses

Fehlermodell eine für die Fehlerinjektion kostengünstige (da weniger Fehlerarten betrachtet werden müssen) und realistische Modellierung dar. Mit der Ein-Fehler-Annahme werden *single Stuck-At* Fehler (im Gegensatz zu *multiple Stuck-At*) vorausgesetzt. Verkürzend bezeichnen wir im Folgenden *single Stuck-At* als *Stuck-At* Fehler. *Stuck-At-0* und *Stuck-At-1* Fehler werden als gleich wahrscheinlich angesehen. Häufig auftretende Fehler, z. B. Fehler in einfachen Gatterfunktionen, Bussen und Kurzschlüsse können für viele Technologien modelliert werden. Mit anderen Modellen [218] lässt sich ein permanent offener, bzw. geschlossener Transistor modellieren.

2.2.2.2 Transiente Fehler durch Single-Event Upsets

Single-Event Upsets werden durch das Invertieren eines Bits in einem Speicherelement modelliert. Sie können nach Karlsson et al. [98] in flip-to-0, flip-to-1, Daten-, Kontrollfluss- und sonstige Fehler unterteilt werden. Die Übergangswahrscheinlichkeiten P{0→1} und P{1→0} werden ebenfalls als gleich angesehen. Diese Annahme wurde von Lidén et al. [120] experimentell als korrekt bestätigt.

2.2.3 Das Fehlermodell auf Komponentenebene

Jeder in den folgenden Abschnitten erwähnten Komponente eines Mikroprozessors ist ein entsprechendes Fehlermodell zugeordnet. Jeder Fehlererkennungsmechanismus wird durch Anwendung eines entsprechenden Fehlermodells bewertet. Hierdurch wird einem Fehler ein Ort (eine Komponente), eine Zeit und ein Wert bzw. eine Wertänderung zugeordnet und gezeigt, wie diese modelliert wird. Die benutzten Fehlermodelle beruhen auf dem validierten Fehlermodell eines generischen Mikroprozessors [34]. Da zur Modellierung von Mehrfädigkeit nur Komponenten (Programmzähler, Speicheradressregister, Registersätze, Befehlsregister) des validierten Fehlermodells repliziert werden, bleibt das Modell realistisch. In den folgenden Fehlermodellen werden die in Tabelle 2-2 aufgeführten Variablen und Operatoren benutzt. Die Angabe von Bitpositionen ist immer absolut in Bezug zum niederwertigsten Bit im little-endian Format. Die von unterschiedlichen Fehlermodellen abgedeckten Fehlermengen können sich überlappen.

Tabelle 2-2: Variablen und Operatoren im Komponenten-Fehlermodell

Variablen

Name	Bedeutung
τ	Anzahl der Hardware-Threads
π	Anzahl der Pipelinestufen
$R_{m,t}$	Architekturregister $m \in \{0,...,2^a-1\}$ von Thread $t \in \{1,...,\tau\}$
tR_m	Register innerhalb der Registerumbenennung $m \in \{0,...,2^b-1\}$, $b \geq a$
PC_t	Aktueller Programmzähler von Thread $t \in \{1,...,\tau\}$
µPC	Aktueller Mikroprogrammzähler
SAR_t	Speicheradressregister von Thread $t \in \{1,...,\tau\}$
b	Anzahl der Mikrobefehle im Mikrocode-ROM
f	Bitposition des Mikroprogrammzählers im Mikrobefehl
fw	Breite der Flussinformation (in Bit)
mw	Breite eines Mikrobefehls (in Bit)
c_i	Bitmaske für das Einbringen von Fehlern in ein Kontrollbit i (kontrollfluss-relevantes Bit eines Mikrobefehls)
cp_i	Bitposition des Kontrollbits i
expr	Ausdruck in Form eines binären Wertes
mask	Maskierungsbitvektor für das Einbringen von Fehlern.
ω_i	Breite von Pipelineregister $i \in \{1,...,\pi\}$ (in Bit)
y	Breite des Adressbusses (in Bit)
x	Breite des Datenbusses (in Bit)
a	Breite eines Registerselektors innerhalb eines Befehlswortes (in Bit)
k	Bitposition des Operationscodes innerhalb eines Befehlswortes
c	Breite des Operationscodes (in Bit)

Operatoren

Operator	Bedeutung
$\leftarrow$	Variablen-Wertzuweisung
op	Eine arithmetisch-logische Operation
$\oplus$	Exklusiv-ODER-Operation
#	Verkettung des linken und rechten Ausdrucks neben dem Operator
@	Der Wert rechts neben dem Operator wird entsprechend der Anzahl links neben dem Operator wiederholt.

2.2.3.1 Programmzähler und Speicheradressregister

Wie in [34] betrachten wir die Programmzähler (PC) und Speicheradressregister (SAR) nicht als Register innerhalb des Registersatzes, sondern aufgrund unterschiedlicher Fehlerauswirkungen als Spezialfall. Ein Fehler in einem SAR führt dazu, dass das falsche Datum vom Speicher gelesen, bzw. das richtige Datum an eine falsche Adresse geschrieben wird. Ein Fehler im PC führt dazu, dass eine Sequenz von 1,...,n Befehlen aus dem Speicher geholt und ausgeführt wird, die sich von der fehlerfreien Befehlssequenz unterscheiden kann. Mehrfädigkeit wird durch mehrere PCs und SARs unterstützt.

Zeit: Während der Befehlsausführung/ eines Speicherzugriffs

Ort: Das SAR/ der PC eines Threads

Modellierung:

$$\forall t \in \{1,\ldots,\tau\}: PC_t \leftarrow expr \Rightarrow$$
$$PC_t \leftarrow (expr \oplus (mask\langle y-1:0\rangle))$$

und

$$\forall t \in \{1,\ldots,\tau\}: SAR_t \leftarrow expr \Rightarrow$$
$$SAR_t \leftarrow (expr \oplus (mask\langle y-1:0\rangle))$$

Anwendung: Abschnitt 4.1.1, 4.1.4

2.2.3.2 Registersatz und Registerumbenennung

Dieses Fehlermodell modelliert Veränderungen innerhalb der architekturell sichtbaren Register und Abweichungen in den von Threads gemeinsam genutzten physikalischen Registern der Registerumbenennung. Mehrfädigkeit wird durch mehrere Registersätze unterstützt.

Zeit: Während der Befehlsausführung

Ort: Jedes physikalische/ Universalregister eines Threads

Modellierung: Kippen einzelner Bits eines Architekturregisters:

$$\forall t \in \{1,\ldots,\tau\}.\forall m \in \{0,\ldots,2^a-1\}:$$
$$R_{m,t} \leftarrow expr \Rightarrow R_{m,t} \leftarrow (expr \oplus (mask\langle x-1:0\rangle))$$

Kippen einzelner Bits eines physikalischen Registers:

$$\forall m \in \left\{0,\ldots,2^b-1\right\}.\, b \geq a:$$
$$tR_m \leftarrow expr \Rightarrow tR_m \leftarrow (expr \oplus (mask\langle x-1:0\rangle))$$

Anwendung: Abschnitt 4.1.1, 4.1.4

2.2.3.3 Registerauswahl bei Schreib-/ Leseoperationen

Mithilfe dieses Fehlermodells werden Fehler innerhalb der Registerauswahl abgebildet. Ein Fehler führt zur Auswahl eines falschen Registers für das Schreiben oder Lesen innerhalb des architekturell sichtbaren Registersatzes oder der Registerumbenennung. Die Registerinhalte aller datenabhängigen Register werden teilweise oder vollständig verändert.

Zeit: Während der Befehlsausführung

Ort: Jedes Universal-/ physikalische Register

Modellierung: Es wird das falsche Register für das **Lesen** ausgewählt, d. h.

$$\forall t \in \{1,\ldots,\tau\}.\forall m,i,j,x \in \{0,\ldots,2^a-1\}.\exists(x \neq i):$$
$$(R_{m,t} \leftarrow R_{i,t} \text{ op } R_{j,t}) \Rightarrow (R_{k,t} \leftarrow R_{x,t} \text{ op } R_{j,t}),$$

$$\forall t \in \{1,\ldots,\tau\}.\forall m,i,j,x \in \{0,\ldots,2^a-1\}.\exists(x \neq j):$$
$$(R_{m,t} \leftarrow R_{i,t} \text{ op } R_{j,t}) \Rightarrow (R_{k,t} \leftarrow R_{i,t} \text{ op } R_{x,t})$$

Veränderung des Registerselektors des aus dem Speicher geholten Befehlswortes *mem_read(PC$_i$)* durch (*l* ist die Bitposition des zu lesenden Registers im Befehlswort):

$$\forall t \in \{1,\ldots,\tau\}: mem\_read(PC_t) \Rightarrow mem\_read(PC_t) \oplus$$
$$(((x-a-l)@0)\#mask\langle(l+a-1):l\rangle\#(l@0))$$

Es wird das falsche Register für das **Schreiben** ausgewählt:

$$\forall t \in \{1,\ldots,\tau\}.\forall m,i,j,x \in \{0,\ldots,2^a-1\}.\exists(x \neq m):$$
$$(R_{m,t} \leftarrow R_{i,t} \text{ op } R_{j,t}) \Rightarrow (R_{x,t} \leftarrow R_{i,t} \text{ op } R_{j,t})$$

Manipulation des Registerselektors innerhalb des geholten Maschinenbefehls (*j* ist die Position des zu schreibenden Registers im Befehlswort der Länge x):

$$\forall t \in \{1,\ldots,\tau\}: mem\_read(PC_t) \Rightarrow mem\_read(PC_t) \oplus$$
$$(((x-a-j)@0)\#mask\langle(j+a-1):j\rangle\#(j@0))$$

Anwendung: Abschnitt 4.1.1, 4.1.4

2.2.3.4 Befehlsdecodierung

Fehler in der Befehlsdecodierung werden durch Korrumpierung des Operationscodes im Befehlswort abgebildet, was zur Auswahl einer falschen Ausführungseinheit, Mikrocodes oder Mikroprogramms führt.

Zeit: Während der Befehlsausführung oder eines Speicherzugriffs

Ort: Jede Speicherzelle, die einen auszuführenden Operationscode enthält

Modellierung: Veränderung des Operationscodes im Befehlswort durch (k ist die Position, c die Breite des Operationscodes):

$$\forall t \in \{1,\ldots,\tau\} : mem\_read(PC_t) \Rightarrow mem\_read(PC_t) \oplus ((x-c-k)@0)\#mask\langle (k+c-1):k\rangle \#(k@0))$$

Anwendung: Abschnitt 4.1.4

2.2.3.5 Mikrocode-ROM

Das gesamte Mikrocode-ROM wird aus Geschwindigkeitsgründen oft in einen (S)RAM-Bereich kopiert. x86-Prozessoren verfügen seit mehreren Jahren über die Möglichkeit eines reversiblen Mikrocode-Updates des gesamten Mikroprogrammspeichers [83]. Bei SRAM-basierten FPGAs ist es selbstverständlich, dass Fehler ebenso wie bei mikroprogrammierbaren Schaltwerken im gesamten Mikrocode effektiv werden können. Beim Alpha (21x64) von Digital Equipment wird ein elementarer Befehlssatz aus einem seriellen ROM bezogen, um u. a. die Registerwerte zur Bussteuerung und die Zeitvorgabe für die Caches zu initialisieren [39]. Die Simulation des ersten Alpha-Mikroprozessors wurde auf einer mikroprogrammierbaren VAX 8800

(Nautilus) unter Zuhilfenahme zusätzlicher Mikrocodes beschleunigt [36]. Eine Verfeinerung des Fehlermodells aus der Befehlsdecodierung erhält man, wenn SEUs im gesamten Mikroprogrammspeicher angenommen werden. Im Mikrocode-ROM können Fehler mit einer höheren Rate als in der Decodierung effektiv werden, da hier mehr Speicherelemente vorhanden sind.

Abbildung 2-7 zeigt das Format eines Mikrobefehls.

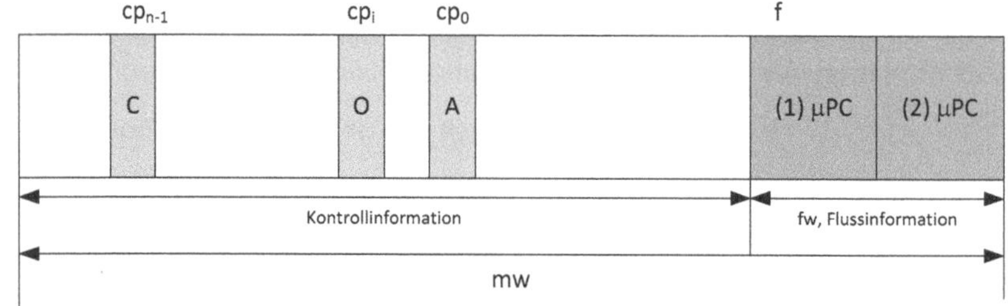

Abbildung 2-7: Format eines Mikrobefehls

Er besteht aus Kontroll- und Flussinformation. Kontrollinformationen sind dedizierte Bits im Mikrobefehl oder im Statuswort, mit denen bedingte Sprünge modelliert werden können. Falls ein solches Bit gesetzt ist, wird der Mikroprogrammzähler (µPC) mit der Adresse aus dem ersten Teil (1) der Flussinformation geladen, anderenfalls mit dem zweiten (2). Dieser existiert anstatt eines Addierers aufgrund der schnelleren Ermittlung der Folgeadresse und größeren Flexibilität bei der Wahl der Codierung. Die Flussinformation in Form des Mikroprogrammzählers bezieht sich auf den nächsten auszuführenden Mikrobefehl. Wir nehmen aus Gründen der Vollständigkeit auch Fehler im Mikroprogrammzähler, modelliert durch Veränderung der Flussinformation an. Der letzte Befehl eines Mikroprogramms ist als Sonderfall zu betrachten. Er enthält keine relevante Flussinformation. Die den Mikroprogrammfluss beeinflussende Kontrollinformation c_i an der Position cp_i ist in Abbildung 2-7 beispielhaft durch die Bits C, O und A gekennzeichnet.

Zeit: Während der Ausführung eines Mikrobefehls

Ort: Jede Speicherzelle des Mikroprogrammspeichers

Modellierung: Veränderung der **Flussinformation**

$$microcode(b) \Rightarrow microcode(b) \oplus (((mw - f - fw) @ 0) \\ \# mask \langle (f + fw - 1) : f \rangle \# (f @ 0))$$

Veränderung der **Kontrollinformation**

(cp_i : Position des Kontrollbits, c_i : Bitmaske)

$$\forall i \in [0, mw - 1] \setminus [f, f + fw) \cap \mathbb{N}_0 : \\ microcode(b) \Rightarrow microcode(b) \oplus \\ (((mw - cp_i - 1) @ 0) \# c_i \# (cp_i @ 0))$$

Anwendung: Abschnitt 4.1.5

2.2.3.6 Pipeline-Auffangregister

Auffangregister werden zur Speicherung von Ergebnissen einzelner Pipelinestufen eingesetzt. Eine Korrumpierung ihrer Inhalte führt zu mannigfaltigen Fehlerauswirkungen, u. a. zu einer

- Veränderung des geholten Befehls/ der Datenabhängigkeiten;
- Veränderung eines Kontrollworts/ eines Mikrocodes und
- Veränderung der Ergebnisse einzelner Ausführungseinheiten

Einen Spezialfall stellen die Befehlsstrompuffer (BSP) dar. In diese werden Befehle in Ausführungsreihenfolge nach dem Decodieren geschrieben. Bei jedem Schreibvorgang werden Datenabhängigkeiten zwischen dem zu schreibenden und bereits in die Warteschlange geschriebenen Befehlen ermittelt. Um Mehrfädigkeit zu unterstützen, kann diese Struktur für jeden Thread repliziert oder zwischen diesen aufgeteilt werden. Der BSP ist ein sequenziell beschreibbarer Speicher, von dem wahlfrei gelesen werden kann. Die Ermittlung von Abhängigkeiten wird abgebrochen, sobald zwischen allen Registern eines Befehls und anderen Befehlen Abhängigkeiten bestehen oder alle Einträge im BSP bis zum aktuellen Füllstand durchsucht wurden. Wenn alle Abhängigkeiten aufgelöst wurden und die jeweilige Ausführungseinheit nicht mehr beschäftigt ist, kann der entsprechende Befehl aus dem Befehlsstrompuffer entnommen und ausgeführt werden. Eine fehlerhafte Abhängigkeit führt zu einer massiven Manifestation von Fehlern, da zwischen einem Register mit einer fehlerhaften Datenabhängigkeit und den betroffenen Registern Ergebnisse weitergereicht werden.

Zeit: Während der Befehlsausführung

Ort: Jede Speicherzelle eines Pipelineregisters i $(pipe\_reg(i))$

Modellierung: $pipe\_reg(i) \Rightarrow pipe\_reg(i) \oplus mask\langle \omega_i - 1 : 0 \rangle$, wobei ω_i die Breite von pipe_reg(i) mit $i \in \{1, \ldots, \pi\}$ ist

Anwendung: Abschnitt 4.1.1, 4.1.4

2.2.3.7 Adressbus

Fehler auf dem Adressbus werden modelliert, indem ein Bit eines PCs permanent auf den Wert '0' oder '1' gesetzt wird, bevor oder während ein lesender (*mem_read*) Speicherzugriff zum Holen eines Befehls stattfindet.

Zeit: Beim Holen von Befehlen

Ort: Adressbus

Modellierung: Adressbus (Stuck-At-0, $\forall t \in \{1,\ldots,\tau\}$):

$$mem\_read(PC_t) \Rightarrow mem\_read(PC_t \wedge \overline{mask\langle y-1:0\rangle})$$

Adressbus (Stuck-At-1, $\forall t \in \{1,\ldots,\tau\}$):

$$mem\_read(PC_t) \Rightarrow mem\_read(PC_t \vee mask\langle y-1:0\rangle)$$

Anwendung: Abschnitt 4.1.2.1

2.3 Mehrfädige Programmausführung

Um einen Befehlsdurchsatz von einem Befehl pro Takt (instructions per clock - IPC) in Mikroprozessoren zu erreichen, werden Befehle durch Pipelining [74] zeitlich überlappend ausgeführt. Der maximal erreichbare Takt steht in direktem Verhältnis zur langsamsten Pipelinestufe. Kleinere Verarbeitungsschritte ermöglichen neben einem höheren Maß an Parallelität auch einen höheren Prozessortakt. Wenn eine Pipeline viele Stufen (*Hyperpipelining*) besitzt, verkürzt sich der kritische Pfad jeder Pipelinestufe, da die Anzahl der durchlaufenen Gatter pro Stufe abnimmt, wodurch dieser Teil höher getaktet werden kann. Beispiele für Hyperpipelining sind die 20-, bzw. 31-stufigen Pipelines im Intel Pentium 4 mit *Northwood*- bzw. *Prescott*-Kern [62]. Dem erreichbaren Leistungsplus gegenüber steht ein Leistungsminus bei steigender Pipelinelänge z. B. durch Cache-Fehlzugriffe, Interrupts oder Pipelineblockierungen durch Struktur-, Daten- oder Steuerungskonflikte [74][202].

Eine der großen Herausforderungen für Rechnerarchitekten bis zum heutigen Zeitpunkt war und ist es, einen durchschnittlichen IPC-Wert größer als eins zu erzielen und die Verarbeitungsleistung schneller als die Entwicklung der Basistechnologien, beispielsweise die Schaltgeschwindigkeit, zu steigern.

Dies wird heute hauptsächlich durch folgende Maßnahmen erreicht:

- Gleichzeitige Ausführung mehrerer Befehle [201][219] (*instruction level parallelism, ILP*). Durch zusätzliche Hardware wird ein sequenzieller Befehlsstrom teilweise parallelisiert, damit mehrere Verarbeitungseinheiten gleichzeitig genutzt werden können (Superskalarität). Bei der Befehlsausführung kann von der vom Compiler generierten Befehlsfolge abgewichen werden (*out-of-order*), solange die Programmsemantik davon nicht betroffen ist.
- Verarbeitung mehrerer Operanden durch einen Befehl (*single instruction multiple data, SIMD*).
- Gleichzeitige Ausführung mehrerer Befehlsströme durch mehrere Prozessorkerne (*multicore*) oder mehrere Hardware-Threads (*multithreading, thread level parallelism, TLP*).

John Hennessy erklärt in [73], dass die auf ILP basierenden Konzepte ihre Grenzen erreicht haben, und schlägt folgende Lösungen vor:

- Chip-Multiprozessoren (CMPs) bestehen aus mehreren Prozessorkernen auf einem Chip. Dabei werden nur wenige Ressourcen gemeinsam genutzt. Prominente Beispiele existieren u. a. von IBM, Sun, HP, AMD und Intel [79].
- Im Gegensatz zu CMPs ist in einem mehrfädigen (*multithreaded, MT*) Prozessor Hardware für die Realisierung der Kontexte mehrerer Threads vorhanden. Ein *Hardware-Thread* bezeichnet dedizierte Hardware, die den Zustand (Kontext) eines Prozesses festhält (z. B. Programmzähler, Registersatz). Ein *Kontextwechsel* bezeichnet das Umschalten zwischen zwei unterschiedlichen Hardware-Threads. Der Eingabestrom ist ein Befehls- und Datenstrom, die Ausgabe ein Datenstrom, bei selbstmodifizierendem Code ein Befehls- und Datenstrom. Wenn nicht anders gesagt, bezieht sich der Begriff *Thread* immer auf einen Hardware-Thread.

Das Konzept mehrfädiger Programmausführung reicht bis in das Jahr 1957 zurück. Der am MIT Lincoln Laboratory entwickelte TX-2 besitzt 32 Programmzähler, einen für jeden Benutzer. Durch einen schnellen Kontextwechsel wurde die Zeit für eine Blockierung bei I/O-Zugriffen der jeweiligen Benutzer reduziert [29].

Bis in die 90er Jahre hinein wurden mehrfädige Prozessortechniken eingesetzt, die sich nach dem Zeitpunkt eines Kontextwechsels, der Ursache und danach, ob mehrere Befehle eines Threads gleichzeitig geholt werden können, unterscheiden:

- Fein granulöses Multithreading (*cycle-by-cycle multithreading*): Mit jedem Prozessortakt, bzw. jedem geholten Befehl wird der Kontext gewechselt und ein Befehl eines anderen Befehlsstroms eingespeist. Dieses bei den Rechnern Denelcor HEP (Heterogeneous Element Processor), im CDC 6600 in den Ein-/Ausgabeprozessoren, UltraSPARC T1 [105] und Tera und Horizon [81] eingesetzte Verfahren besitzt den Nachteil einer geringen Leistung, falls wenig Befehlsströme als Last zur Verfügung stehen, da bei Abhängigkeiten ein weiterer Befehl erst eingespeist werden kann, nachdem der vorhergehende die Pipeline vollständig durchlaufen hat. Die Pipeline ist sehr einfach aufgebaut, da keine Konflikte aufgelöst werden müssen. Fein granulöses Multithreading sollte mit vielen Threads betrieben werden, um maximale Leistung zu erzielen.

Die CDC 6000er-Serie.
Quelle: Control Data: 6400/6500/6600 Computer Systems Reference Manual.

- Grob granulöses Multithreading [2] (*block-multithreading*): Die Befehle eines Threads werden solange geholt und ausgeführt, bis ein Ereignis eintritt, das in der weiteren Ausführung zu Wartezeiten führt und dann ein Kontextwechsel durchgeführt. Beim im MIT Alewife [1] eingesetzten Sparcle [3] ist dies ein Cache-Fehlzugriff, der den Zugriff auf das Kommunikationsnetzwerk erfordert oder eine fehlgeschlagene Synchronisation über das Netzwerk[8]. Weitere

[8] Im Sparcle ist explizites Block-MT implementiert (u. a. *NEXTF* für Kontextwechsel).

Beispiele für Block-Multithreaded Systeme sind der MSparc [140], die Cray *Multithreaded Architecture* (*MTA*) [33] und IBM RS64-III (Pulsar). Durch die Startzeit eines Threads (das Füllen der Pipeline mit den Befehlen des Threads) bei einem Kontextwechsel geht viel des ursprünglichen Leistungspotenzials verloren [116]. Einen Überblick über mehrfädige Systeme geben [81] und [212].

Wie Programme in Ausführungsfäden unterteilt werden, unterscheidet sich nach:

- Den Grenzen, an denen eine Unterteilung stattfindet. Grundsätzlich bietet sich eine Teilung an der Grenze von Ausführungsblöcken (kontrollflussorientierte Mehrfädigkeit) oder an Stellen, an denen bestimmte Daten benötigt, bzw. bereitgestellt werden (datenflussorientierte Mehrfädigkeit) an. Bei kontrollflussorientierter Mehrfädigkeit wird die Latenz bei der Berechnung von Sprungzielen bedingter Sprünge logisch isoliert, da sie bei der Partitionierung in Befehlsströme berücksichtigt wird. Datenflussorientierte Mehrfädigkeit isoliert Latenzen bei Speicherzugriffen. Sie muss sicherstellen, dass zwischen Ausführungsfäden keine Datenabhängigkeiten bestehen. Ein ähnliches Konzept ist das des *Helper-Thread* (Sun: Scout-Thread, Intel: Helper-Thread) [28][166][192]. Hier wird ein Thread dediziert mit einer Aufgabe betraut, z. B. ein Datum aus dem Speicher zu laden.
- Dem Initiator eines Kontextwechsels (Programmierer/ Betriebssystem/ Compiler/ Prozessor) und ob
- dedizierte Befehle zur Verwaltung von Threads (erzeugen, löschen) im Befehlssatz des Prozessors vorhanden sind (explizites MT, [213]) oder nicht (implizites MT). Bei explizitem MT muss gewartet

werden, bis der Befehl ausgeführt wurde, bei implizitem MT sind die Kontextwechsel im Befehlsstrom codiert und werden in der Decodierphase erkannt. Aufgrund der späten Erkennung solcher Ereignisse in der Pipeline bei explizitem MT können später eingespeiste Befehle nicht mehr verwendet werden. Daraus resultiert ein zeitlicher Aufwand von 14 Takten für einen Kontextwechsel beim Sparcle [3]. Im Gegensatz dazu wird eine Ursache für einen Kontextwechsel beim Rhamma [66] und Komodo [110] früh erkannt und bei jedem Lade-, Speicher- oder Synchronisationsbefehl durchgeführt. Dadurch wird die Zeit für einen Kontextwechsel reduziert, der Kontext jedoch häufiger gewechselt.

Mit dem kommerziellen Durchbruch superskalarer Prozessoren Mitte der 90er Jahre stellten mehrere Forschungsgruppen Ansätze vor, um Befehle unterschiedlicher Befehlsströme in eine Pipeline einzuspeisen und parallel auszuführen, da eine große Anzahl funktionaler Einheiten nur bei Parallelität auf Befehls- und Threadebene effektiv genutzt werden kann. Yamamoto et al. [177][229] greifen mit als Erste die Idee auf, mehrere Befehlsströme auf einem superskalaren Prozessor auszuführen. Bei Dynamic Multistreaming [150] werden die vorhandenen Ausführungseinheiten simultan mit Befehlen mehrerer Befehlsströme aus mehreren Befehlspuffern versorgt. Tullsen, Eggers und Levy [208][210] prägten den Begriff *Simultaneous Multithreading* (*SMT*). In der ersten Arbeit [210] wurden den Ausführungseinheiten eines superskalaren Prozessors noch statisch Befehle durch den Compiler zugeordnet. Dass genau ein Thread in einem Takt Befehle holen und auf Daten zugreifen kann, wurde erst in einer späteren Arbeit [209] geklärt und die statische sowie dynamische Zuweisung von Befehlen einzelner Befehlsströme auf Ausführungseinheiten untersucht.

Eine Neuerung im Gegensatz zu [150] ist, dass die Kontexte aller Threads in jedem Takt simultan aktiv sind und sich die vorhandenen Ressourcen teilen. Verzögerungen, z. B. bei Cache-Fehlzugriffen und der Berechnung von Sprungzielen bedingter Sprünge werden durch die Ausführung von Befehlen eines anderen Befehlsstroms verborgen. Dabei sollte die Zeit für einen Kontextwechsel stets unter der der Blockierung liegen. In [209] zeigte sich eine Verdopplung des Durchsatzes bei statischer und eine Vervierfachung bei dynamischer Zuordnung. Alternative Ansätze zu SMT auf superskalaren Architekturen bieten der VLIW-Prozessor MARS-M [40] und der Prozessor des Matsushita Media Research Laboratory [76]. Die Arbeit der Universität Washington wurde in Richtung eines superskalaren out-of-order Prozessors mit mehrfach-dynamischer Zuordnung weiterentwickelt, da nach [45][125] und [209] eine solche Architektur mit wenig zusätzlichem Aufwand (Chipfläche) mehrfädig entworfen werden kann. *Tags* wurden eingeführt, um Daten in den von 8 Threads gemeinsam genutzten Strukturen zu unterscheiden. In Kooperation mit Digital Equipment sollte das Projekt kommerzielle Wege beschreiten und in einen mehrfädigen Alpha-Mikroprozessor (EV8) münden (s. Abschnitt 2.4.1). Nach Tullsen, Eggers und Levy [210] stellten Loikkanen und Bagherzadeh [126] einen fein granulös mehrfädigen Mikroprozessor vor. Der Entwurf enthielt viele SMT-Charakteristika, z. B. einen von Threads gemeinsam genutzten Pool physikalischer Register, einen gemeinsamen, dynamisch zugeteilten Rückordnungspuffer und gemeinsam genutzte Ausführungseinheiten. Im Laufe der Jahre wurden immer raffiniertere Mechanismen entwickelt, um die Leistung einzelner Threads und den Befehlsdurchsatz (IPC) mehrerer Threads zu steigern. Ein Beispiel ist der *speculative multithreaded* Prozessor [133], bei dem ein Programm dynamisch in Threads unterteilt wird, die aufeinander folgende Iterationen einer Programmschleife ausführen, wodurch ein Leistungsgewinn bei schleifenintensiven Applikationen erreicht wird. Schreib-/Leseabhängigkeiten zwischen einzelnen Iterationen führen zu einer Leistungsminderung. Eine Bewertung von SMT hinsichtlich des Leistungspotenzials findet in [125] statt. Der Einsatz von SMT im Bereich Datenbanken wird in [124], Implementierungsdetails in [131] diskutiert. Der in [5] und [6] vorgestellte dynamisch-mehrfädige Prozessor (*dynamic multithreading - DMT*) erzeugt Threads bei Schleifen und Prozedureinstiegspunkten. DMT beinhaltet nicht - im Gegensatz zu dieser Arbeit - die dynamische Auswahl unterschiedlicher Befehlshole-Strategien zur Laufzeit.

2.4 Industriell gefertigte mehrfädige Prozessoren

Neben einer weiteren Reihe von Forschungsarbeiten [28][67][140][182] [184][205] setzt sich Mehrfädigkeit zunehmend kommerziell durch. Beispiele sind der Intel Pentium 4 [85] mit Unterstützung für zwei Hardware-Threads (Hyperthreading), der Intel Pentium Extreme Edition (Modelle 965, 955 und 840), Alpha 21364 [11], MAJC-5200 [203], Sun Rock (4-Wege Chip-Multithreading) [196], UltraSPARC T1 [74] (Niagara I [8 Kerne, 32 Threads]/ Niagara II [8 Kerne, 64 Threads]/ Victoria Falls [16 Kerne, 128 Threads]) [105], SPARC64 VI (Olympus), SPARC64 VI+ (Jupiter) und der SPARC64 VII/GS. In den folgenden Abschnitten werden einige Implementierungen simultan mehrfädiger Prozessoren vorgestellt.

Der UltraSPARC T1. Quelle: Sun.

2.4.1 Alpha 21464 (Araña)

Die Arbeit der Universität Washington wurde in Zusammenarbeit mit Digital Equipment auf kommerzieller Ebene fortgeführt. Das Ergebnis dieser Kooperation sollte in einen SMT-fähigen Mikroprozessor (21464, EV8) [38] münden. Der 8-fach superskalare 21464 sollte Unterstützung für vier Threads (4-Wege-SMT) mit gemeinsam genutztem Cache bieten. Jeder Thread wird als logischer Prozessor (*thread processing unit*) abstrahiert und fast alle Ressourcen dynamisch zwischen diesen aufgeteilt. Compaq plante eine Mehrkanal-Schnittstelle zum RAMBUS-Speicher, um der von diesem System geforderten Speicherbandbreite zu genügen. Diefendorff [38] spekuliert, dass der 21464 mehr als 3 MB on-Chip L2-Cache besitzen sollte. Die für SMT benötigte Hardware hätte nur 6 % mehr Chipfläche in Anspruch genommen [162]. Leider wurde die Entwicklung aufgrund der geringen kommerziellen Erfolgsaussichten vor der Produktion durch Compaq/ Hewlett-Packard eingestellt.

2.4.2 Intel Pentium 4 (Northwood, Prescott)

Intel führte 2-Wege-SMT im Xeon und Pentium 4 (Northwood) [75] auf Basis der NetBurst-Mikroarchitektur unter dem Namen *Hyperthreading* [108][134] ein. Nach Angaben von Intel wuchsen dadurch die Chipfläche und die maximale Leistungsaufnahme um etwa 5 %. Wie beim Alpha werden Threads als logische Prozessoren abstrahiert, was die fast unmittelbare Nutzung der Hardware durch mehrprozessorfähige Betriebssysteme und Anwendungen ermöglicht. Hyperthreading wurde nach und nach auch für Desktop- und mobile Systeme verfügbar [111]. Dabei werden pro Takt abwechselnd Befehle unterschiedlicher Befehlsströme in die Decodierung eingespeist. Wenn ein Thread im Leerlauf oder blockiert ist, kann der andere die gesamte Bandbreite der Decodiereinheiten nutzen. Decodierte µops werden im sog. *trace cache* (*TC*) [171] abgelegt, der anstatt eines L1-Befehlscache zum Einsatz kommt. Die Einträge im TC werden dynamisch zwischen Threads aufgeteilt. Jede Cachezeile (*cache-line*) enthält aus diesem Grund eine Identifikation, die die Cachezeile eindeutig einem Thread zuordnet. µops werden direkt aus dem TC geholt oder vom Mikrocode-ROM produziert und in den TC eingetragen. Aus dem TC werden µops in eine gemeinsam genutzte Warteschlange geschrieben, innerhalb der jeder Thread maximal die Hälfte aller Einträge belegen kann. Wenn sich Befehle beider Befehlsströme in der Warteschlange befinden, nimmt die Zuweisungseinheit in jedem Takt alternierend Befehle beider Befehlsströme zur Ausführung heraus. Ein Thread bekommt die gesamte Bandbreite, sobald der andere in seiner Ausführung blockiert ist oder keine Befehle zur Ausführung bereitstehen. Jeder Thread besitzt einen eigenen Registersatz. Es existieren zwei Warteschlangen für Speicher- und sonstige Operationen aus denen unabhängig µops der logischen Prozessoren den Ausführungseinheiten zugeordnet werden. Beispielsweise können im selben Takt zwei µops des einen und zwei µops des anderen logischen Prozessors zur Ausführung selektiert werden. Der Pentium 4 kann pro Takt bis zu 6 µops 7 Ausführungseinheiten zuführen. Die Abbildung von Architektur- auf physikalische Register wird in einer für jeden Thread replizierten Tabelle (*register alias table*) festgehalten. Nach der Ausführung werden die Ergebnisse durch den Rückordnungspuffer in die Reihenfolge ihres Holens gebracht. Dieser ist so partitioniert, dass jeder Thread maximal die Hälfte aller Einträge belegen kann. Architekturell noch nicht fixierte Zustände beider Threads werden abwechselnd an die Programmsemantik gebunden, wobei die gesamte Bandbreite von einem Thread genutzt werden kann, wenn der andere nicht zurückschreibt. Abschließend werden die Daten in den L1-Datencache geschrieben, wobei wieder zwischen den Prozessoren alterniert wird. Welche Hardware partitioniert und welche repliziert wird, ist u. a. abhängig von der jeweiligen Realisierung. Wenn die Logik schnell genug ist, Anfragen aller Threads zu unterstützen, wird diese partitioniert und ist nur einmal vorhanden. Falls der kritische Pfad dies nicht zulässt oder es ohne zusätzliche Logik zu Inkonsistenzen kommt, wird sie repliziert (z. B. Registersätze). Weitere Details einzelner Implementierungen finden sich in [20][62] und [84].

2.4.3 IBM POWER5[9]

Der IBM POWER5 (Performance Optimized With Enhanced RISC) [95] besteht aus zwei Prozessorkernen (64 Bit) mit je zwei Threads. Bis zu 32 dieser Multi-Chip-Module können zu einem symmetrischen Mehrprozessorsystem kombiniert werden. Die Threads teilen sich den Befehlscache und den *translation lookaside buffer* (vollassoziativ mit 128 Einträgen). In jedem Takt werden alternierend Befehle jedes Threads geholt, wobei die Sprungvorhersagelogik von Threads gemeinsam genutzt wird. Der POWER5 und Pentium 4 besitzen für jeden Thread replizierte Befehlswarteschlangen (*streaming buffers*). Der Hauptunterschied zwischen beiden Prozessoren liegt in den Decodier- und Ausführungseinheiten der Pipeline, da beim POWER5 die Decodierstufe für eine Lastbalancierung gemeinsam genutzter Ressourcen eingesetzt wird. Im Gegensatz zum Pentium 4 können Threads

---

[9] Informationen zum POWER6 können in [118] nachgelesen werden.

unterschiedliche Prioritäten (0-7) zugewiesen werden. Die Priorität begrenzt die Rate, mit der Befehle eines Threads geholt und decodiert werden und bestimmt damit den Grad und die Varianz der genutzten Decodier- und Ausführungseinheiten. Priorität null stoppt einen Thread in seiner Ausführung. Wenn beide Threads Priorität eins aufweisen, wird die Decodierrate zurückgefahren, um Energie zu sparen. Einfädige Ausführung wird unterstützt, indem alle physikalisch vorhandenen Ressourcen einem Thread zugeordnet werden. Dazu wird ein Thread in seiner Ausführung eingefroren, indem seine Priorität auf null gesetzt wird. Die Priorität ist nicht verbindlich. Wenn z. B. Befehle eines niedrig priorisierten Thread zur Decodierung bereitstehen und ein Thread höherer Priorität blockiert ist, wird die Zeit reduziert, in der sich die Ausführungseinheiten im Leerlauf befinden, indem Befehle des niedrig priorisierten Threads eingespeist werden. Nachdem die Befehle eines Threads ausgewählt, decodiert und Register umbenannt wurden, werden sie in die Zuweisungswarteschlangen der gemeinsam genutzten Ausführungseinheiten geschrieben. Die Ergebnisse aus der Ausführung werden in maximal 20 Gruppen von bis zu 5 Befehlen pro Thread in die *global completion table* (*GCT*) geschrieben. Die GCT und die Warteschlangen für Cache-Fehlzugriffe werden überwacht, um festzustellen, ob und wann ein Thread Ressourcen blockiert. Die Assoziativität beider L1-Caches wurde im Vergleich zum POWER4 verdoppelt. Die Cachegröße beträgt weiterhin 64 KB beim Befehls- und 32 KB beim Datencache. Eine auf dem POWER5 (Architektur 2.02) basierende zweifädige SMT-Implementierung [22] findet sich im PowerPC Processing Element (PPE) des Cell-Prozessors. Mehr Informationen hierzu findet der interessierte Leser in [94].

2.4.4 Intel Itanium 2 (Montecito)

Der von Intel und Hewlett-Packard entwickelte und 2006 auf den Markt gebrachte Itanium 2 verfügt über zwei 64-Bit-Kerne. In den Modellen 9015, 9020, 9040 und 9050 ist Hyperthreading implementiert. Wie sein Vorgänger verfügt der Itanium 2 über den IA64-Befehlssatz. Die theoretischen Vorteile der eingesetzten *Explicitly Parallel Instruction Computing*-Architektur (*EPIC*) [176] in Bezug auf die Chipfläche zeigen sich nicht unmittelbar. Der Itanium 2 hat über 1,72 Milliarden Transistoren, die bei 2 GHz etwa 100 Watt verbrauchen [22]. Betrachtet man jedoch die Cachegröße, wird der Unterschied deutlich. Der Montecito besitzt pro Kern maximal (Modell 9050) 1 MB L2-Cache und 12 MB L3-Cache. Für Details zu EPIC sei auf [57] und [74][176][185] verwiesen. Einzelheiten zum Montecito finden sich in [137].

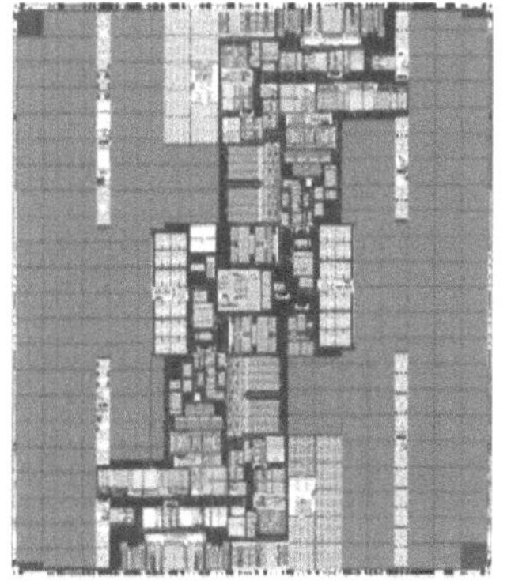

Die-Foto des Montecito. Quelle: HP.

Spielen ist experimentieren mit dem Zufall.

Novalis

Kapitel 3

Simulations- und Synthesemethodik

Der Einsatz von Fehlererkennungsverfahren ist nur dann zu vertreten, wenn die Korrektheit und Effizienz der Verfahren nachgewiesen wird. Hierzu gibt es zwei Ansätze. Zum einen den praktischen Ansatz durch Fehlerinjektionsexperimente, zum anderen die theoretische Analyse mit formalen Methoden z. B. die Modellierung mit Markov-Ketten, Petri-Netzen oder Fehlerbäumen. Theoretische Analysen haben den Vorteil, dass nach Entwicklung eines entsprechenden Modells Aussagen u. a. über die Ausfallwahrscheinlichkeit schon vor der Realisierung eines Produktes getroffen werden können. Leider sind akkurate Modelle komplexer Systeme, z. B. mit Petri-Netzen modellierte Mikroprozessoren aufgrund der explosionsartig wachsenden Anzahl von Zuständen sehr berechnungsintensiv, unübersichtlich und damit anfällig für Fehler. Wenn die Anzahl der Zustände reduziert wird, ergibt sich ein höherer Abstraktionsgrad und damit ungenaue Ergebnisse. Das Ausblenden ineffektiver Fehler ist z. B. beim Vergleich verschiedener Systeme nicht immer wünschenswert, da für diese verschiedene Untermengen einer Fehlermenge effektiv bzw. ineffektiv werden können (*Anfälligkeit*). Aus diesem Grund kann die (experimentelle) Ermittlung der (empirischen) Gefahrenwahrscheinlichkeit eines Systems [42] von Interesse sein. In dieser Arbeit wird der praktische Ansatz verfolgt. Die Effizienz der zu untersuchenden Fehlererkennungsverfahren (*Fehlerüberdeckung*) wird durch Fehlerinjektion, bzw. durch Anwendung einer Fehlerinjektionstechnik bestimmt. Einführungen zum Thema Fehlerinjektion bieten [26][44] und [78].

3.1 Fehlerinjektion

Das Einbringen von Fehlern in ein aus Soft- und Hardwarekomponenten bestehendes System dient nach [26] drei wesentlichen Zwecken:

1. **Verifikation und Validierung**

   Verifikation deckt Abweichungen zwischen der spezifizierten und der tatsächlich realisierten Systemfunktion auf. Validierung unterstützt das Aufdecken von Diskrepanzen zwischen der realisierten Systemfunktion und existierenden Anforderungen. Eine vollständige Verifikation ist bei hoher Komplexität des zu untersuchenden Systems meist nicht möglich.

2. **Erhöhen des entgegengebrachten Vertrauens**

   Im Rahmen von Zertifizierungsprozessen werden sicherheitskritische Systeme mittels Fehlerinjektion getestet. Die Durchführung umfangreicher Fehlerinjektionsexperimente kann eine wesentliche Zertifizierungsanforderung sein.

3. **Bestimmung von Kenngrößen**

   Fehlerinjektionsexperimente werden eingesetzt, um zu einem fehlertoleranten System eine Bewertung [44] zu erhalten, da bestimmte Kenngrößen komplexer Hard- oder Softwaresysteme in der Praxis schwer zu analysieren und zu erhalten sind.

   Die in dieser Arbeit ermittelten Kenngrößen sind:

   - Die Zeit von der Injektion des Fehlers bis zu dessen Erfassung
   - Die Genauigkeit einer Fehlerlokalisation
   - Die Fehlerüberdeckung

Fehlerinjektionstechniken sind technische Maßnahmen, die erforderlich sind, um Fehler beabsichtigt in ein zu untersuchendes System einzubringen. Sie lassen sich nach [78] einteilen in simulationsbasierte, physikalische und

Software-implementierte Techniken. Simulationsbasierte Fehlerinjektion bietet die Möglichkeit, nahezu beliebige Fehlerarten in ein Modell des zu untersuchenden Systems einzubringen. Diese aufgrund ihrer Detailliertheit zeitlich aufwendige Fehlerinjektion kann durch Änderungen am Modell durchgeführt und daher schon im Entwurfsprozess nach der Entwicklung des Modells eingesetzt werden. Im Gegensatz dazu werden bei physikalischer Injektion Fehler während des Betriebes eingebracht, z. B. durch direkte Signalmanipulation oder Störeinflüsse (z. B. durch Generatoren zur Erzeugung elektromagnetischer Interferenzen/ künstlicher Schwankungen in der Spannungsversorgung, Bestrahlung mit Schwerionen [69], Lasern oder elektromagnetischer Strahlung). Vorteile physikalischer Fehlerinjektion sind ein tatsächliches und schnelles Testen der Fehlerbehandlung. Die Injektion ist jedoch sehr teuer, schwierig zu kontrollieren und Fehlereffekte lassen sich schlecht oder gar nicht beobachten. Einen Überblick und Vergleich verschiedener physikalischer Injektionstechniken gibt [58]. Software-implementierte Injektoren bilden im Wesentlichen Fehlerauswirkungen mithilfe von Software nach und unterscheiden sich zeitlich im Hinblick auf Injektion vor [61] und während der Laufzeit [71]. Sie bieten eine schnelle, preisgünstige und flexible Alternative zur simulationsbasierten und physikalischen Fehlerinjektion. In [168] wurde festgestellt, dass durch Fehlerinjektion auf Pin-Ebene nur 9-12 % aller transienten Fehler und 98 % bis 99 % aller Prozessorfehler durch Software-implementierte Fehlerinjektion modelliert werden können. In dieser Arbeit wird aus diesen Gründen Software-implementierte Fehlerinjektion zur Laufzeit eingesetzt. In der Praxis werden Fehlerinjektionen aus Kostengründen meist teilweise oder gar nicht durchgeführt und stattdessen viel Wert auf eine korrekte Spezifikation und Implementierung der Verfahren gelegt. Bei neuartigen Fehlererkennungsmechanismen ist eine Untersuchung mittels Fehlerinjektion, bzw. eine theoretische Analyse zur Ermittlung des Fehlerüberdeckungsgrades unumgänglich. Innerhalb der Fehlerinjektionsexperimente werden – falls nicht anders beschrieben – die in Tabelle 3-1 aufgeführten Parameter verwendet.

Tabelle 3-1: Verwendete Fehlerinjektionsparameter

Parameter	**Wert**
Simulationsart	Softwaresimulation
Fehlerrate	$\lambda=10^{-5}$ pro Takt
Dauer eines transienten Fehlers	Vernachlässigbar (0,2/ 0,5 ns)
Verteilung der Fehler	Diskret, zeitlich gleich verteilt
Arbeitslasten	Synthetisch, Parameter aus SPECint2006_base-Simulationen (s. Anhang A)
Zufallszahlengenerator	48 Bit, lineare Kongruenz [103]
Simulationsdauer	10^6 Befehle
Anzahl Injektionsläufe	10
Fehler-Annahmen	Ein-Fehler-Bereich, komponentenbezogene Ein-Fehler-Annahme, stochastisch unabhängig

3.2 Synthese für unterschiedliche Entwurfsstile

Nachfolgend werden die eingesetzten Entwurfsstile (Standardzellen und FPGAs) zur Abschätzung unterschiedlicher ökonomischer Anforderungen vorgestellt und die Vorgehensweise bis zur fertigen Schaltung geschildert. Durch die Synthese und Implementierung werden folgende Ziele verfolgt:

- Feststellung der Machbarkeit,
- Ermittlung der Verarbeitungsgeschwindigkeit durch Abschätzung der maximalen Taktfrequenz nach Extraktion der Signallaufzeiten (kritischer Pfad)
- und Beurteilung des Flächenbedarfs, der Leistungsaufnahme (FPGA) und der Kapazität (Standardzellen).

Das Extrahieren des kritischen Pfades ist keine triviale, sondern eine überaus zeitaufwendige und komplexe Aufgabe, da für jede Pfadkombination zwischen Ein- und Ausgängen (in dieser Arbeit bis zu 512) der Schaltung die Verzögerung unter Verwendung geeigneter Testeingaben und des Transistormodells manuell ermittelt werden muss. Bei den Implementierungsergebnissen ist zu beachten, dass die Erstellung komplexer Schaltungen dynamische Algorithmen (für Routing, Platzierung, etc.) involviert und so die Ergebnisse variieren können. Die vorgestellten Verfahren werden in VHDL realisiert. SystemC kam aufgrund der fehlenden Unterstützung durch die Synthesewerkzeuge *Xilinx ISE* (*Integrated Software Environment*) 6.3 (FPGA) und *Alliance 5.0* (Standardzellen) während der Erstellung dieser Arbeit nicht in Frage. Die Wahl fiel dabei aus Kostengründen auf diese Entwicklungsumgebungen, da diese frei verfügbar sind.

3.2.1 FPGA-Entwurf mit Xilinx ISE 6.3

Bei der eingesetzten FPGA-Entwicklungsplattform handelt es sich um ein PCI-basiertes SPYDER-Virtex-System (aus einer Kooperation des Forschungszentrums Informatik (FZI) Karlsruhe und der Universität Tübingen). Das verwendete FPGA ist ein Xilinx Virtex-E XCV1000bg560 (speed grade -8) [228]. Die Benutzung Xilinx-spezifischer Komponenten geschieht durch Einbindung der Bibliothek *UNISIM.VComponents*.
Tabelle 3-2 fasst die Hauptbestandteile des eingesetzten FPGAs zusammen.

Tabelle 3-2: Elemente im Xilinx Virtex-E XCV1000 FPGA

Abkürzung	Bezeichnung	Anzahl
IOB	I/O-Block	512
CLB	Configurable Logic Block	27.648
BRAM	Block Select RAM	131072 Bit
DLL	Delayed Locked Loop	4
GBUF	Global Clock Buffer	4
-	Systemgatter	1.569.178
-	Logische Gatter	331.776
-	I/O-Pins	404

Abbildung 3-1 zeigt den Entwurfsablauf bei Einsatz des Synthesewerkzeugs Xilinx ISE 6.3. Die Schaltungseingabe kann in drei Formen geschehen: als Schaltbild, einer Hardware-Beschreibungssprache (Verilog oder VHDL) oder als *Core* innerhalb der VHDL-Beschreibung. Das Ergebnis der Synthese ist eine XST (Xilinx StrucTural)-Datei. Unter Einhaltung physikalischer (PCF)

und benutzerdefinierter (UCF) Pin- (PACE), Flächen- (Floorplanner) und Zeitvorgaben wird mit *ngdbuild* die Eingabe (NGD) für die Abbildung auf verfügbare FPGA-Elemente (*map*) erzeugt und danach die Platzierung und das Routing mit *par* durchgeführt. Mit dem Werkzeug XPower können die zur Untersuchung der Leistungsaufnahme notwendigen Voreinstellungen (xml), d. h. Taktfrequenz und Transitionswahrscheinlichkeiten erstellt/ geladen werden. Der letzte Schritt nach erfolgreichem Abschluss der Analyse des Zeitverhaltens (*Timinganalyse*) ist die Erzeugung eines *Bitfiles* (*bit*) mit *bitGen*, das mit *iMPACT* auf das FPGA geladen wird.
Das Verhalten der erstellten Schaltungen wurde mit ModelSim V6.1 simuliert und so die Korrektheit geprüft.

Dabei stehen insgesamt vier Detailgrade zur Verfügung:

- Behavioral: Simulation des Verhaltens
- Translate: Simulation nach der Umsetzung in Logik
- Map: Simulation nach der Abbildung auf Funktionselemente
- Place&Route: Simulation der Schaltung nach Routing und Platzierung

In einzelnen Tabellen zu den FPGA-Ressourcenanforderungen sind – wenn nicht anders beschrieben – die Werte nach *Place and Route* angegeben. Mit ISE kann zusätzlich die Gatteranzahl (*Gate Count*) geschätzt werden. Diese ist bei den Ergebnissen für den FPGA-Entwurf zusätzlich aufgeführt.

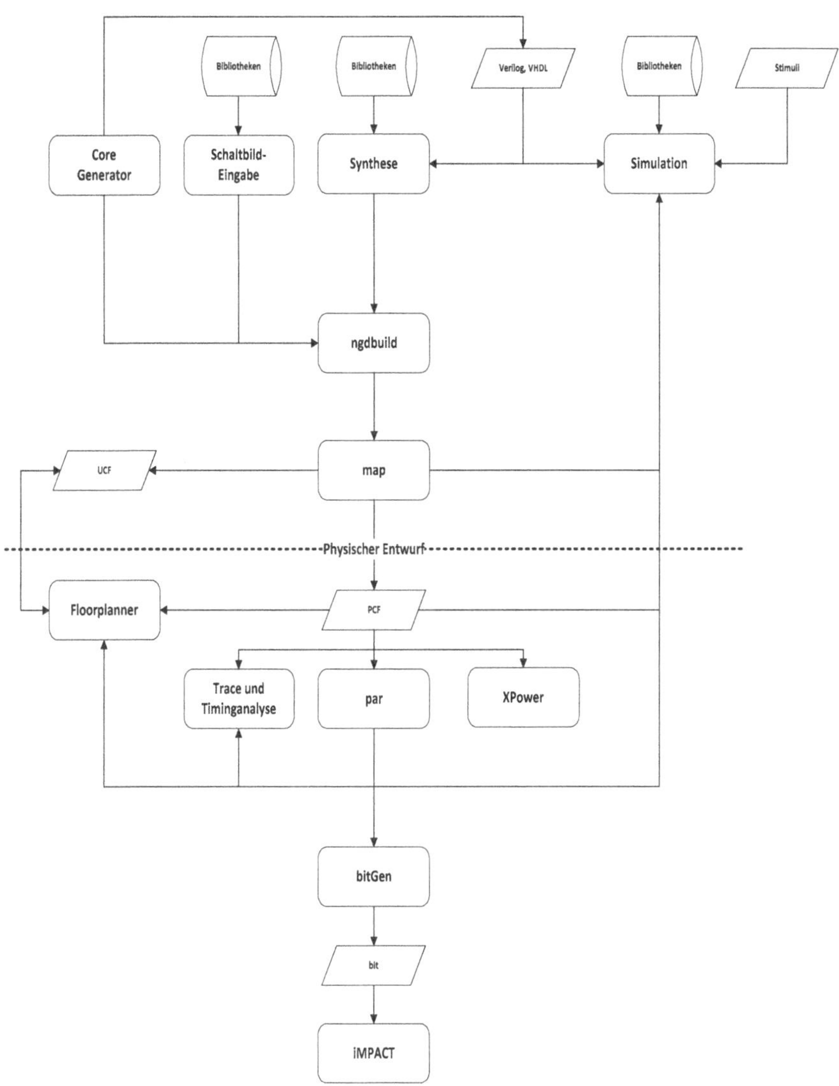

Abbildung 3-1: Entwurfsablauf mit Xilinx ISE 6.3

Tabelle 3-3 fasst die wichtigsten Synthese- und Implementierungsparameter zusammen, da diese maßgeblich u. a. den Flächenaufwand sowie den kritischen Pfad bestimmen.

Tabelle 3-3: Synthese- und Implementierungsparameter für Xilinx ISE

Synthese	
Lokales Optimierungsziel	Kritischer Pfad
Optimierungsaufwand	Normal
Globales Optimierungsziel	Kritischer Pfad
Case-Implementierung	Voll-parallel
Implementierung	
Mapping-Optimierung	Balanciert (Geschwindigkeit/ Fläche)
Optimierung Platzierung& Routing	Normal
IO-Standard	LVTTL – low voltage transistor-transistor logic

3.2.2 Standardzell-Entwurf mit Alliance 5.0

Das vom Laboratoire d'Informatique de Paris 6 (LIP6) entwickelte VLSI-CAD System Alliance 5.0 [25] wurde für den Standardzell-Entwurf gewählt. Der Entwurfsablauf ist in Abbildung 3-2 unter Angabe der verwendeten Werkzeuge und Dateierweiterungen dargestellt.

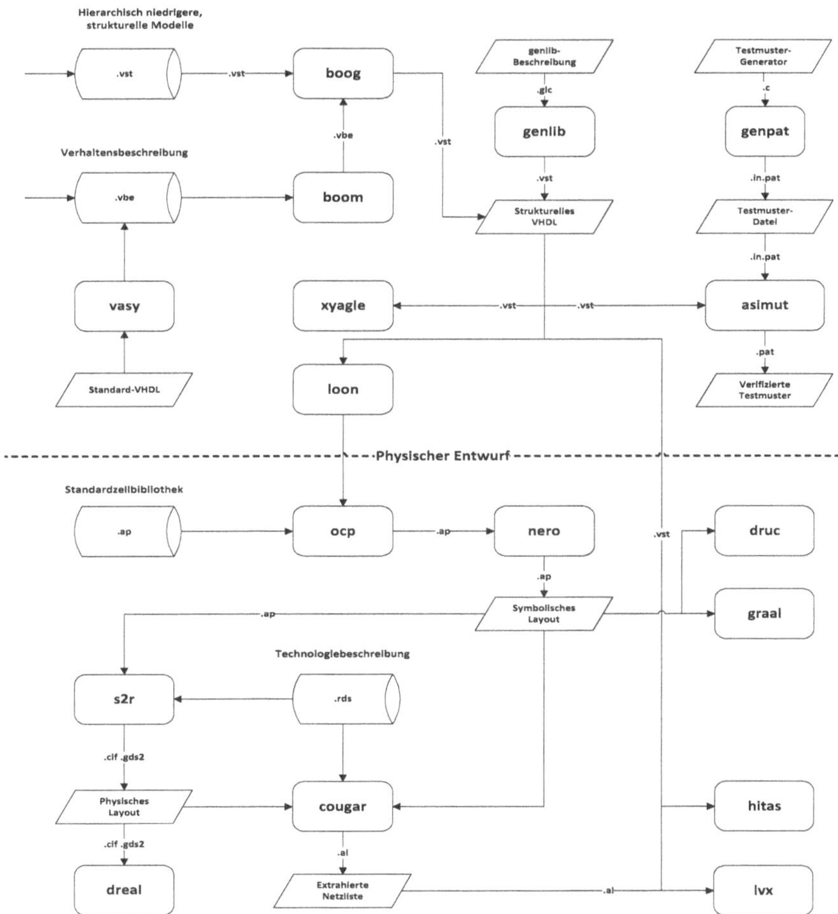

Abbildung 3-2: Entwurfsablauf mit Alliance 5.0

Standard-VHDL-Quellen können mit dem Programm *vasy* in eine mit Alliance auswertbare Verhaltensbeschreibung (.vbe) konvertiert werden. Diese funktioniert allerdings schon bei einfachen Schaltungen, wie z. B. einem Zähler nicht problemlos[10], sodass die für FPGAs erstellten VHDL-Quellen nicht verwendet werden konnten. Dabei können auch C-Quellen zur Erzeugung einer strukturellen Beschreibung (.vst) mit *genlib* verwendet werden. Die Syntax ähnelt jedoch stark der strukturellen VHDL-Beschreibung und sollte nur bei Unkenntnis des .vbe- oder .vst-Formates gewählt werden. Mit *boom* wird die Logikminimierung vorgenommen. Bei gewollter Redundanz sollte *boom* nicht ausgeführt werden. Die entstandene .vbe-Datei wird durch *boog* an Gatter gebunden und auf dieser Ebene optimiert. Dabei wird die Wahl einer Standardzellenbibliothek notwendig. Diese fiel in dieser Arbeit auf *sxlib* [159], da hier bereits viele elementare Logikfunktionen realisiert sind. Die entstandene .vst-Netzliste kann durch *loon* lokal optimiert und auf Gatterebene mit dem Werkzeug *xyagle*[11] visualisiert werden. Zur Prüfung der Korrektheit sind zwei Verfahren gebräuchlich. Zum einen können Testmuster manuell oder mit *genpat* generiert werden. Die Testmusterdateien enthalten ebenfalls die zu erwartenden Ergebnisse des zu testenden Systems. Mit dem VHDL-Simulator *asimut* wird das Verhalten der Schaltung aus der strukturellen Beschreibung mit diesen Eingaben simuliert und mit den erwarteten Ausgaben verglichen. Zum anderen kann mit *yagle* aus der strukturellen Beschreibung ein Verhaltensmodell extrahiert werden, um einen formalen Vergleich mit einer Verhaltensbeschreibung durchführen zu können. Zur Realisierung des

---

[10] Z. B. ist kein hybrides synchrones/ asynchrones Verhalten spezifizierbar.

[11] Wie *hitas* früher ein Teil von Alliance, jetzt für wissenschaftliche Zwecke frei verfügbar (www.avertec.com, geprüft 22.01.2008).

physischen Entwurfs werden mit *ocp* die geometrischen Abbilder der Standardzellen der Schaltung platziert und mit *nero* die Verbindungen zwischen Standardzellen geroutet, wobei das globale Routing auch über diese hinweg geschehen kann. Das Ergebnis ist ein symbolisches Layout (.ap), das relative Größen bzw. Abmessungen enthält und mit dem Werkzeug *graal* inspiziert werden kann. Anschließend wird mit *druc* sichergestellt, dass keine Fehler beim Routingprozess auftraten. Nach Extraktion einer Netzliste mit Verbindungswiderständen und Kapazitäten durch das Werkzeug *cougar*, kann mit *lvx* eine Verifikation der gerouteten Verbindungen durch den Vergleich der extrahierten mit der Ausgangsnetzliste erfolgen. Diese wird auch als Quellbeschreibung für die Analyse des Zeitverhaltens mit *hitas* benötigt. Nach erfolgreicher Timinganalyse unter Anwendung eines Transistormodells kann durch das Werkzeug *s2r* die Umwandlung des symbolischen (.ap) in ein physisches Layout in Form einer CIF-Datei [173] unter Angabe der Zieltechnologieparameter (.rds) erfolgen. Diese kann vom Halbleiterhersteller zur Produktion von Maskensätzen verwendet werden. Flächen sind symbolisch in λ^2 angegeben.

Tabelle 3-4 zeigt die wichtigsten Synthese- und Implementierungsparameter für Alliance 5.0. In Anhang C befindet sich ein Makefile aus dem die genauen Parameter für den Standardzell-Entwurf entnommen werden können.

Tabelle 3-4: Synthese- und Implementierungsparameter für Alliance

Synthese	
Konvertierung (vhdl ⇒ vbe)	Initialwerte, vdd/ vss-Anschlüsse
Algebraische Minimierung (Ebene)	3 (0 bis maximal 3)
Algebraische Minimierung (Optimierung)	Verzögerung/ Fläche balanciert (50 %)
Implementierung	
Platzierung der Anschlüsse	Ringplatzierung
Standardzellbibliothek	sxlib
Routing	6 Metallisierungsebenen
Technologie	130 nm CMOS, max. 6 Metallisierungsebenen
Technologiedatei	sx013.rds
Transistormodell	BSIM4.4, Temperatur 70°C, DC=1,08 V

Erst durch die Vereinigung von Zeit und Raum erwächst die Materie[...]

Arthur Schopenhauer

Kapitel 4

Dynamische Fehlerentdeckung und -behebung

Gegenüber zahllosen Fehlerursachen und deren Auswirkungen, die die Verlässlichkeit eines Rechensystems gefährden können, steht der Wunsch, sowohl wirtschaftliche Schäden als auch Gefährdungen der Sicherheit abzuwenden. Verlässlichkeit beinhaltet nach [114] die Eigenschaften der Zuverlässigkeit und der Sicherheit.

- Ein System ist zuverlässig [37] (*reliable, dependable*), wenn es bei zulässigen Betriebsbedingungen im Zeitintervall [0, t] die geforderte Funktion erbringt. Wichtig für Systeme mit Fehlerbehebung ist die Verfügbarkeit $V = \frac{E(L)}{E(L)+E(B)} = \frac{MTTF}{MTTF+MTTR}$, die Wahrscheinlichkeit, dass ein System zu einem beliebigen Zeitpunkt fehlerfrei ist. Dabei ist $E(L) = \int_{-\infty}^{\infty} tf_L(t)dt$ die durchschnittliche Betriebsdauer t einer Einheit ohne Reparaturmöglichkeit vom Anwendungsbeginn bis zum Zeitpunkt des ersten Ausfalls (MTTF), repräsentiert durch die reelle Zufallsvariable L. $E(B) = \int_{-\infty}^{\infty} tf_B(t)dt$ ist die Zeit, die durchschnittlich zur Reparatur des Systems benötigt wird (MTTR). $f_L(t)$ und $f_B(t)$ bezeichnen die Dichte von L bzw. B.
- Ein System ist sicher [42], wenn es eine verbotene Leistung nicht erbringt. Die Definition eines sicheren Zustands hängt stark vom Einsatzgebiet des Systems ab. Die Sicherheit eines Systems ist nicht gefährdet, wenn es im Fehlerfall ein sicheres, bzw. unkritisches Ausfallverhalten zeigt (*Fail-Safe* Eigenschaft), z. B. durch Abschalten in einen sicheren Zustand überführt wird. Mithilfe des IEC-Standards 61508 [88] kann einer von vier *Safety Integrity Levels* (SIL 1 - niedriges Risiko, 4 - sehr hohes Risiko) festgelegt werden. Der SIL bestimmt u. a. Maßnahmen gegen Hardwarefehler. Dabei genügt es nicht immer, auf dieser Basis Fehlertoleranzmechanismen auszuwählen und einzusetzen. Dann wird

eine quantitative Bestimmung von Kenngrößen zur Validierung existierender Anforderungen in Form von Fehlerinjektionen notwendig.

Wir unterscheiden folgende Stufen[12] einer Degradation:

- *fail-operational* (fehleroperativ): Ein Fehler wird toleriert; die Komponente bleibt nach einem Fehler betriebsfähig.
- *fail-safe* (fehlersicher): Ein Fehler kann nicht toleriert werden. Das System wechselt in einen sicheren Zustand (passives Fail-Safe ohne externe Energie) oder wird durch eine besondere Aktion in diesen gebracht (*active fail-safe* mit externer Energie). Die Überführung eines Systems in einen sicheren Zustand wird Fail-Safe-Abschaltung (*shutdown*) genannt.

In dieser Arbeit wird der Modus *fail-operational* bei transienten und *active fail-safe* mit externer Energiezufuhr bei permanenten Fehlern unterstützt.

4.1 Fehlererkennung in Hardware

Die Fehlererkennung dient der Entdeckung eines fehlerhaften Systemzustands. In den folgenden Abschnitten werden Innovationen vorgestellt und validiert, um transiente Fehler während des Betriebs in Mikroprozessoren zu erkennen. Ein Relativtest erkennt Fehler, indem mehrfach berechnete Ergebnisse miteinander verglichen werden, ein Absoluttest, indem für produzierte Ergebnisse Konsistenz- und Plausibilitätstests durchgeführt werden.

---

[12] Der Vollständigkeit halber soll das *fail-silent* (fehlerpassiv)-Verhalten erwähnt werden. Hier wird nach einem oder mehreren Fehlern die betroffene Komponente durch Abschalten passiviert.

Wir unterscheiden zwei Klassen zur Erkennung von Fehlern in Rechensystemen:

- Passive Fehlererkennung versucht Informationen über mögliche Fehlzustände zu erhalten, indem Systemabläufe beobachtet und ständig Ist- mit Sollwerten verglichen werden. Sie beeinflusst den normalen Betrieb des zu überwachenden Rechensystems nicht, wodurch eine unmittelbare Fehlererkennung möglich ist.
- Aktive Fehlererkennung beobachtet durch Anlegen bestimmter Testeingaben die Reaktion eines Subsystems. Dadurch können auch Störungen aufgedeckt werden, die sich noch nicht als Fehler manifestiert haben. Meist ist ein Test parallel zum normalen Rechenbetrieb nicht möglich, da das betroffene Subsystem während der Testphase nicht oder nur eingeschränkt für den normalen Betrieb einsetzbar ist. Eine Leistungsminderung des Gesamtsystems wird wegen der höheren Fehlererfassung in Kauf genommen.

Aufgrund der höheren Leistungsaufnahme, eingeschränkten Verfügbarkeit im Testbetrieb und der oft fehlenden Fähigkeit zur Erkennung von Fehlern während des Betriebs aktiver Fehlererkennung sowie der schnelleren Fehlererkennung passiver Verfahren, werden in dieser Arbeit durchgängig passive (relative und absolute) Fehlererkennungsmechanismen eingesetzt. Redundanz kann als der kleinste gemeinsame Nenner passiver Fehlererkennungsmechanismen identifiziert werden [42]. Die Informationstechnische Gesellschaft im Verband der Elektrotechnik, Elektronik und Informationstechnik definiert Redundanz als das funktionsbereite Vorhandensein von mehr technischen Mitteln als für die spezifizierten Nutzfunktionen eines Systems benötigt werden [7]. Einfache passive Fehlererkennungsmechanismen beruhen auf dem Einsatz statischer struktureller

Redundanz [42][91], der Erweiterung eines Systems um gleiche oder verschiedene, für den Nutzbetrieb entbehrliche Hard- oder Software-Komponenten[13], die ständig an der Ausführung beteiligt sind. Bei struktureller Redundanz werden n Knoten repliziert, wobei mindestens m≤n funktionstüchtig sein müssen (m-von-n-System). Prominente Beispiele findet man im *Space-Shuttle* (Fünffach-Redundanz mit *two version programming*) [186], im *Airbus A320/330/340* (zwei-von-drei-System) [24] oder in der *Boing 777* [231]. Weitere Beispiele mehrfachredundanter Systeme sind die *HP/Stratus Continuum 400* [225] oder die *Integrity S2* von *Tandem* [90]. Fallbeispiele zu fehlertoleranten Systemen finden sich auch in Isreal Korens Buch [107].

Ein m-von-n-System gilt als defekt, wenn mindestens *n-m+1* der *n* Teilsysteme ausgefallen sind. Daher gibt es $\binom{n}{n-m+1}$ Möglichkeiten, dass von *n* genau *n-m+1* Systeme ausgefallen sind. Für die Unverfügbarkeit U_{mvn} des m-von-n-Systems ergibt sich bei gleicher Unverfügbarkeit U einzelner Komponenten

$$U_{mvn} = \sum_{k=n-m+1}^{n} \binom{n}{k} U^k (1-U)^{n-k}.$$

Bei exponentiell verteilten Lebensdauern der Komponenten erhält man die mittlere Lebensdauer (da die Verfügbarkeit des m-von-n-Systems $V_{mvn}(t) = 1 - U_{mvn}(t)$ ist) bei nicht-reparierbaren Systemen zu $E(L) = \int_0^\infty V(t)dt$, wobei $F_L(t) = U(t)$ mit $V(t) = 1 - F_L(t) = e^{-\lambda t}$ und der Ausfallrate λ ist. Typische Vertreter von m-von-n-Systemen sind dreifach- (*Triple Modular Redundant – TMR*) und zweifach-redundante (Duplex-

---

[13] Z. B. n-Versionen des gleichen Programms (N-version programming).

system, *Double Modular Redundant – DMR*) Systeme. Abbildung 4-1 zeigt ein Duplexsystem. P und Q stellen die Zustände der Knoten K_1 und K_2 dar.

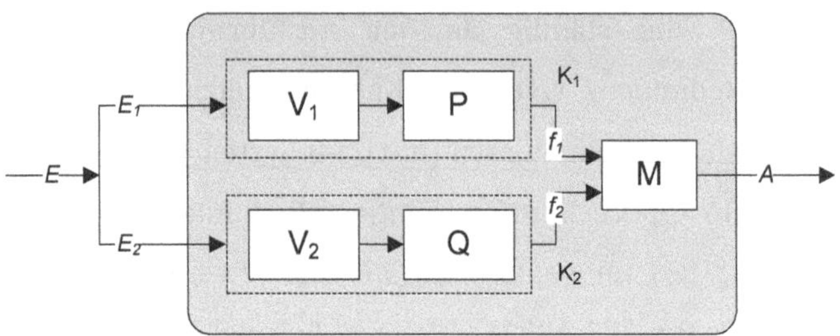

Abbildung 4-1: Das Duplexsystem

Die identischen ($K_1 = K_2$) oder diversitär ($K_1 \neq K_2$) ausgelegten Rechenknoten K_1 und K_2 arbeiten mit duplizierten Eingabedaten $E=E_1=E_2\in\{0,1\}^n$. Wie im später erwähnten virtuellen Duplexsystem besteht die Möglichkeit, identische ($V_1=V_2$) oder diversitäre Programmvarianten ($V_1\neq V_2$) einzusetzen, die dieselbe Zielfunktion f berechnen. Die in einzelnen Knoten ermittelten Ergebnisse $f_1=K_1(V_1(E_1))$ und $f_2=K_2(V_2(E_2))$ werden von einem Maskierungsknoten M verglichen. Im fehlerfreien Fall gilt $f_1 = f_2 = f$, im Fall eines fehlerfreien Maskierers $f_{1,2} = f$, d. h. die Zielfunktion f entspricht der Funktion aus der Spezifikation. Die Verwendung doppelt ausgelegter Rechenknoten verursacht höhere Hardware- und Kommunikationskosten für die Ergebnissynchronisation sowie höhere Systemkomplexität und Leistungsaufnahme.

Ein gravierender Nachteil von TMR-Systemen ist die Verwendung der Leistung mehrerer Prozessoren, um Fehler erkennen und tolerieren zu können. Zudem treten auch Verzögerungen bei redundanter Ausführung mehrfach auf, da z. B. Sprünge mehrfach falsch vorhergesagt werden und mehrere Cache-Fehlzugriffe entstehen. Der Vorteil eines Duplexsystems im

Vergleich zum TMR-System liegt im verringerten strukturellen Aufwand, da zwei anstatt drei redundanter Komponenten verwendet werden. Mit dem daraus resultierenden geringeren Aufwand zur Ergebnisprüfung und Synchronisation ergibt sich eine verkürzte Laufzeit. Aufgrund der reduzierten Busaktivität und dem Wegfallen einer ganzen Komponente ist die Leistungsaufnahme eines solchen Systems deutlich geringer. Ein Nachteil des Duplexsystems ist die fehlende Diagnostizierbarkeit der fehlerhaft arbeitenden Komponente. Ein korrektes Ergebnis kann im Fehlerfall nur durch den Einsatz zeitlicher Redundanz ermittelt werden, wobei ein oder beide Knoten des Duplexsystems als virtuelles Duplexsystem konfiguriert werden.

Lockstepping ist eine Realisierungsform eines Duplexsystems. Da es einfach und kostengünstig implementiert werden kann, wird es in vielen Systemen/ Mikroprozessoren eingesetzt (SUN ft-SPARC [109], Compaq Himalaya [227] oder IBM z900 [187][194]). Mehrere Prozessoren werden im selben Takt mit demselben Befehl/ denselben Daten versorgt und die Ergebnisse der Prozessoren verglichen. Ein Ergebnis kann beispielsweise der Prozessorzustand, repräsentiert durch die Spannungswerte an den Pins der Prozessoren sein. Die Prozessoren sollten gleiche Maskenrevisionen aufweisen, da unterschiedliche Implementierungsformen des Herstellers zu Nebeneffekten, wie der Produktion von gleichen Ergebnissen zu unterschiedlichen Zeitpunkten führen können. Dieses Problem kann nur durch aufwendige Synchronisierungsmechanismen ausgeglichen werden. Beispiele für Probleme bei zeitlich fein granulöser Synchronisation finden sich in [112]. Ab dem POWER4 werden Programme in zwei replizierten Pipelines ausgeführt, die im lockstepped-Betrieb arbeiten. Wenn ungleiche Ergebnisse vorliegen, greift der Prozessor auf *millicode* (Prozessoren G4-G6, z900, z990) zurück, um umfassende Prüfungen der Hardware durchzuführen. Bei transienten Fehlern kann ein gültiger Prozessorzustand aus einem speziellen Prüfpunktmodul wiederhergestellt werden, wobei dieser Vorgang mehrere Tausend Prozessortakte dauern kann.

Sind beide Knoten nicht gleichberechtigt und/oder die Ergebnissynchronisation findet auf zeitlich grob granulöser Ebene statt, spricht man von einem Master-Checker-System[14]. Es wird häufig aus Kostengründen und aufgrund der geringeren Leistungsaufnahme anstatt eines Duplexsystems eingesetzt. Abbildung 4-2 zeigt ein *Master-Checker*-System. Auch *Watchdog*-Prozessoren [132] zählen zu *Master-Checker*-Systemen.

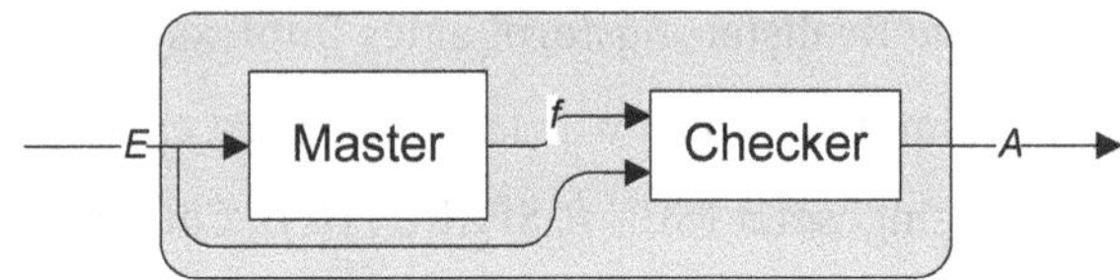

Abbildung 4-2: Das Master-Checker-System

Master und *Checker* arbeiten mit der Eingabe *E*. Die als *Checker* definierte Komponente liest die Ergebnisse des *Masters* *f* und vergleicht diese mit ihren Resultaten. Wenn diese voneinander abweichen, ist ein Fehler aufgetreten. Moderne Mikroprozessoren haben seit langem die Vergleichs- und Konfigurationslogik für den *Master-* bzw. *Checkerbetrieb* implementiert [82][143]. Wenn kein Fehler vorliegt, ist das *Master-Checker*-System bei der Ergebnisprüfung aufgrund des geringeren Synchronisationsaufwands schneller als ein TMR-System.

---

[14] Die Begriffe Master-Checker und zeitlich-lose gekoppeltes Lockstepping werden häufig synonym benutzt.

Virtuelle Duplexsysteme [43] stellen eine kostengünstige Alternative zu DMR- und TMR-Systemen dar. Abbildung 4-3 zeigt ein virtuelles Duplexsystem. Z(t) stellt den Zustand des Knotens zum Zeitpunkt t dar.

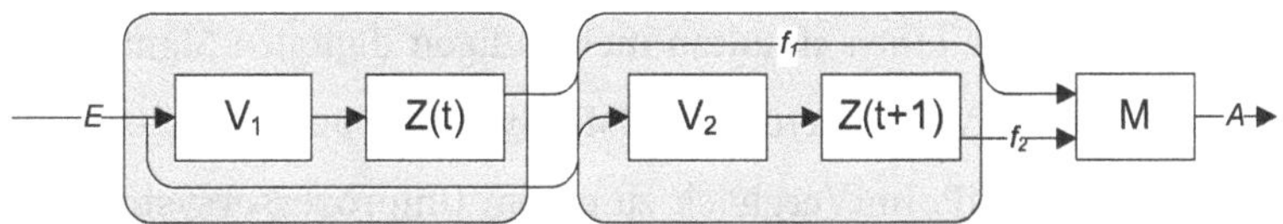

Abbildung 4-3: Das virtuelle Duplexsystem

Zwei nicht notwendig systematisch diversifizierte Programmvarianten V_1 und V_2 werden mit der Eingabe E unter dem Einsatz zeitlicher Redundanz nacheinander auf demselben Knoten K ausgeführt und die Ausgaben f_1 und f_2 von einem Maskierer M verglichen. Im Fall $f_1 \neq f_2$ wird ein Fehler signalisiert, sonst ein gemeinsames Ergebnis ausgegeben. Virtuelle Duplexsysteme sind hauptsächlich für die Erkennung temporärer Betriebsfehler in Mikroprozessoren geeignet, da die Wahrscheinlichkeit hoch ist, dass ein Fehler bei Ausführung von V_1 durch die Verarbeitung von V_2 bereits überschrieben wurde und dadurch nicht mehr im System vorliegt. Gegen die fehlende Möglichkeit der Lokalisation permanenter Fehler können hinreichend diversifizierte Programmvarianten eingesetzt werden [128]. Aufgrund der besseren zeitlichen Entkoppelung gegenüber einer quasiparallelen Verarbeitung empfiehlt Lovrič [128] für virtuelle Duplexsysteme die streng sequenzielle Abarbeitung der Varianten V_1 und V_2. Beim Einsatz von SMT muss diese Empfehlung einfließen und im Hinblick auf die potenziell erreichbare Leistung überdacht werden. Die aus dieser Überlegung resultierende Hardware wird in Abschnitt 4.1.1 vorgestellt.

4.1.1 Temporärer Speicher für redundantes Multithreading[15]

Intel berichtet in [85] einen durchschnittlichen Leistungszuwachs von 21,6 % bei anwendungsorientierten Arbeitslasten auf einem 2-Wege-SMT Pentium 4 im Vergleich zu konventionellen Prozessoren. In [101] wurde die Leistungsaufnahme eines simultan-mehrfädigen digitalen Signalprozessors und eines CMPs verglichen. Das SMT-System benötigte 28 % weniger Energie als der CMP. Im Vergleich zu einem Uniprozessorsystem wurde in [183] ein Zuwachs der Chipfläche um 27 % bei einem Leistungsanstieg von 50 % beobachtet und eine maximale Verringerung der Leistungsaufnahme um den Faktor 4,6 erzielt. SMT-Prozessoren verbrauchen weniger Energie pro Befehl aber mehr pro Takt, da bei mehreren Befehlsströmen mehr Ausführungseinheiten aktiv sind und daher ein höherer Befehlsdurchsatz erreicht wird. Eine Schlussfolgerung daraus und aus [183] ist, dass Echtzeit-Anforderungsfristen (*deadlines*) mit einer niedrigeren Taktfrequenz und Spannungsversorgung eingehalten werden können als durch ein herkömmliches Einprozessorsystem bei gleichem Takt und gleicher Spannungsversorgung. Die aufgeführten Ergebnisse lassen auch den Schluss zu, dass SMT dazu eingesetzt werden kann, den mindestens (n-1)-fachen Hardwareaufwand und die (n-1)-fache Leistungsaufnahme von m-von-n-Systemen für die Erkennung transienter Fehler zu reduzieren. In dieser Arbeit werden mehrfädige Techniken zur zeitlich effizienten Ausführung redundanter Befehlsströme in verschiedenen Threads eingesetzt. Den Threads wird fest die Rolle des führenden und des nachlaufenden Threads zugeordnet. Beide Threads sind in Ihrer Ausführung durch den *Slack*, die Anzahl von Befehlen zwischen beiden Threads voneinander getrennt. Aus Komplexitätsgründen

---

[15] Teile dieses Abschnittes wurden auf der PDPTA-2006 [52] vorgestellt.

werden zwei Hardware-Threads angenommen. Aus Abschnitt 2.4 und Kapitel 1 sieht man, dass dies für heutige SMT-Systeme realistisch ist. Dabei können alle entwickelten Fehlererkennungsmechanismen auch ohne Mehrfädigkeit innerhalb zeitlich oder strukturell redundanter Systeme eingesetzt werden. Da die geforderte Binärkompatibilität nur durch implizites MT erhalten werden kann, werden Kontextwechsel bei der Decodierung bedingter Sprünge (falls vorhanden: bei Fehlzugriffen im Sprungzieladress-Cache und falsch vorhergesagten Sprüngen) und lesender (Loads) sowie schreibender Speicherzugriffe (Stores) durchgeführt (falls vorhanden: bei Cache-Fehlzugriffen) und durch das Signal Thread_CHG eingeleitet.

Die in diesen Abschnitt entwickelten Strukturen dienen

- der Wiederverwendung von Sprungzielen durch den führenden Thread (temporärer Sprungzielspeicher, Abschnitt 4.1.2), der Erkennung transienter Kontrollfluss- und permanenter Fehler auf dem Adressbus und
- der effizienten Speicherung weitergeleiteter Daten (temporärer Datenspeicher, Abschnitt 4.1.3) und der Erkennung transienter Datenfehler.

Der Vorteil getrennter Strukturen liegt darin, dass die Anzahl der Schreib-/Leseports gegenüber einer zentralistischen Organisation (Integration von Sprungziel- und Datenspeicher innerhalb einer Struktur) reduziert und der Flächenaufwand klein gehalten wird. Weiterhin muss ein Ergebnis nicht explizit als Datum oder Sprungziel gekennzeichnet werden. Beide Strukturen können parallel und unabhängig voneinander indexiert werden.

4.1.1.1 Verwandte Arbeiten

Sohi et al. untersuchten in [191] die zeitlich redundante Ausführung replizierter Befehle in leeren Pipeline-Slots einer Cray-1, wobei die redundanten Berechnungen mit um jeweils eine Bitstelle nach links verschobenen Operanden durchgeführt wurden (REcomputation with Shifted Operands - RESO). Franklin schlägt in [59] die Duplizierung von Befehlen durch den dynamischen Scheduler (mit zeitlich unterschiedlichen Abständen) oder für verschiedene Ausführungseinheiten in einem superskalaren Prozessor vor. Eine der ersten Arbeiten, die Mehrfädigkeit zur Entdeckung von transienten Fehlern einsetzten, war das ROAR (*Reliability Obtained By Adaptive Reconfiguration*)-Projekt [174]. Das System ließ eine Konfiguration zwischen einer leistungsorientierten und einer fehlertoleranten Betriebsart zu, wobei die redundanten Software-Threads explizit codiert werden mussten. Die Fehlererkennung fand an Prüfpunkten statt. Die für das Voting notwendigen Werte wurden über die Interprozess-Kommunikation des Betriebssystems ausgetauscht. Die redundante Ausführung erreichte eine maximale Geschwindigkeitssteigerung von 77 % gegenüber der einfädig-redundanten Version auf einer Sun Ultra-II. Im Trace wird der Befehlsstrom in Einheiten (*traces*) zu je 16 Befehlen inklusive Sprüngen unterteilt, die an mehrere Verarbeitungseinheiten (*processing element - PE*) weitergeleitet und dort ausgeführt werden. Permanente Fehler werden durch einen Vergleich der Ausführungsergebnisse erkannt, wenn gleiche Befehlsströme durch verschiedene PEs ausgeführt werden. In diesem Fall wird das fehlerhafte PE aus dem Pool aktiver PEs entfernt. Transiente Fehler können durch Ausführung identischer Kopien eines Prozesses auf einem PE erkannt werden. AR-SMT [170] basiert auf dem Trace-Prozessor [172]. Das Hauptaugenmerk wurde auf die Erkennung transienter Fehler gerichtet. Den eingehenden Befehlsströmen wird fest die Rolle des *führenden, aktiven* (A-Strom) und des *nachlaufenden, redundanten Befehlsstroms* (R-Strom) zugewiesen. Der den A-Strom ausführende Thread heißt *aktiver* oder *A-Thread*, der den R-Strom ausführende Thread trägt den Namen *redundanter* oder *R-Thread*[16]. Sie bekommen die Möglichkeit über einen Verzögerungspuffer (*delay-buffer*), vom Betriebssystem unabhängig, miteinander zu kommunizieren und damit für die weitere Ausführung wichtige Informationen, z. B. Sprungziele, geladene oder berechnete Werte und Adressen, etc. auszutauschen. Der Puffer erhält die zeitliche Abhängigkeit zwischen Ergebnissen des A- und des R-Thread und ist daher als FIFO organisiert. Der R-Thread nutzt die Ergebnisse im Verzögerungspuffer und die vom A-Thread bereits in die Caches geladenen Daten/ Befehle, wodurch er schneller ausgeführt werden kann. Leider wurden in [170] keine Untersuchungen hinsichtlich des Fehlerüberdeckungsgrades durchgeführt. Jedoch kann jeder transiente Fehler in beiden Befehlsströmen entdeckt werden, wenn der Fehler sich nicht in beiden Strömen in gleicher Art und Weise manifestiert. Die Leistung wurde mit fünf SPECint95 Benchmarks evaluiert. Mit vier PEs, die redundant zwei Versionen eines Programms ausführten, benötigte AR-SMT nur 12 % bis 29 % mehr Zeit als bei nicht-redundanter Ausführung desselben Programms; mit 8 PEs 5 % bis 27 %. Abbildung 4-4 zeigt die Eingliederung des Verzögerungspuffers bei AR-SMT und wie die Ergebnisse aus der Freigabe des aktiven Threads an den redundanten Thread weitergereicht

---

[16] In dieser Arbeit werden die Begriffe A-Thread, aktiver Thread, vorauslaufender Thread und führender Thread sowie R-Thread, redundanter Thread und nachlaufender Thread synonym benutzt.

werden. Bei AR-SMT werden im Verzögerungspuffer Sprungziele, Registerinhalte und Schreibvorgänge auf den Speicher festgehalten. Aufgrund der unterschiedlichen Bandbreitenanforderungen ist diese Vorgehensweise nicht zu empfehlen, da man sich beim Entwurf des Verzögerungspuffers immer an der größten Anforderung orientieren sollte.

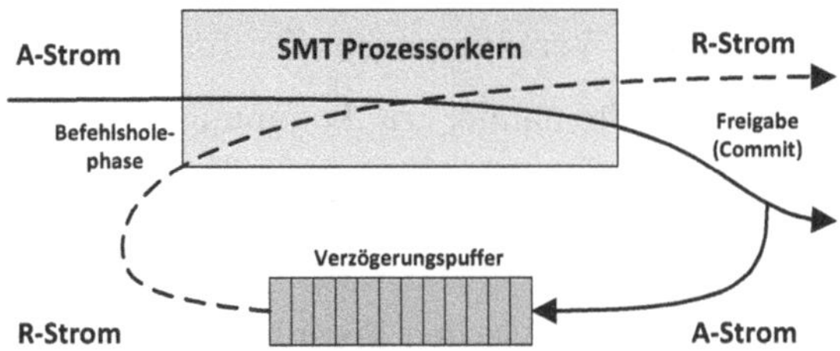

Abbildung 4-4: Integration des Verzögerungspuffers bei AR-SMT

Slipstream [163] ist eine AR-SMT-ähnliche Fehlererkennungsmaßnahme für CMPs mit dem Fokus auf Leistungsmaximierung. Dem führenden Thread wird die Freigabe und damit ein Schreiben auf den Hauptspeicher vor dem Prüfen des Wertes erlaubt, wodurch die Daten redundant vorliegen müssen. Bei selbstmodifizierendem Code muss dieser ebenfalls repliziert werden. Dadurch entstehen hohe Speicher- und Bandbreitenanforderungen, die die Leistung des Systems negativ beeinflussen. In [166] findet sich eine detaillierte Analyse von *Simultaneous and Redundant Threading* (*SRT*). Hier wird das Konzept der *Sphere of Replication* (SoR) eingeführt; innerhalb dieser wird strukturelle und logische Redundanz angewendet. Außerhalb der SoR kommen andere Fehlererkennungsmechanismen zum Einsatz. Je größer die SoR, desto mehr Zustände sind zu replizieren und desto höher der Fehlerüberdeckungsgrad - jedoch auf Kosten einer geringeren Leistung.

Genau umgekehrt verhält es sich bei einer kleineren SoR. Beispielsweise besteht die SoR in [164] aus einer Replikationseinheit für Befehlsströme in der Decodierphase. Außer dem hohen strukturellen Aufwand in der SoR ist aufgrund der hohen Bandbreitenanforderungen ein Leistungsabfall zu beobachten. Nachfolgende Arbeiten wie DIEIRB [155], SHREC [190] und PER-IRTR [65] beschäftigen sich damit, den Nachteil von Ressourcenblockierungen durch die Befehlsströme auszugleichen. Wie AR-SMT benutzt SRT redundante Threads (*leading* und *trailing*), die in ihrer Ausführungszeit voneinander getrennt sind. Um diesen *Slack* zu erhalten, wird ICOUNT als Befehlshole-Strategie eingesetzt. Weitere Alternativen zu ICOUNT werden in Tabelle 4-17 vorgestellt und in [145] und [166] diskutiert. Im Gegensatz zu AR-SMT werden bei SRT verschiedene Ergebnistypen unterschieden und in verschiedenen Strukturen abgelegt. Unter der Annahme, dass Fehler über Datenabhängigkeiten bis zu einem Store propagieren, werden nur Adressen und geschriebene Daten von Stores geprüft. Wir betrachten auch die Prüfung von Loads. Die *branch outcome queue* leitet berechnete Sprungziele an den nachfolgenden Thread weiter, der aus diesem Grund keine Kontrollflussspekulation benötigt. Eine Evaluierung mit 11 scheinbar willkürlich gewählten SPEC95 Benchmarks (INT/FP) zeigte, dass ein auf SRT basierender Prozessor im Gegensatz zu einer auf struktureller Redundanz beruhenden Lösung im Durchschnitt 16 %, maximal 29 % mehr Leistung bereitstellt. Um Fehlererkennung für CMPs zu ermöglichen, wurde SRT im Kontext einer Studie [145] zum *Chip-level Redundantly Threaded Multiprocessor* (*CRT*) erweitert. Wie bei SRT werden ein führender und ein nachlaufender Thread eingesetzt. Beide Threads können auf verschiedenen Prozessoren ausgeführt werden, wodurch eine geringere Wahrscheinlichkeit besteht, dass ein transienter Fehler beide Threads in gleicher Art und

Weise korrumpiert. Bei SRT kann ein Befehl des führenden Threads freigegeben werden, bevor eine Überprüfung auf Fehler durchgeführt wurde. Im Gegensatz dazu wird bei *SRTR* (*Simultaneous and Redundantly Threaded*) von Vijaykumar et al. [216] die Korrektheit vor der Freigabe geprüft. Bis die Prüfung erfolgreich durchgeführt wurde, darf kein Befehl des führenden Threads freigegeben werden. Die Auswirkungen einer fehlerhaften Befehlsausführung müssen daher nicht rückgängig gemacht werden, da der Zustand noch nicht architekturell fixiert wurde. Um die Registersätze von den stetig wachsenden Anforderungen in Bezug auf die Bandbreite zu entlasten, wird die *register value queue* (*RVQ*) eingeführt. Mithilfe der RVQ werden Ergebnisse von Registeroperationen zwischen Threads kommuniziert und geprüft. Zusätzlich wurde *dependence-based checking elision* (*DBCE*) entwickelt. Vijaykumar et al. argumentierten, das sich Fehler in zueinander datenabhängigen Befehlen fortpflanzen können. Aus diesem Grund wird nur der letzte Befehl, der diese Abhängigkeiten erfüllt, überprüft, was die Anzahl der zu prüfenden Registeroperationen auf 35 % verringert. Ohne DBCE und Begrenzung der Registerports von vier auf zwei wird ein Leistungseinbruch von ca. 18 % festgestellt. Die Leistung verschlechtert sich um durchschnittlich 21 % bei Ganzzahl- und 27 % bei Fließkommaarithmetik im Vergleich zu einem nicht modifizierten System. SRTR wurde in [144] patentiert. Die Arbeit von Gomaa et al. [64] befasst sich mit der Erkennung und Behebung transienter Fehler durch SMT in Multiprozessor-Systemen (*CRTR, Chip-level Redundantly Threaded Multiprocessors with Recovery*). CRTR gibt die Ergebnisse des führenden Threads ohne Prüfung und die Ergebnisse des nachlaufenden Threads nach einer Prüfung frei (asymmetrische Freigabe), um Latenzen der Interprozessorkommunikation zu verbergen und einen langen Slack zu ermöglichen. Bei DBCE werden Fehler durch Maskierung der entsprechenden Operanden nicht erkannt, da nur das endgültige Resultat geprüft wird. Um diesen Nachteil auszugleichen, wurde DBCE zu *death- and dependence-based checking elision* (*DDBCE*) erweitert. Hier werden die zeitlich letzten maskierenden Befehle festgestellt, zu deren Quelloperanden Abhängigkeiten bestehen. Gomaa et al. [64] behaupten, dass viele Registerwerte nur von einem oder zwei Befehlen genutzt werden und dadurch die Bandbreite des Verfahrens gegenüber DBCE erhöht wird. CRTR wurde durch SPEC2000 Benchmarks evaluiert. Die (Einweg-) Interprozessorkommunikation führt zu einer Verzögerung von 30 Takten. Die Anforderungen an die Bandbreite bei CRT und CRTR mit DDBCE liegen bei 5,2 bzw. 7,1 Bytes pro Takt. In [178] wird SRT zu SRT+ erweitert. In eine *register value queue* werden freigegebene Ergebnisse des führenden Threads geschrieben und entfernt, sobald diese vom nachlaufenden Thread geprüft wurden. Sharkey et al. vergessen in [178] nicht zu erwähnen, dass eine lange RVQ erforderlich ist, um einen langen Slack zu erhalten und dass die Leistungsaufnahme bei Prüfung aller Werte beträchtlich steigen wird. In [130] werden Techniken wie die dynamische Anpassung des Taktes und der Spannung betrachtet, um die Leistungsaufnahme eines auf mehrere Prozessorkerne erweiterten AR-SMT-Verfahrens zu reduzieren. Die Leistungsaufnahme des nachlaufenden Kerns konnte um durchschnittlich 42 %, die des gesamten Systems um 22 % reduziert werden. In [129] wird gezeigt, dass 84 % aller Ergebnisse kurzlebig (s. [178]) sind, d. h. das von einem Befehl beschriebene Register wurde vor der Freigabe umbenannt. Aus dieser Erkenntnis heraus wird *lifetime-based checking elision* (*LBCE*) entwickelt, bei dem die Prüfung solcher Werte vermieden wird. In [178] wird ein Wiederherstellungsverfahren des Prozessorzustandes ohne *register value queue* vorgeschlagen (*RVQ_F*). Durch dedizierte Befehle werden Prüfpunkte erzeugt. Der führende Thread wird angehalten und dem nachlaufenden Thread erlaubt, aufzuholen. Für lange Prüfpunktintervalle ist RVQ_F im Vergleich zu SRT+, DBCE und LBCE am leistungsfähigsten, da hier die wenigsten Registerwerte verglichen werden müssen. Für kleinere Intervalle ist LBCE eine geeignete Wahl, da es mit einer kürzeren RVQ bessere Resultate als SRT+ und DBCE erzielt.

4.1.2 Der temporäre Sprungzielspeicher

Alle oben aufgeführten Verfahren können unter dem Begriff *redundantes Multithreading* (RMT) subsumiert werden. RMT beruht auf der mehrfachen Ausführung desselben Befehlsstroms durch verschiedene Threads. Bei allen genannten Arbeiten werden Sprungzieladressen bei Schleifen immer wieder in den Verzögerungspuffer geschrieben, ganz gleich, ob das Sprungziel schon berechnet wurde oder nicht. Jede Modifikation des Programmzählers bei einem Sprung wird an den nachlaufenden Thread weitergeleitet [170]. Auch bei unbedingten Sprüngen führt dies zu ungewollter Redundanz, da Sprungziele bereits durch den führenden Thread in den Befehlscache geladen wurden. Als Folge daraus werden mehr Energie und wertvoller Platz im Verzögerungspuffer verbraucht, der maximale Füllstand sehr viel früher erreicht. Ergebnisse können nicht mehr an den redundanten Thread weitergegeben werden, die Leistung des führenden Threads bricht ein. Weiterhin arbeitet (wenn vorhanden) der Sprungzieladress-Cache parallel zum Verzögerungspuffer. Der aktive Thread trägt ein berechnetes Sprungziel immer in den Sprungzieladress-Cache und den Verzögerungspuffer ein. Dadurch entsteht unnötige Redundanz. Beide Schaltkreise werden simultan aktiv, was sich negativ auf die Leistungsaufnahme auswirkt. Tabelle 4-1 zeigt die zwischen dem führenden und nachlaufenden Thread kommunizierten Daten (der Programmzähler beim Sprung (PC), der Befehl beim Sprungziel (INST) und der PC, der auf den darauffolgenden Befehl (Sprungziel+) verweist). Für die angegebenen Typen werden unterschiedliche Speicherorganisationen entwickelt.

Tabelle 4-1: Kommunizierte Daten (Sprungzielspeicher)

Typ	Grund für die Speicherung	Gespeicherte Daten
Bedingter Sprung	Berechnung des Sprungziels verursacht eine Verzögerung in der Ausführung	PC, Sprungziel+ und INST
Unbedingter Sprung	Startup-Modus, Entlastung anderer Speicher	PC, Sprungziel+ und INST

Mit der Speicherung des Befehls beim Sprungziel und der Adresse des darauf folgenden Befehls entfallen das Laden des Befehls sowie die Berechnung PC+x durch den nachlaufenden Thread. Wenn der Befehl beim Sprungziel selbst ein Sprung ist, ist dieses ebenfalls im temporären Sprungzielspeicher vorhanden. Dieser Fall muss daher nicht als Sonderfall betrachtet werden. Es werden zusätzlich ein *startup entry-point* Speicher und ein Zähler für die Anzahl der freien Einträge (*FREE@acc*) integriert.

Dies ermöglicht zwei unterschiedliche Modi:

1. Den Startup-Modus zur Erkennung permanenter Adressbusfehler (Abschnitt 4.1.2.1)
2. Den Lookup-Modus zur Erkennung transienter Kontrollflussfehler und der Weiterleitung von Sprungzielen (Abschnitt 4.1.2.3)

4.1.2.1 Startup-Modus des temporären Sprungzielspeichers

Der Startup-Modus dient der Erkennung von Stuck-At-Fehlern auf dem Adressbus. Das Verfahren wird mit marginalem Flächenaufwand erreicht (ein Zähler und ein kleines programmierbares ROM), wobei der Zähler auch im Lookup-Modus verwendet wird. Beim Zurücksetzen wird der temporäre Sprungzielspeicher mit bekannten Systemeintrittspunkten (*startup entry-points*) und entsprechenden Programmzählerständen vom ROM aus initialisiert. Sprungziele können beispielsweise die im *UEFI*-Standard [211] festgelegten Einstiegspunkte sein. Nach dem Zurücksetzen wird mit dem Holen von Befehlen begonnen. Der Zähler FREE@acc wird auf null gesetzt. Bei einem decodierten unbedingten Sprung versucht der vorauslaufende Thread das Sprungziel im Speicher abzulegen. Dies geschieht, indem der durch FREE@acc indexierte Eintrag geholt und der dort abgelegte PC und Sprungziel+ mit dem momentanen PC und dem an Sprungziel+ angepassten Sprungziel verglichen werden. Falls ein Unterschied festgestellt wird, ist ein Fehler aufgetreten und das System wird zurückgesetzt. Anderenfalls wird FREE@acc mit jedem Zugriff inkrementiert. Wenn FREE@acc die maximale Anzahl der Einträge im temporären Speicher erreicht, ist der Startup beendet und es wird in den Lookup-Modus übergegangen.

4.1.2.2 Theoretische Ergebnisse (Startup)

Der Fehlerüberdeckungsgrad des Startup-Modus ist stark abhängig von der Größe, dem Ort im adressierbaren Speicher und den Sprungzieladressen im BIOS/EFI. Der gesamte physikalisch adressierbare Adressraum umfasste das Intervall $[0,2^n-1]$, wobei $n \in \mathbb{N}$ die Anzahl der Adressbusleitungen ist. Das BIOS/EFI sei auf den Adressbereich $[2^n-2^b, 2^n-1]$ abgebildet ($b \in \mathbb{N}$ Adressbusleitungen). Jeder transiente Fehler im PC wird entdeckt, da er und der gespeicherte Programmzähler bijektiv aufeinander abgebildet werden. Stuck-At Fehler einer Bitstelle a (z. B. Stuck-At-0 eines auf null gesetzten Adressbits) werden erkannt, wenn zwei Einträge existieren, die sich in a unterscheiden. Alle Stuck-At-Fehler in b Bits werden erkannt, sofern alle Bitkonstellationen im Speicher vorhanden sind, alle übrigen (n-b) zu 50 %. Die Fehlerüberdeckung beträgt dann maximal $P_e = \frac{1}{2}\frac{n-b}{n} + \frac{b}{n}$. Für n=32, b=16 beträgt die Fehlerüberdeckung bereits 75 %, für n=32, b=21: 83 %. Um Werte für eine tatsächliche Implementierung zu erhalten, wurden BIOS-Eintrittspunkte aus *bochs* [117] (*rombios.c*, 64 KB Größe) extrahiert. Sie sind auszugsweise in Tabelle 4-2dargestellt. Die x86-Architektur wurde aufgrund ihres hohen Verbreitungsgrades gewählt. Die maximale Anzahl unterschiedlicher Bits der in Tabelle 4-2 angegebenen Eintrittspunkte beträgt 13 Bit (Anzahl gleicher Bits bei 0xf000, 0xe000: 3 Bit). 19 Bit ändern sich nicht. Mit den angegebenen Einträgen lässt sich eine Fehlerüberdeckung von 0,296875+0,40625=0,703125 erreichen.

Tabelle 4-2: BIOS-Eintrittspunkte

Nr.	Adresse	Beschreibung, Eintrittspunkt
01	0xe05b	POST (Power-On Self Test)
02	0xe2c3	NMI (Non-Maskable Interrupt) Handler
03	0xe3fe	INT 13h Fixed Disk Services
04	0xe6f2	INT 19h Boot Load Service
05	0xe739	INT 14h Serial Communications Service
06	0xe82e	INT 16h Keyboard Service
07	0xe987	INT 09h Keyboard Service
08	0xec59	INT 13h Diskette Service
09	0xef57	INT 0Eh Diskette Hardware ISR
10	0xf045	INT 10h Functions 0-Fh
11	0xf065	INT 10h Video Support Service
12	0xf841	INT 12h Memory Size Service
13	0xf84d	INT 11h Equipment List Service
14	0xf859	INT 15h System Services
15	0xfe6e	INT 1Ah Time-of-day Service
16	0xfea5	INT 08h System Timer ISR
17	0xff53	IRET Instruction for Dummy Interrupt Handler
18	0xfff0	Power-up

4.1.2.3 Lookup-Modus des temporären Sprungzielspeichers

Wenn FREE@acc im Startup-Modus die maximale Anzahl der Einträge im temporären Speicher erreicht, wird bei fehlerfreiem Ablauf der Lookup-Modus aktiviert. Er unterscheidet sich nur marginal vom Startup-Modus. Zur Wiederverwendung von Sprungzielen wird die Richtung eines Sprungs (vorwärts/ rückwärts), und ob es sich um einen nahen (*near*) oder weiten (*far*) Sprung handelt, ermittelt. Ein naher Sprung wird wie bei x86-Architekturen definiert als ein Sprung in einem 64-KByte-Adressbereich. Zu schreibende Werte werden nach den genannten Kriterien auf mehrere Speicher unterschiedlicher Organisation verteilt. Wir unterscheiden Sprungziele unbedingter und bedingter Sprünge. Dadurch lässt sich nach Tabelle 4-11 (bru, jmp) schon eine Entlastung des Sprungzielspeichers für bedingte Sprünge um 1,96 % erreichen. Bei Systemen ohne Befehlscache können auch unbedingte Sprünge weitergeleitet werden, was in Konsistenz mit dem Startup-Modus auch passiert. Tabelle 4-3 zeigt, welcher Speichertyp für die jeweilige Kombination aus Distanz und Richtung eingesetzt wird.

Tabelle 4-3: Speichertypen im temporären Sprungzielspeicher

ID	Distanz	Richtung	Typ
0	Nah	Vorwärts	Ringpuffer/ FIFO
1	Nah	Rückwärts	Vollassoziativ
2	Weit	Vorwärts/ rückwärts	Ringpuffer/ FIFO

Schleifen werden i. A. durch bedingte, rückwärts gerichtete nahe Sprünge realisiert. Daher ist der Speicher mit ID=1 vollassoziativ. Vorwärts gerichtete Sprünge werden direkt in den Speicher mit ID=0 geschrieben. Im Startup-Modus ist einzig und allein der Speicher mit ID=0 aktiviert. Für eine einfache Realisierung und Wiederverwendung vorwärts gerichteter Sprungziele kann ein FIFO mit dem Zugriffszähler als Index oder ein einfacher Puffer benutzt werden. Im Fall eines weiten Sprungs wird angenommen, dass ein CALL/ RET-Paar vorliegt und auf den Speicher mit ID=2 geschrieben. Abbildung 4-5 zeigt den Algorithmus für die Zuweisung einzelner Speicher-IDs (PC_{NEU} repräsentiert das Sprungziel, PC_{ALT} den momentanen Programmzähler). Zuerst wird ermittelt, ob der Startup-Modus oder fein granulöses Multithreading (Cycle_by_Cycle, Modus AR2T des dynamischen Befehlshole-Algorithmus in Abschnitt 4.2.1) aktiviert ist. In diesem Fall werden die Ergebnisse immer über einen Puffer weitergeleitet und in jedem zweiten Takt verglichen. Sonst werden die unteren 16 Bit ausmaskiert und geprüft, ob sich Sprungziel und momentaner Programmzähler in den oberen Bits unterscheiden und in diesem Fall in den Speicher mit ID=2 gelegt, da es sich um einen weiten Sprung handelt. Sonst wird geprüft, ob PC_{ALT} in Bezug auf die ausmaskierten Bits <15:0> kleiner als das Sprungziel PC_{NEU} ist. Dann liegt ein vorwärts gerichteter Sprung vor und das Sprungziel wird in den Puffer (ID=0) geschrieben. Sonst wird mit ID=1 der vollassoziative Speicher ausgewählt. Nicht dargestellt ist der Fall Programmzähler-relativer Adressierung, bzw. indirekter Sprünge. Sie werden über den Speicher mit ID=0 weitergeleitet.

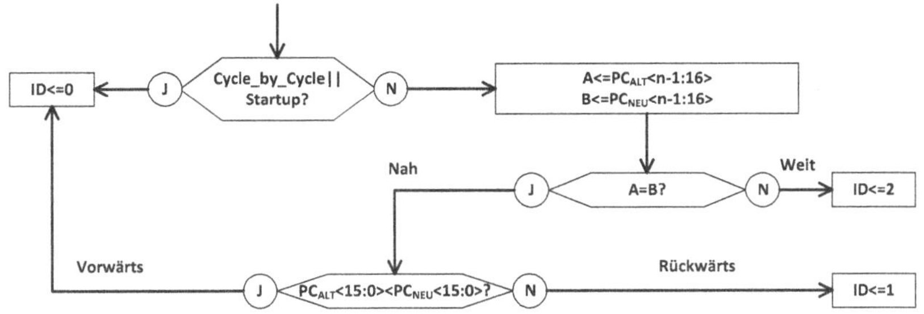

Abbildung 4-5: Auswahl des temporären Sprungzielspeichers

Nach Auswahl des passenden temporären Sprungzielspeichers kann auf ihn zugegriffen werden. Abbildung 4-6 zeigt den Algorithmus.

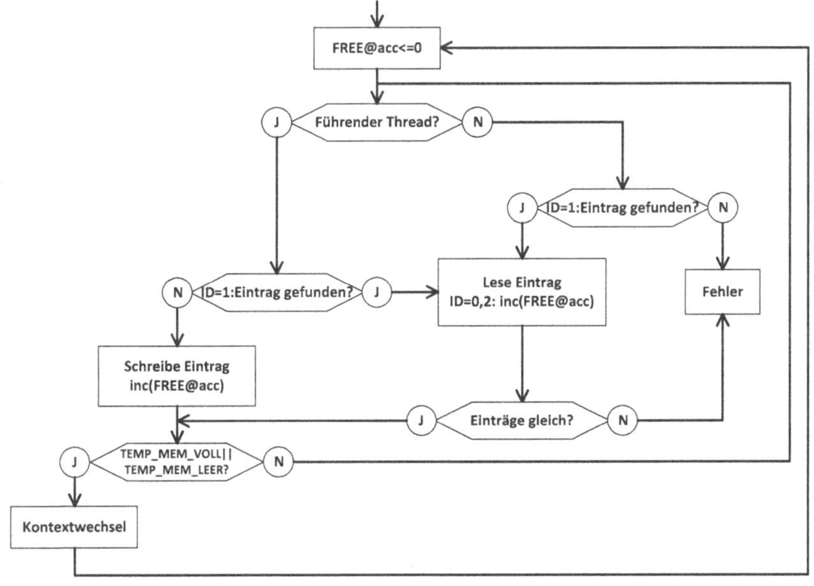

Abbildung 4-6: Zugriff auf den temporären Sprungzielspeicher

Wir unterscheiden Zugriffe des führenden und des nachlaufenden Threads. Der führende Thread kann nur schreibend auf den Speicher mit ID∈{0,2} zugreifen, lesend und schreibend auf ID=1. Falls das Sprungziel schon geschrieben wurde, wird der Eintrag mit gleichem Programmzählerstand (bei ID=1) bestimmt und die Einträge wiederverwendet. Anderenfalls (ID=0, ID=2) wird der pro Thread vorhandene Zähler für die Anzahl der freien Einträge FREE@acc benutzt, einen neuen Eintrag zu indexieren und der Eintrag geschrieben (Sprungziel und Befehl beim Sprungziel). Falls FREE@acc den maximalen oder minimalen Füllstand erreicht (TEMP_MEM_VOLL, TEMP_MEM_LEER), wird ein Kontextwechsel auf den führenden Thread initiiert und FREE@acc auf null gesetzt. Der nachlaufende Thread kann nur lesend auf den temporären Speicher zugreifen. Der indexierte Eintrag wird gelesen und entweder das Sprungziel sofort verwendet oder vom nachlaufenden Thread berechnet und mit dem PC/Sprungziel des vorauslaufenden Threads verglichen. Ein Fehler wird signalisiert, falls diese nicht äquivalent sind. Bei ID=1 wird jeder PC des vollassoziativen Speichers mit dem momentanen PC verglichen. Besteht eine Abweichung oder wird der Eintrag nicht gefunden, wird ein Fehler signalisiert. Falls der Speicher mit ID=1 voll ist, wird FREE@acc=0 gesetzt und die gespeicherten Daten bei FREE@acc durch den führenden Thread überschrieben, wenn der PC nicht vorhanden ist.

Abbildung 4-7 zeigt, wie der temporäre Sprungzielspeicher integriert wird.

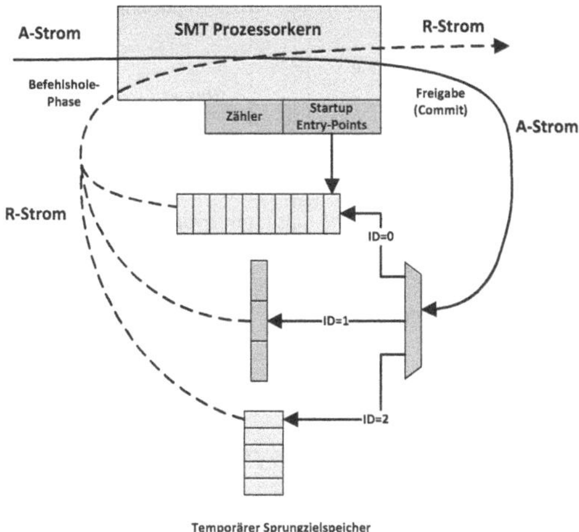

Abbildung 4-7: Integration des temporären Sprungzielspeichers

4.1.2.4 Synchronisierung von Interrupts

Durch den temporären Sprungzielspeicher kann sichergestellt werden, dass ein Interrupt immer an gleichen Stellen im Programm auftritt. Interrupts können dadurch redundant und programmsynchron ausgeführt werden. Abbildung 4-8 zeigt den Ablauf der Interruptsynchronisierung bei redundantem Multithreading (RMT) mit aktivem Thread 1 (oben), bzw. aktiviertem Thread 2 (unten) vor dem Auftreten des Interrupts.

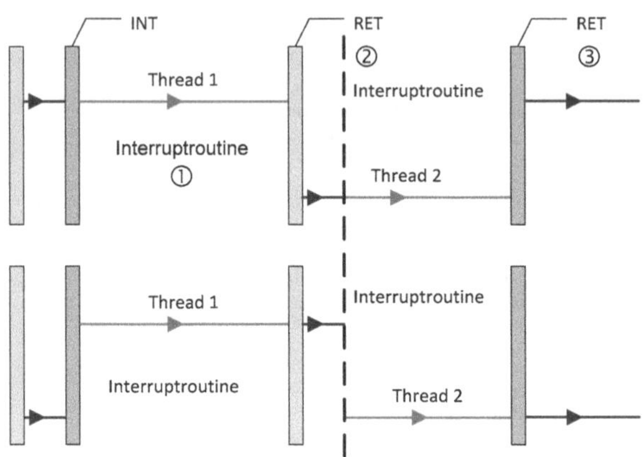

Abbildung 4-8: Interruptsynchronisierung bei RMT

Bei einem Interrupt (INT) wird der Kontext auf den vorauslaufenden Thread gewechselt, egal welcher Thread gerade aktiv ist. Das Sprungziel (der Einsprungpunkt der Interruptroutine) und der Programmzähler werden in den temporären Sprungzielspeicher (ID=2) eingetragen. Der vorauslaufende Thread führt die Interruptroutine ① bis zu ihrem Ende aus (RET) und der Kontext wird auf den vor dem Auftreten des Interrupts inaktiven Thread gewechselt. Die Ausführung dieses Threads wird bis zum Lesen des Einsprungpunkts der Interruptroutine ② fortgesetzt (Abbildung 4-8, gestrichelte Linie), danach die Interruptroutine von Thread 2 ausgeführt. Nach dem RET ③ wird der Kontext auf den Thread gewechselt, der vor dem Interrupt aktiv war und die Ausführung fortgesetzt.

4.1.2.5 Experimentelle Ergebnisse

Zur Ermittlung des Wiederverwendungsgrades von Sprungzielen durch den temporären Sprungzielspeicher wurde das Verfahren in Software modelliert. Dazu wurde der x86-64-Mikroarchitektur-Simulator ptlsim [232] entsprechend angepasst und Simulationen aller SPECint2006_base-Benchmarks durchgeführt. Die x86-Architektur wurde aufgrund ihrer Popularität ausgewählt. Tabelle 4-4 zeigt einige der wichtigsten Mikroarchitekturparameter, mit denen ptlsim konfiguriert wurde (*ooocore.h, dcache.h*). Die Simulationen mit ptlsim wurden immer unter Anwendung dieser Parameter durchgeführt.

Tabelle 4-4: Grundlegende Parameter der Simulation mit ptlsim

Parameter	Wert
Rückordnungspuffer	128 Einträge
Load/Store-Warteschlange	48/32 Einträge
Pipelinelänge	12 Stufen
Fetch, Issue, Dispatch, Commit, Writeback-Breite	4 Befehle
Ausführungseinheiten	4 (2 INT, 1 FP, 1 LOADSTORE)
Ausführungsform	Spekulativ
Ausführungszeit	10^6 Freigaben
Physikalischer Registersatz	128 Register
L1-Befehls-/Datencache	16/32 KB, 4-Wege, 64 Byte Cachezeile, 2 Zyklen
L2-Befehls-/Datencache	256 KB, 4-Wege, 64 Byte Cachezeile, 6 Zyklen
Speicherzugriffszeit	112 Zyklen
DTLB und ITLB	32 Einträge
Temporärer Sprungziel- und Datenspeicher	16 Einträge pro Speichertyp (Abschnitt 4.1.1)
Arbeitslasten	SPECint2006_base, s. Anhang A

Die Ergebnisse der Simulation zeigt Abbildung 4-9. Durchschnittlich können Sprungziele durch den führenden Thread bei ID=2 zu 96 %, ID=1 zu 95,4 % und bei ID=0 zu 81,7 % wiederverwendet werden. Der Wiederverwendungsgrad des nachlaufenden Threads ist nicht interessant, da dieser voll von der Weiterleitung der Sprungziele des führenden Threads profitiert.

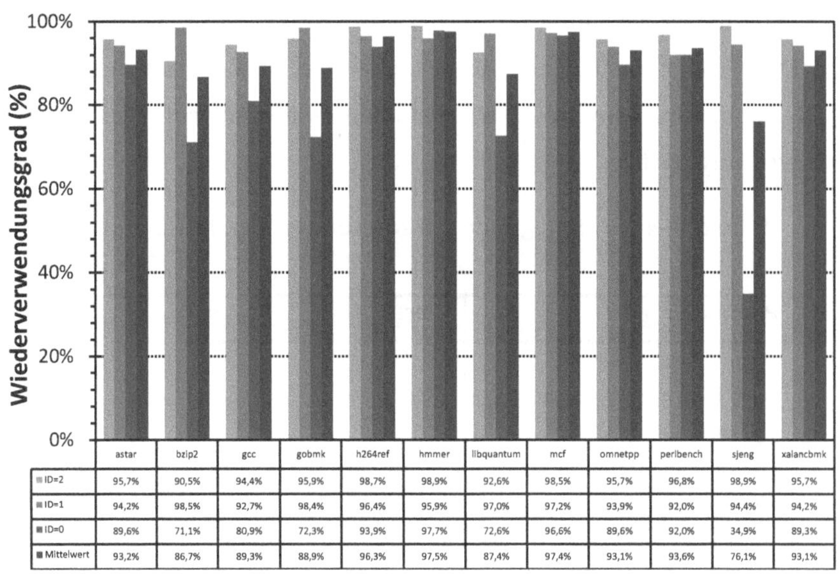

	astar	bzip2	gcc	gobmk	h264ref	hmmer	libquantum	mcf	omnetpp	perlbench	sjeng	xalancbmk
ID=2	95,7%	90,5%	94,4%	95,9%	98,7%	98,9%	92,6%	98,5%	95,7%	96,8%	98,9%	95,7%
ID=1	94,2%	98,5%	92,7%	98,4%	96,4%	95,9%	97,0%	97,2%	93,9%	92,0%	94,4%	94,2%
ID=0	89,6%	71,1%	80,9%	72,3%	93,9%	97,7%	72,6%	96,6%	89,6%	92,0%	34,9%	89,3%
Mittelwert	93,2%	86,7%	89,3%	88,9%	96,3%	97,5%	87,4%	97,4%	93,1%	93,6%	76,1%	93,1%

Abbildung 4-9: Wiederverwendungsgrad (%) von Sprungzielen

Der geringe Wiederverwendungsgrad bei ID=0 ergibt sich durch die Weiterleitung indirekter Sprungziele. Hier können zu einem PC mehrere Sprungziele existieren. Daher erreicht der Puffer schneller seinen maximalen Füllstand und der Wiederverwendungsgrad nimmt ab. Im arithmetischen Mittel ergibt sich ein Wiederverwendungsgrad von Sprungzielen durch den führenden Thread im temporären Sprungzielspeicher von 91 %.

4.1.3 Der temporäre Datenspeicher

Der in allen verwandten Arbeiten verwendete FIFO führt zu einer Leistungsminderung bei superskalaren Prozessoren, da die Möglichkeit bestehen muss, mehrere Ergebnisse gleichzeitig zurückzuschreiben. Wenn Mehrfädigkeit eingesetzt wird, erhöht sich diese Zahl noch einmal je nach Auslastung des Kerns durch die Threads. In [234] wird diese Ergebnispropagierung auf Mehrkernsysteme übertragen. Hier erhöht sich die Leistungseinbuße noch einmal erheblich. Auch wenn der FIFO höher als die darauf zugreifenden Komponenten getaktet wird, können gleichzeitige Zugriffe ohne entsprechende Logik nicht aufgelöst werden. Dabei muss die zeitliche Abhängigkeit der Ergebnisse einzelner Threads gewahrt werden. Sonst könnte der führende Thread einen Wert A in den Hauptspeicher schreiben, derselbe Thread für dieselbe Adresse einen von A verschiedenen Wert B eingetragen, ohne dass der nachlaufende Thread A gelesen und benutzt hätte. Dieses Problem findet bei AR-SMT [170] im Rahmen einer *memory disambiguation unit* Beachtung, sodass ein Ladebefehl immer aktuelle Daten bekommt. Wie genau diese Auflösung funktioniert, welchen Einfluss diese auf die Leistung hat, wenn eine Implementierung in Betracht gezogen wird, ebenso wie der Flächenverbrauch, wird leider nicht diskutiert. Der in diesem Abschnitt vorgestellte temporäre Datenspeicher verhindert Inkonsistenzen, erhält die zeitliche Abhängigkeit zwischen Ergebnissen und erhöht den Durchsatz durch die Möglichkeit mehrere gleichzeitig entstandene Ergebnisse unterschiedlicher Bitbreiten des führenden Threads an den nachlaufenden Thread zu kommunizieren. Durch einen einfachen Vergleich der Ergebnisse werden transiente Datenfehler erkannt.

Tabelle 4-5 zeigt die zwischen dem führenden und nachlaufenden Thread kommunizierten Daten.

Tabelle 4-5: Kommunizierte Daten (Datenspeicher)

Typ	Grund für die Speicherung	Gespeicherte Daten
Lesender Speicherzugriff	Lesen des Datums vom Hauptspeicher/ den Caches verursacht eine Latenz	PC, SAR, geladenes Datum
Schreibender Speicherzugriff	Konsistenzwahrung der im Hauptspeicher/ den Caches gespeicherten Daten, Vermeidung redundanter Speicherzugriffe, Latenz durch schreibenden Speicherzugriff	PC, SAR, geschriebenes Datum

Die Unterscheidung der Operandenbitbreite von Lade- und Speicherbefehlen ist eine einfache Möglichkeit, um Speicherplatz in der Warteschlange zu sparen und den Druck durch die geforderte Bandbreite zu nehmen. Um die Bitbreite der weitergeleiteten Daten zu bestimmen, wurden Experimente mit einer dafür entwickelten Valgrind [151]-Erweiterung[17] unter vollständiger Ausführung aller SPECint2006_base-Benchmarks durchgeführt. Abbildung 4-10 und Abbildung 4-11 zeigen die absoluten Häufigkeiten der Bitbreiten einzelner Operanden (Ganzzahlarithmetik [I]8,...,64 Bit, y-Achse logarithmisch skaliert) für Loads, bzw. Stores.

[17] Version 3.2.3, auf *lackey* beruhend. http://www.valgrind.org.

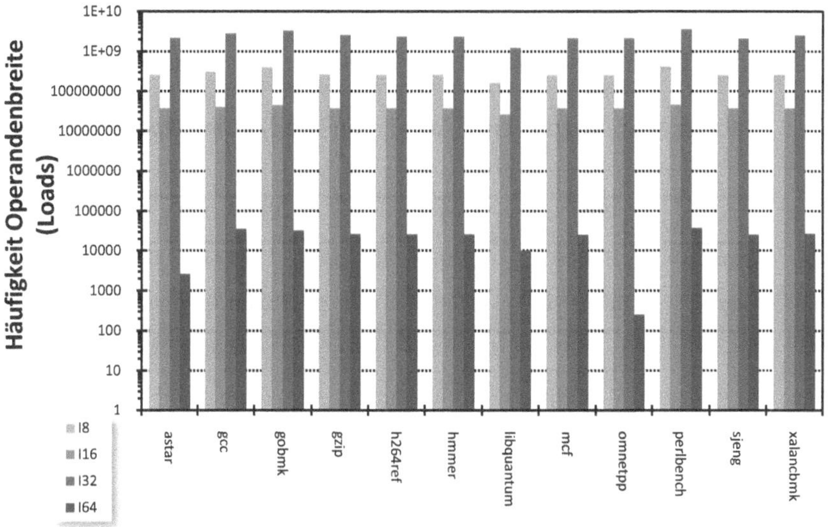

Abbildung 4-10: Häufigkeit der Operandenbreite (in Bit für Loads)

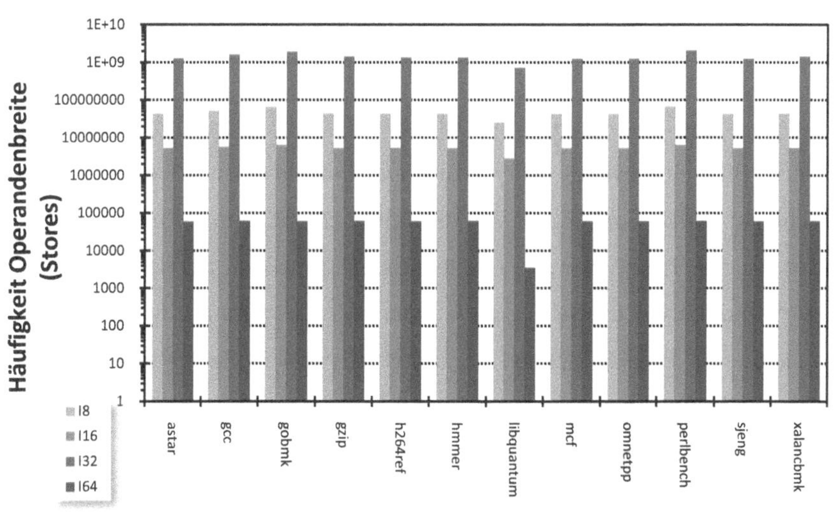

Abbildung 4-11: Häufigkeit der Operandenbreite (in Bit für Stores)

Wir errechnen die relative Häufigkeit in Prozent in Bezug auf alle Load- und Storeoperationen und erhalten die in Tabelle 4-6 aufgeführten Ergebnisse.

Tabelle 4-6: Prozentualer Anteil von Load/Store-Operationen

	I8	I16	I32	I64
Load	10,360407	1,36096887	88,2777974	0,00082676
Store	3,25459459	0,35923114	96,3823611	0,00381321

Tabelle 4-7 zeigt den durch das Verfahren gesparten Speicherplatz in Prozent, wenn ein 64 Bit breiter Puffer verwendet worden wäre.

Tabelle 4-7: Gesparter Speicherplatz in Prozent

	I8	I16	I32
Load	9,07%	1,02%	44,14%
Store	2,85%	0,27%	48,19%

Aus den Ergebnissen wird deutlich, dass bei Verwendung einer Struktur mit einer Bitbreite von 64 Bit massiv Speicherplatz verschwendet wird. Wir schlagen daher vor, Ergebnisse mit unterschiedlichen Bitbreiten auf unterschiedliche Strukturen zu verteilen. Es entsteht kein zusätzlicher zeitlicher Aufwand, da die Breite einzelner Operanden bereits in der Decodierphase bekannt ist. Für 16, bzw. 64 Bit sollten einfache Puffer verwendet werden, da diese Bitbreiten selten vorkommen (s. Tabelle 4-6). Abbildung 4-12 zeigt, wie der temporäre Datenspeicher in einen Prozessor mit SMT-Unterstützung integriert wird. Aus Gründen der Übersichtlichkeit wird die Aktivierung der temporären Datenspeicher mit unterschiedlichen Bitbreiten nicht gezeigt. Selbstmodifizierender Code wird als Store auf einen Codebereich interpretiert und muss nicht als Sonderfall betrachtet werden.

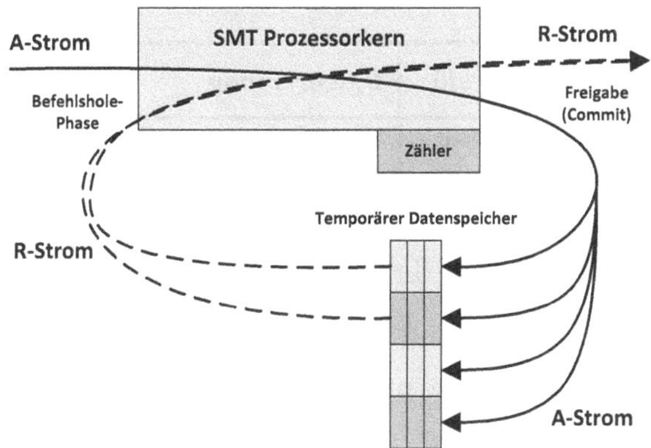

Abbildung 4-12: Integration des temporären Datenspeichers

Der temporäre Datenspeicher besteht pro Operandenbitbreite (8, 16, 32 oder 64 Bit) aus einem oder mehreren Wertespeichern für Loads und Stores und einem Attributspeicher. Tabelle 4-8 zeigt einen Eintrag im Wertespeicher für Loads.

Tabelle 4-8: Ein Eintrag im temporären Wertespeicher (Loads)

Feld	Beschreibung
SAR	Speicheradressregister
VAL	Datum
REG	Registernummer

Tabelle 4-9 zeigt einen Eintrag im Wertespeicher für Stores.

Tabelle 4-9: Ein Eintrag im temporären Wertespeicher (Stores)

Feld	Beschreibung
SAR	Speicheradressregister
VAL	Datum

Tabelle 4-10 zeigt einen Eintrag im Attributspeicher. Er enthält die Anzahl paralleler Zugriffe (multiple) und indexiert damit einen Wertespeicher.

Tabelle 4-10: Ein Eintrag im Attributspeicher

Feld	Beschreibung
PC	Wert des Programmzählers
multiple	Anzahl paralleler Zugriffe
Füllstand	Füllstands des mit *multiple* indexierten Datenspeichers

4.1.3.1 Zugriff auf den temporären Datenspeicher

Im Folgenden wird der parallele Zugriff auf den temporären Datenspeicher für Stores geschildert. Der Zugriff bei Loads funktioniert analog. Abbildung 4-13 zeigt den Ablauf verschiedener Zugriffe des nachlaufenden (R) und des führenden (A) Threads auf den temporären Datenspeicher. Es wurde zweimal ein Wert (VAL) mit multiple=1 und einmal zwei Werte (VAL) mit multiple=2 geschrieben.

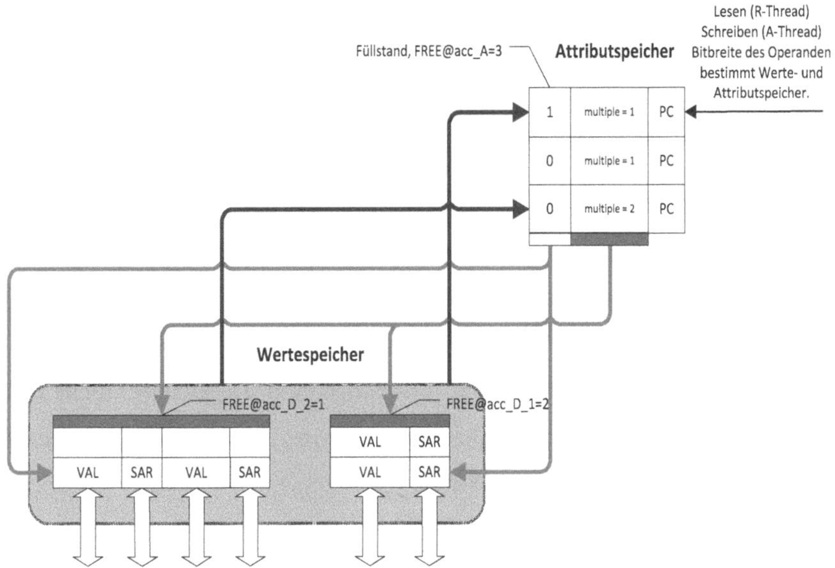

Abbildung 4-13: Ablauf verschiedener Zugriffe auf den Datenspeicher

Daten werden vom führenden Thread im Datenspeicher abgelegt, sobald ein Store decodiert wird. Die Zähler FREE@acc_D_{1,...,n} und der pro Thread vorhandene Zähler FREE@acc_A werden zurückgesetzt. Der Programmzähler wird im Feld PC des Attributspeichers eingetragen. Die Anzahl paralleler Zugriffe wird im Feld *multiple*, weiterhin der Füllstand des mit *multiple* ausgewählten Wertespeichers (FREE@acc_D_{1,...,n}) im Feld *Füllstand* des Attributspeichers festgehalten. Anschließend werden die Daten (VAL) und die Werte für das Speicheradressregister (SAR) in den mit *multiple* ausgewählten Wertespeicher eingetragen und FREE@acc_D (Füllstand des Wertespeichers) sowie FREE@acc_A (Füllstand des Attributspeichers) inkrementiert. Wenn die Anzahl freier Einträge des Attribut-

oder eines Wertespeichers erschöpft ist, wird ein Kontextwechsel initiiert. Verschiedene *multiple*-Werte des führenden und des nachlaufenden Threads mit gleichem PC müssen nicht betrachtet werden, da der *multiple*-Wert ab der Decodierung bekannt ist. Der nachlaufende Thread kann nur lesend auf den Datenspeicher zugreifen. FREE@acc_A dient als Index in den Attributspeicher. Der dort gespeicherte *multiple*-Wert wählt den Wertespeicher, *Füllstand* den jeweiligen Eintrag im ausgewählten Wertespeicher aus. Die Ergebnisse des nachlaufenden Threads (VAL, SAR) werden im Wertespeicher parallel mit denen des führenden Threads verglichen. Bei Äquivalenz können alle Ergebnisse gleichzeitig zurückgeschrieben werden und FREE@acc_A wird inkrementiert.

4.1.3.2 Experimentelle Ergebnisse

Um die Flächenanforderungen zu messen, wurden die oben diskutierten Speicher und das *outcome-queue*-Verfahren in VHDL für FPGAs realisiert (Adress- und Datenbusbreite 32 Bit, 10 Einträge, maximal vier parallele Schreib-/Lesezugriffe). *Outcome-queue* bezeichnet hierbei das FIFO-Konzept aus den verwandten Arbeiten. Abbildung 4-14 zeigt die Ressourcenanforderungen der Weiterleitungsverfahren, wobei die y-Achse logarithmisch skaliert ist. Aufgrund der Möglichkeit, mehrere Ergebnisse parallel zu schreiben, bzw. zu lesen, werden vom Datenspeicher die meisten IOBs benötigt. Der Sprungzielspeicher erreicht die schlechtesten Werte in Bezug auf die Fläche, den Takt und den Energieverbrauch, was durch die Implementierung als vollassoziativen Speicher zu erklären ist.

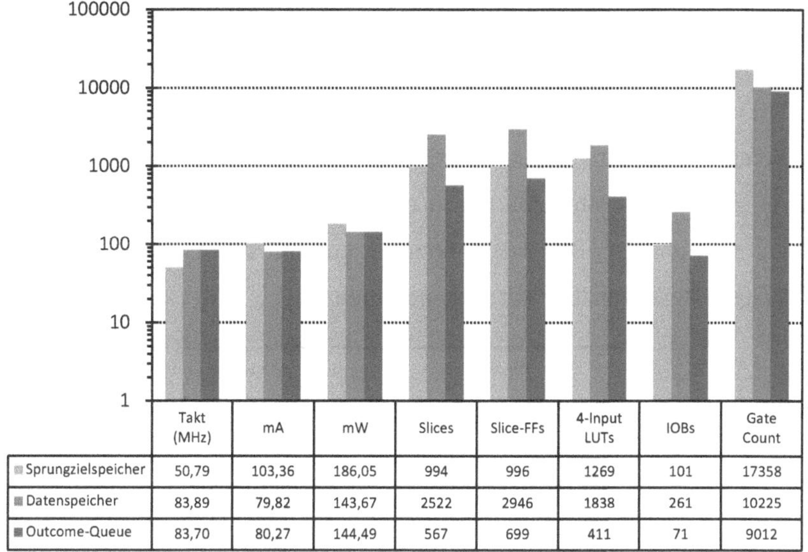

	Takt (MHz)	mA	mW	Slices	Slice-FFs	4-Input LUTs	IOBs	Gate Count
Sprungzielspeicher	50,79	103,36	186,05	994	996	1269	101	17358
Datenspeicher	83,89	79,82	143,67	2522	2946	1838	261	10225
Outcome-Queue	83,70	80,27	144,49	567	699	411	71	9012

Abbildung 4-14: Ressourcen – Weiterleitungsverfahren

Trotz der ungünstigen Werte für den kritischen Pfad des Sprungzielspeichers sollte bedacht werden, dass dieser durchschnittlich bei etwa jedem 8. Befehl angesprochen wird (s. Tabelle 4-11). Gegenüber dem FIFO kann - unter der Annahme, dass jeder bedingte Sprung zu einem Kontextwechsel führt und Load-Store-Befehle bereits im Befehlscache liegen - die maximale Leistungssteigerung für einen IPC $\phi \geq 1$ zu $\Upsilon = \frac{\Lambda}{\Pi} \cdot \phi$ bzw. $\overline{\Upsilon} = \frac{\Sigma}{\Pi} \cdot \phi$ abgeschätzt werden. Λ bezeichnet die Wahrscheinlichkeit für Loads, Σ die Wahrscheinlichkeit für Stores und Π die Wahrscheinlichkeit für Sprünge im Befehlsstrom.

Welcher IPC ϕ zugrunde gelegt werden kann, zeigt Abbildung 4-15 anhand der arithmetischen Mittel der mit ptlsim [232] ermittelten IPC-Werte aller SPECint2006_base-Benchmarks. Der Commit IPC bezeichnet die Anzahl der Befehle, die in einem Takt freigegeben, der Commit μIPC, bzw. Issue μIPC die Anzahl der Mikrobefehle die in einem Takt freigegeben, bzw. zugewiesen werden konnten. Die Datenreihen zu Commit und Issue μIPC wurden der Vollständigkeit halber mit aufgenommen.

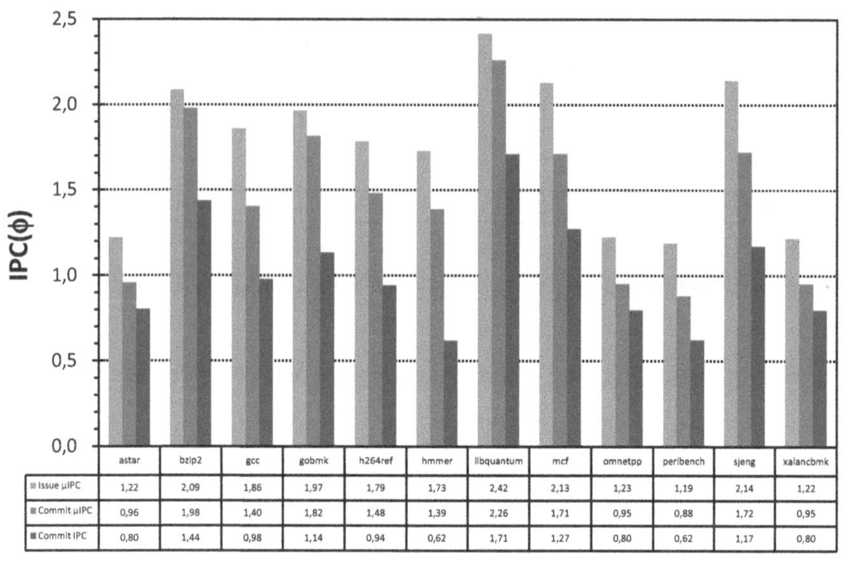

	astar	bzip2	gcc	gobmk	h264ref	hmmer	libquantum	mcf	omnetpp	perlbench	sjeng	xalancbmk
Issue μIPC	1,22	2,09	1,86	1,97	1,79	1,73	2,42	2,13	1,23	1,19	2,14	1,22
Commit μIPC	0,96	1,98	1,40	1,82	1,48	1,39	2,26	1,71	0,95	0,88	1,72	0,95
Commit IPC	0,80	1,44	0,98	1,14	0,94	0,62	1,71	1,27	0,80	0,62	1,17	0,80

Abbildung 4-15: IPC-Werte (ϕ, SPECint2006_base)

Abbildung 4-16 zeigt die maximale, zum IPC relative Durchsatzsteigerung (y-Achse) durch den temporären Datenspeicher (für Loads und Stores, ohne Limitierung der Front-End-Bandbreite) für alle SPECint2006_base-Benchmarks wenn 50 % aller Sprungziele wiederverwendet werden können.

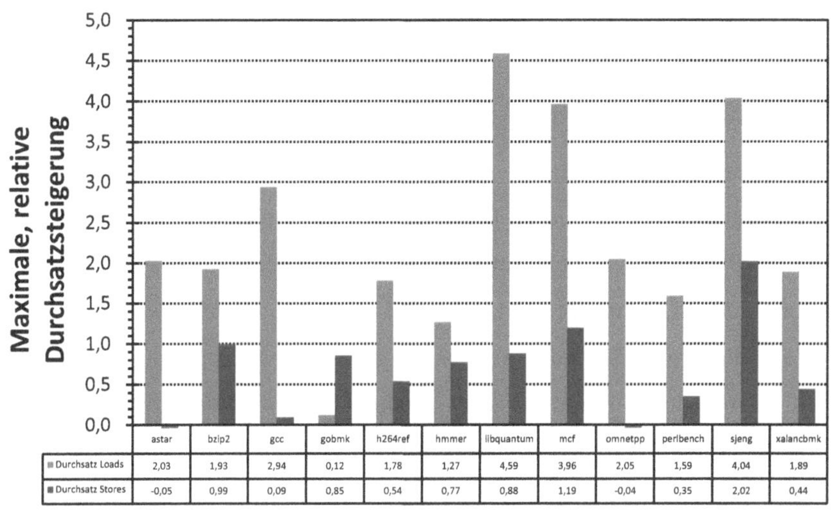

	astar	bzip2	gcc	gobmk	h264ref	hmmer	libquantum	mcf	omnetpp	perlbench	sjeng	xalancbmk
Durchsatz Loads	2,03	1,93	2,94	0,12	1,78	1,27	4,59	3,96	2,05	1,59	4,04	1,89
Durchsatz Stores	-0,05	0,99	0,09	0,85	0,54	0,77	0,88	1,19	-0,04	0,35	2,02	0,44

Abbildung 4-16: Maximale Durchsatzsteigerung

4.1.4 Thread-Prüfsummenkalkül[18]

Redundanz, insbesondere heiße Reserve ist nutzlos, wenn nicht schnell erkannt wird, welche Komponente fehlerhaft ist. Durch den temporären Sprungziel- und Datenspeicher werden transiente Fehler nach der Freigabe erkannt. Um transiente Kontrollfluss- sowie Datenfehler in einer Pipeline noch vor der Freigabe zu erkennen und zu lokalisieren, wird in diesem Abschnitt das Thread-Prüfsummenkalkül für redundantes Multithreading auf der Basis zyklischer Codes (CRCs) [122][158] entwickelt. Hierbei werden Prüfsummen während der Programmausführung für jeden Thread berechnet. Im Unterschied zu CRCs können für mehrere Nachrichten gleichzeitig Prüfsummen berechnet werden. Ein Vergleich findet bei einem Kontextwechsel des redundanten auf den vorauslaufenden Thread statt. Wenn die Ergebnisse voneinander abweichen, liegt ein Fehler vor, anderenfalls wird angenommen, dass die Ausführung korrekt verlief. Wie der Vergleich mit dem Parityverfahren hinsichtlich der Leistungsaufnahme und des Zeit- und Flächenkonsums in Abschnitt 4.1.4.4 und 4.1.4.5 zeigt, ist eine Absicherung aller Pipelineregister durch fehlerkorrigierende (ECCs) oder fehlererkennende Codes (EDC), z. B. Paritybits nicht immer praktikabel, insbesondere wenn die Berechnung im Vergleich zur Länge eines Taktzyklus einer Pipelinestufe zu lange dauert oder die Leistungsaufnahme sowie die Komplexität erhöht werden. Das Parityverfahren wurde hierbei aufgrund seiner Einfachheit zum Vergleich herangezogen. EDCs/ ECCs sind praktikabel auf grob granulöser Ebene, wie z. B. der Absicherung von Caches gegenüber transienten Fehlern. Wir betrachten zwei verschiedene Ansätze: das kompressionsbehaftete und das kompressionslose Prüfsummenkalkül.

---

[18] Teile dieses Abschnittes wurden auf der IPDPS-2006 [53] veröffentlicht.

4.1.4.1 Verwandte Arbeiten

Ein bekanntes der zahlreichen Verfahren zur Prüfung der Ausführung beim Zurückschreiben ist die Dynamic Implementation Verification Architecture (DIVA) [10][224]. DIVA wird ausführlich in Abschnitt 4.1.5.1 diskutiert. Einige Methoden zur Überwachung des Kontrollflusses beruhen auf Signaturanalyse [119][141]. Im TRIP-Prozessor [167] werden ein Signaturmonitor [195][179] und vier zusätzliche Befehle eingeführt, um Kontrollflusssignaturen zu berechnen und Diskrepanzen festzustellen. *Macroinstruction control-flow monitoring* [148] unterteilt das gesamte Anwendungsprogramm in Blöcke. Die Befehlssequenz innerhalb eines Blocks wird – Befehl für Befehl – auf Kontrollflussfehler hin untersucht. Bei signierten Befehlsströmen (SIS) [179] werden Prüfsummen aus dem Kontrollfluss berechnet und nach einem Sprung eingefügt. Ein Monitor liest und vergleicht diese Prüfsumme mit der von ihm berechneten. Ein Fehler wird angezeigt, sobald beide Prüfsummen voneinander abweichen. Durch die Speicherung der Signaturen im Objektcode und der Wahrscheinlichkeit eines Sprungs in jedem vierten bis zehnten Befehl vergrößert sich das Anwendungsprogramm bei gleich langen Befehlswörtern um 10 % bis 25 %. Die Signaturen müssen über den Bus geladen werden, was eine erhöhte Leistungsaufnahme und eine Verschlechterung der Systemleistung bedingt (das Holen der Signaturen benötigt zusätzliche Speicherzugriffszyklen, der Systembus ist in dieser Zeit belegt). Zusätzlich wird ein Monitor zur Prüfung und Berechnung der Prüfsummen benötigt. SIS wurde durch Fehlerinjektion in ein Motorola 68000 System [195] validiert. Im Vergleich zum Originalsystem (einem handelsüblichen Prozessor) wurde der Fehlerüberdeckungsgrad um 25 % verbessert. In [189] wird eine Methode zum Vergleich der

Ergebnisse der Prozessoren eines Duplexsystems vorgestellt. Smolens et al. schlagen eine Integration auf Mikroarchitektur-Ebene vor, wobei verschiedene Methoden und Ebenen (Chip-extern, L1-Cache-Schnittstelle, voller Zustandsvergleich aus der Ausführung und Fingerprinting, der Berechnung einer Art Fingerabdruck beim Zurückschreiben durch eine kryptographische Hash-Funktion) für den Vergleich der Ergebnisse auch aus spekulativer Ausführung betrachtet werden. Motiviert wurde die Arbeit von Smolens et al. durch das *TRUSS*-Projekt (*Total Reliability Using Scalable Servers*), einem verteilten, fehlertolerierenden System. Die Fehlerüberdeckung von Fingerprinting ist unabhängig von der Länge des Prüfpunktintervalls und den Arbeitslasten. Es wird mit $\lambda=10^{-5}$ immer eine $\mathrm{MTTF} = \frac{1}{2\lambda(1-C)}$ von $5 \cdot 10^8$ erreicht, was einem Fehlerüberdeckungsgrad C von 99,99 % entspricht. Leider haben alle Verfahren zur Prüfung der Ausführung beim Zurückschreiben den Nachteil, dass Fehler erst erkannt werden, nachdem diese effektiv wurden. Das in diesem Abschnitt vorgestellte Prüfsummenkalkül kann Fehler entdecken, bevor diese effektiv werden, Fehler dadurch besser lokalisieren und Seiteneffekte wie Fehlerfortpflanzung einschränken.

4.1.4.2 Kompressionsbehaftetes Prüfsummenkalkül

Sei $v = \left\langle v_{\omega_k - 1}, \ldots, v_0 \right\rangle$ ein ω_k-stelliges binäres Codewort. Dieses ist als Polynom $v = v(x) = \sum_{i=0}^{\omega_k - 1} v_i x^i$ darstellbar und repräsentiert den Inhalt eines von $k \in \{0,\ldots,\pi-1\}$ Pipelineregistern einer Pipeline der Länge π, wobei π-1 die letzte Stufe ist. Die Nachricht $\eta_j(x)$, $j \in \{0,\ldots,n-1\}$ setzt sich aus dem Inhalt der Pipelineregister während der Befehlsausführung zwischen zwei Kontextwechseln zusammen, wobei n die Anzahl der Befehle zwischen diesen Kontextwechseln ist. Wir besprechen im Folgenden zunächst die in-order, dann die out-of-order Ausführung. Abbildung 4-17 zeigt die parallel zur Pipelineausführung durchgeführte Prüfsummenberechnung. Die Rückkopplungsvorschrift der letzten Pipelinestufe auf die vorhergehenden Stufen ist definiert durch die Wahl des Generatorpolynoms $g(x) = \sum_{i=0}^{\pi-1} g_i x^i$.

In Abbildung 4-17 ist π=3 und g_0=1, g_1=0, g_2=1, $g(x)=x^2+1$. Man erkennt zwei Pipelinestrukturen: die übliche Ausführung eines Prozessors mit Pipeline (oben) und eine Prüfsummenpipeline (unten). REG bezeichnet Speicherelemente (Register) zwischen einzelnen Pipelinestufen.

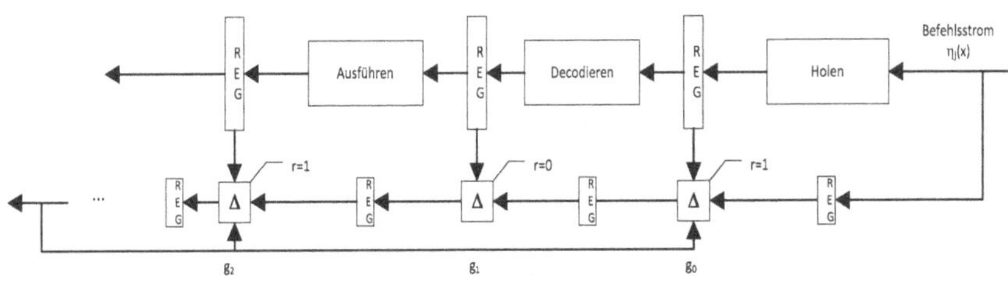

Abbildung 4-17: Parallele Prüfsummenberechnung

Die Ergebnisse jeder Pipelinestufe werden an die nächste Stufe und an die Prüfsummenlogik weitergeleitet. Es ist möglich, einzelne Bits der letzten Stufe auf unterschiedliche vorhergehende Stufen zurückzukoppeln und damit verschiedene Generatorpolynome pro Bit zu implementieren. Aufgrund des zu erwartenden höheren Routingaufwands und da eine einfache Implementierung angestrebt wird, wird diese Möglichkeit nicht betrachtet. Die Ergebnisse der letzten Stufe π-1 werden dem Generatorpolynom entsprechend vollständig rückgekoppelt. Die Berechnung eines Teils der Prüfsumme wird in einer Stufe durch das Δ-Element durchgeführt. Damit die Ergebnisse jeder Stufe in die endgültige Prüfsumme eingehen, muss Δ kommutativ sein. Man sieht, dass Δ von drei Eingaben abhängt: den Ausgaben einer vorhergehenden Stufe (x_2), der letzten, rückgekoppelten Stufe (x_3) und den Ausgaben der momentanen Pipelinestufe (x_1). Damit jedes Bit einen Einfluss auf die Ausgabe ausübt, gilt mit Forderung der Kommutativität ($b \in \{0,1\}$):

$$
\begin{aligned}
&\Delta : \{0,1\} \times \{0,1\} \times \{0,1\} \rightarrow \{0,1\} \\
&1)\ \Delta(x_1, x_2, x_3) = \Delta(\overline{x_1}, \overline{x_2}, \overline{x_3}) = b, \\
&2)\ \Delta(x_1, x_2, \overline{x_3}) = \Delta(x_1, \overline{x_2}, x_3) = \Delta(\overline{x_1}, x_2, x_3) = \overline{b}, \\
&3)\ \Delta(x_1, \overline{x_2}, \overline{x_3}) = \Delta(\overline{x_1}, \overline{x_2}, x_3) = \Delta(\overline{x_1}, x_2, \overline{x_3}) = b.
\end{aligned}
$$

Insgesamt gibt es zwei Funktionen, die diese Forderung erfüllen:

$$
\Delta(x_1, x_2, x_3) = \begin{cases} x_1 \oplus x_2 & \text{falls r=0} \\ x_1 \overline{\oplus}\ x_2 \overline{\oplus} x_3 & \text{falls r=1} \end{cases} \quad \text{und}
$$

$$
\Delta'(x_1, x_2, x_3) = \begin{cases} x_1 \overline{\oplus}\ x_2 & \text{falls r=0} \\ x_1 \oplus x_2 \oplus x_3 & \text{falls r=1.} \end{cases}
$$

Bei r=0 ist keine Rückkopplung vorhanden, r=1 bezeichnet den Fall einer Rückkopplung. x_3 wird bei r=0 nicht berücksichtigt. Die Anzahl der Gatter pro Pipelinestufe des Prüfsummenkalküls ist gleich der maximalen Bitbreite

$\max\{\omega_0,...,\omega_{\pi-1}\}$ der von Stufe zu Stufe weitergeleiteten Information. Es ist möglich, Gatter in einer Stufe $i\in\{1,...,\pi-2\}$ einzusparen, wenn $\omega_{i+1}\geq\omega_{i-1}>\omega_i$ gilt. In diesem Fall können $\omega_{i-1}-\omega_i$ Signale aus Stufe i-1 direkt an Stufe i+1 weitergeleitet werden. Abbildung 4-18 erweitert Abbildung 4-17 um die Prüfsummenberechnung für zwei Threads mit dem redundanten Befehlsstrom $\eta'_j(x)=\eta_j(x)$. Für die Berechnung der korrekten Prüfsumme wird ein Multiplexer pro Pipelinestufe benötigt. Dieser wählt in Abhängigkeit des in jeder Pipelinestufe aktiven Threads die jeweilige Prüfsummenpipeline aus. Die von Stufe zu Stufe propagierte Thread-Identifikation (TID) identifiziert Threads innerhalb der Pipeline. Ergebnisse werden genau dann propagiert, wenn der jeweilige Thread aktiv ist. Eine fehlerhafte TID führt zur Auswahl der unrichtigen Prüfsummenpipeline und damit zu unterschiedlichen Prüfsummen.

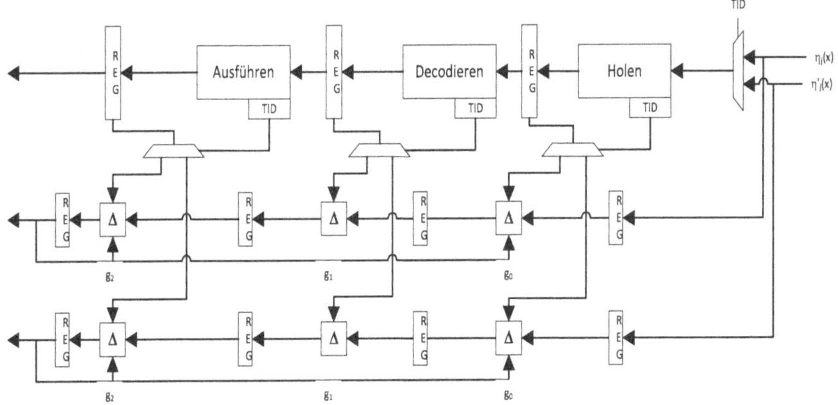

Abbildung 4-18: Prüfsummenberechnung für zwei Threads

Da die Kriterien für einen Kontextwechsel im Befehlsstrom codiert sind und beide Befehlsströme im fehlerfreien Fall identisch sind, können die Prüfsummen in gleicher Art und Weise propagieren. Wie aus Abbildung 4-18 ersichtlich ist, verdoppelt sich der Hardwareaufwand zur Ermittlung der Prüfsummen etwa mit jedem weiteren Thread. In [53] wird eine Möglichkeit der Prüfsummenberechnung für zwei Threads vorgestellt, die die Anzahl der XOR-Gatter reduziert. Da das dort vorgestellte Verfahren wesentlich mehr Decoder und Multiplexer benötigt, sowie eine größere Tiefe innerhalb der Logik einer Stufe erreicht, wurde das Schema aus Abbildung 4-18 ausgewählt. Etwas komplexer wird die Berechnung bei out-of-order Ausführung.

Prinzipiell gibt es zwei Lösungsmöglichkeiten:

1. Die out-of-order Ausführung wird bei der Prüfsummenberechnung nicht berücksichtigt. Fehler in dieser Stufe werden vor dem Zurückschreiben nicht erkannt.
2. Die Ergebnisse einzelner Ausführungseinheiten werden pro Thread berechnet, indem eine kommutative Operation Δ auf diesen Ergebnissen angewendet wird, bis ein Kontextwechsel des nachlaufenden Threads durchgeführt wird. Damit Prüfsummen aus der in- und out-of-order Ausführung in beliebiger Abfolge in die endgültige Prüfsumme eingehen können, muss für eine Kombinationsoperation $*$ ebenfalls Kommutativität gefordert werden.

In dieser Arbeit wird die zweite Lösungsmöglichkeit verfolgt. Da bei statischer Zuordnung auf die Ausführungseinheiten bekannt ist, zu welchem Befehlsstrom die Prüfsummen gehören, muss $*$ in diesem Fall nicht kommutativ sein. Die Ergebnisse $O=o_1...o_n$ der out-of-order und in-order Ausführung $I=i_1...i_{\pi-1}$ werden in fester Reihenfolge konkateniert, sodass $OI=o_1...o_ni_1...i_{\pi-1}$ oder $IO=i_1...i_{\pi-1}o_1...o_n$. Bei dynamischer Zuordnung müssen die Ergebnisse aus der out-of-order Ausführung durch ein kommutatives $*$ mit den in-order Prüfsummen verkettet werden. Wir leiten die Funktion des Kombinationsoperators ab und setzen $*:=\Delta$. Abbildung 4-19 zeigt die Berechnung der Prüfsumme bei out-of-order Ausführung ohne Zuweisung bis zur Ausführungsstufe.

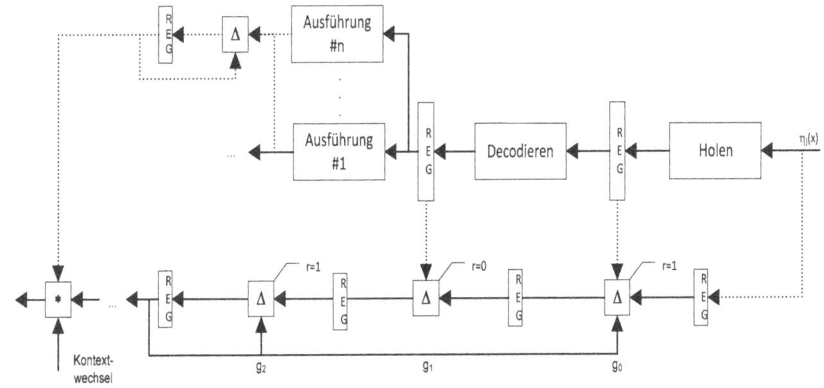

Abbildung 4-19: Prüfsummenberechnung bei out-of-order Ausführung

4.1.4.3 Kompressionsloses Prüfsummenkalkül

Bei auf Rückkopplung basierenden Verfahren entsteht eine Verzögerung, womit eine schnelle Fehlererkennung und –behebung ausgeschlossen ist. Weiterhin kann ein Fehler nicht genau lokalisiert, d. h. auf eine Pipelinestufe abgebildet werden. Um die Prüfsummen auf Gleichheit zu prüfen, muss gewartet werden, bis ein Kontextwechsel vom nachlaufenden auf den führenden Thread stattgefunden hat. In diesem Fall wurde von jedem Thread bei fehlerfreier Ausführung exakt dieselbe Anzahl von Befehlen verarbeitet. Damit die Befehle des nachlaufenden Threads korrekt in die Prüfsumme eingehen, darf ein Vergleich erst dann stattfinden, wenn der Befehl beim Initiieren des Kontextwechsels alle π Stufen der Pipeline durchlaufen hat. Daher muss π Takte gewartet werden, bis die Prüfsumme aus der Pipeline fällt. Leider können sich dann[19] bereits Befehle des führenden und nachlaufenden Threads in der Pipeline befinden. Bei einem Fehler müssen daher auch die Auswirkungen bereits geladener und eventuell ausgeführter Befehle in der Pipeline rückgängig gemacht werden. Um die dadurch entstehende Latenz und Komplexität zu reduzieren, wird die kompressionslose Berechnung von Prüfsummen betrachtet. Hierzu werden die Inhalte aller Prüfsummenregister und nicht nur das letzte Prüfsummenregister als Teil der Prüfsumme angesehen. Sobald ein Kontextwechsel passiert, wird das Propagieren der Prüfsumme des bisher aktiven Threads eingestellt, dieser damit eingefroren und die Ausführung von Befehlen durch den anderen Thread begonnen, bis erneut ein Kontextwechsel auftritt. Dann können die Prüfsummen in den Prüfsummenregistern des führenden und des nach-

[19] In Abhängigkeit, wie früh Kontextwechsel auslösende Ereignisse in der Pipeline erkannt werden.

laufenden Threads sofort verglichen werden. In diesem Fall muss für die Prüfung nicht π Takte gewartet werden, bis der letzte Befehl vor dem Kontextwechsel des nachlaufenden Threads die letzte Stufe der Pipeline erreicht. Abbildung 4-20 zeigt das Verfahren für zwei Threads und out-of-order Ausführung ohne Zuweisung bis zur Ausführungsstufe. Die Weiterleitung von Teilen der Prüfsumme und die Rückkopplung über alle Stufen werden deaktiviert. Die Ergebnisse der nachfolgenden Experimente beziehen sich auf das in Abbildung 4-20 gezeigte Verfahren, wobei die Kombinationsoperation * impliziert wird.

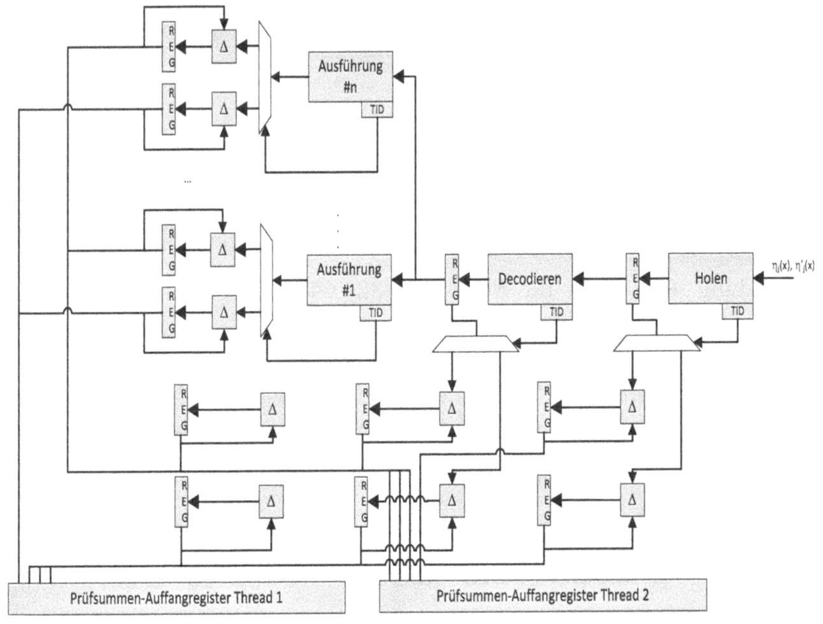

Abbildung 4-20: Kompressionsloses Prüfsummenkalkül

4.1.4.4 Theoretischer Vergleich mit Paritybäumen

In diesem Abschnitt soll ein Vergleich des Prüfsummenverfahrens mit Paritybäumen in Bezug auf die benötigten Gatter und die maximale Verzögerung (Tiefe in Gattern) stattfinden. Wir berechnen die Kosten eines Paritybaums mit beliebigem Fan-In (*fanin*) und beliebiger Datenwortbreite N. Für die Anzahl der XOR-Gatter $f: \mathbb{N} \rightarrow \mathbb{N}$ auf der untersten Ebene (null) des Baums erhält man $f(0) = \left\lceil \frac{N}{fanin} \right\rceil$ bei minimaler Tiefe $t = \left\lceil \frac{lg\, N}{lg\, fanin} \right\rceil$ des balancierten Baums. Löst man die lineare Rekurrenz $f(n) = \left\lceil \frac{f(n-1)}{fanin} \right\rceil$ auf, erhält man $f(n) = \left\lceil \frac{N}{fanin} \right\rceil \left(\frac{1}{fanin} \right)^n$. Summiert man über alle Ebenen t des Baumes, ergibt sich

$$C(t) := \left\lceil \sum_{i=0}^{t-1} f(i) \right\rceil = -\left\lceil \frac{f(0) \cdot fanin \cdot ((1/fanin)^t - 1)}{fanin - 1} \right\rceil$$

als Kostenfunktion (Anzahl der XOR-Gatter des Paritybaums).

Abbildung 4-21 zeigt für N∈{8, 16, 32, 64} und Fan-In∈{2,...,6} wie die Kostenfunktion C des Paritybaums mit steigendem Fan-In abnimmt. Die Kosten des Prüfsummenverfahrens bleiben immer gleich (gestrichelte horizontale Linien). Ab einem Fan-In größer als zwei haben Paritybäume im Vergleich zu dem in diesem Abschnitt geschilderten Verfahren geringere Kosten. Bei einem Fan-In von zwei sind die Kosten annähernd gleich. Abbildung 4-22 zeigt die Verzögerung t in Gattern von Paritybäumen (y-Achse) für N∈{8, 16, 32, 64} und Fan-In∈{2,...,6}. Man erkennt ein exponentielles Wachstum der Verzögerung mit abnehmendem Fan-In und steigendem N. Die Verzögerung des Prüfsummenverfahrens bleibt bei einem XOR-Gatter pro Stufe. Dabei muss in Betracht gezogen werden, dass für eine Prüfung durch Paritybits mindestens die doppelte Zeit vergeht (Berechnung beim

Schreiben/ Lesen und Vergleichen des Werts). Bei großem N kann dies zu einer Verschlechterung der Leistung des Gesamtsystems führen, da die Taktung dem kritischen Pfad des Paritybaums angepasst werden muss. Wang et al. [222] berichten, dass bei Injektion transienter Fehler unter Ausführung von SPECint2000-Benchmarks in Pipelineregister 88 % der Fehler maskiert wurden. Es müssen folglich nicht alle Bits einer Pipelinestufe in die Prüfsummenberechnung eingehen, womit der Flächenanteil reduziert werden kann.

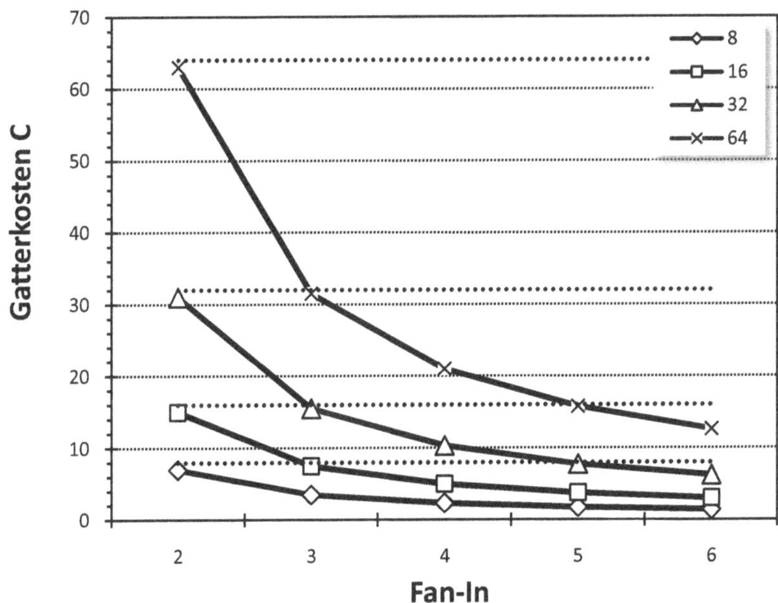

Abbildung 4-21: Kosten (in Gattern) von Paritybäumen

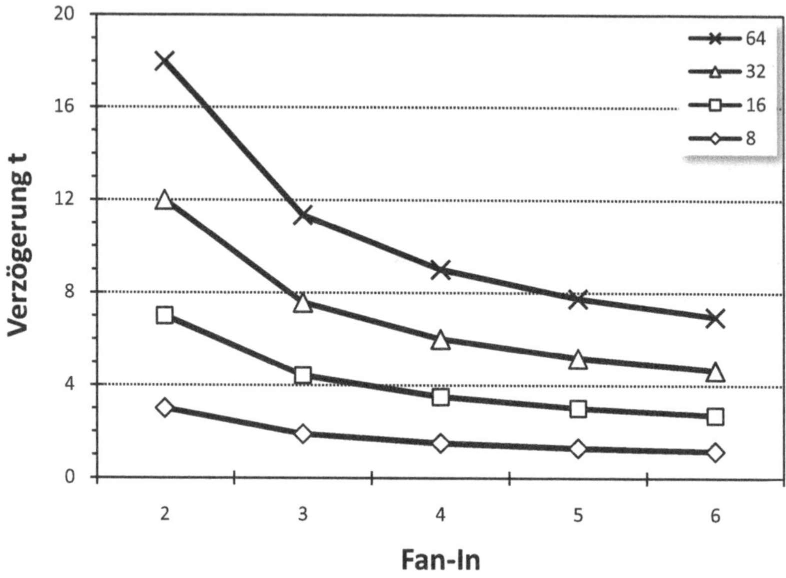

Abbildung 4-22: Verzögerung (in Gattern) von Paritybäumen

4.1.4.5 Experimenteller Vergleich mit Paritybäumen

Die VHDL-Quellen beider Verfahren können mit einem Fan-In von zwei für eine Pipelinestufe generiert werden, wobei diese Restriktion durch die mangelnde Fan-In Auflösung des Standardzellenrouters *nero* notwendig wurde. Abbildung 4-23 zeigt die Flächenanforderung (y-Achse, in LUTs) in Bezug auf wachsende Bitbreiten des Pipelineregisters (x-Achse, $N \in \{8,\ldots,512\}$) der beiden Verfahren bei einem FPGA-Entwurf. Der Flächenunterschied beträgt immer 14 LUTs für jede Bitbreite.

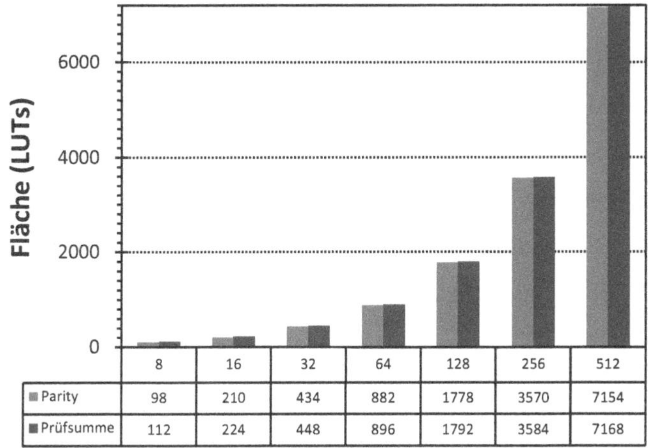

Abbildung 4-23: Fläche – Parity, Prüfsummenkalkül (LUTs, FPGA)

Da nur die Anzahl der LUTs gemessen wurde, konnte ein Vergleich bis zu einer Bitbreite von 512 Bit stattfinden. Wenn der Schaltung Pins zugewiesen werden sollen, ist eine Realisierung mit dem eingesetzten FPGA nicht mehr möglich, da die Anzahl der Pins am eingesetzten FPGA nicht mehr ausreicht. Daher musste in den nachfolgenden Untersuchungen die maximale Bitbreite auf 128 Bit beschränkt werden.

Abbildung 4-24 zeigt den kritischen Pfad in Bezug auf wachsende Bitbreiten (x-Achse, N∈{8,...,128}) in ns für das Parity- und das Prüfsummenverfahren beim FPGA-Entwurf. Der kritische Pfad des Prüfsummenverfahrens ist bis auf 64 Bit wesentlich kürzer. Im Gegensatz zum späteren Standardzell-Entwurf steigt die Verzögerung des Prüfsummenverfahrens mit wachsender Bitbreite. Die Ursache hierfür ist die Verzögerung aufgrund der Verdrahtung von und zur Prüfsummenlogik, der IOBs und der Logik.

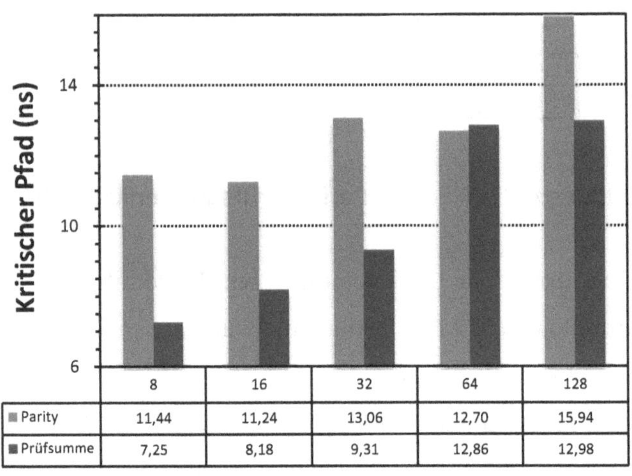

	8	16	32	64	128
Parity	11,44	11,24	13,06	12,70	15,94
Prüfsumme	7,25	8,18	9,31	12,86	12,98

Abbildung 4-24: Kritischer Pfad – Parity, Prüfsummenkalkül (ns, FPGA)

Abbildung 4-25 zeigt die Leistungsaufnahme in mW (ohne Ruhestrom) des Prüfsummenkalküls und Paritybäumen in Abhängigkeit von der Frequenz (x-Achse, MHz) für unterschiedliche Bitbreiten N∈{16, 32, 64} bei einem FPGA-Entwurf.

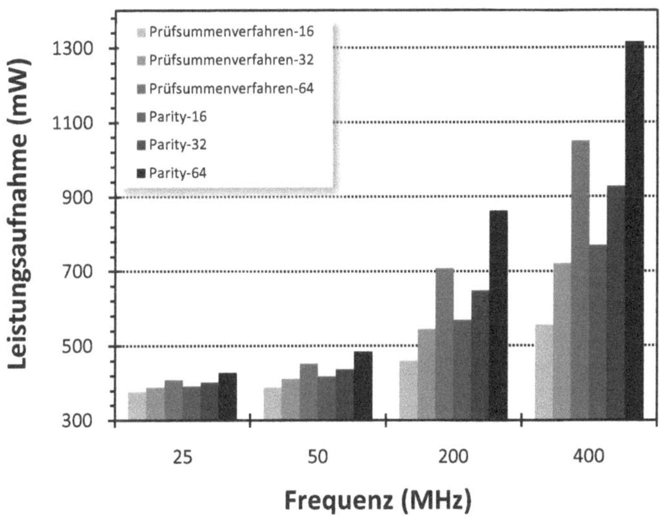

Abbildung 4-25: Leistungsaufnahme – Parity, Prüfsummenkalkül (mW, FPGA)

Abbildung 4-26 zeigt die Differenz Δ der Leistungsaufnahme in mW zwischen Prüfsumme und Paritybäumen für verschiedene Frequenzen (x-Achse, MHz) und unterschiedliche Bitbreiten N∈{16, 32, 64}.

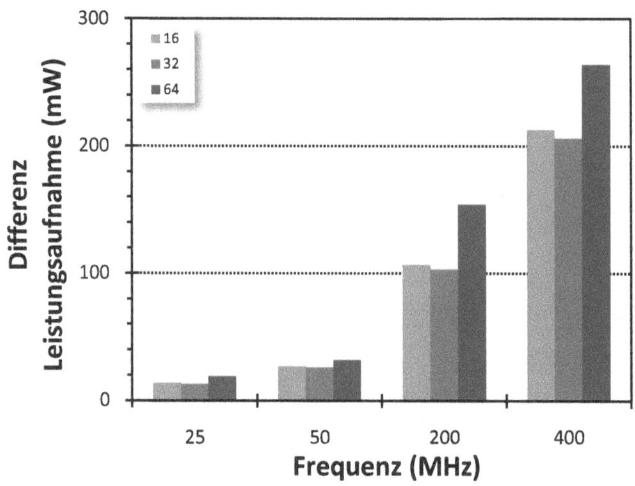

Abbildung 4-26: Δ Leistungsaufnahme – Parity, Prüfsummenkalkül (mW, FPGA)

Für kleine Frequenzen ist der Unterschied marginal. Ab 50 MHz ist ein lineares Wachstum der Differenz zwischen Prüfsummen- und Parityverfahren zu erkennen. Das Prüfsummenverfahren verbraucht für größere Bitbreiten beim FPGA-Entwurf deutlich weniger Energie.

Abbildung 4-27 zeigt die Fläche (in λ^2, x-Achse, N∈{8,...,512}) des Paritybaumes und des Prüfsummenkalküls bei einem Standardzell-Entwurf. Im Gegensatz zum FPGA-Entwurf zeichnet sich der Flächenunterschied klarer ab (*Differenz*). Damit das Parityverfahren und das Prüfsummenkalkül geroutet werden konnten, wurden beide Verfahren mit 4 Metallisierungsebenen implementiert.

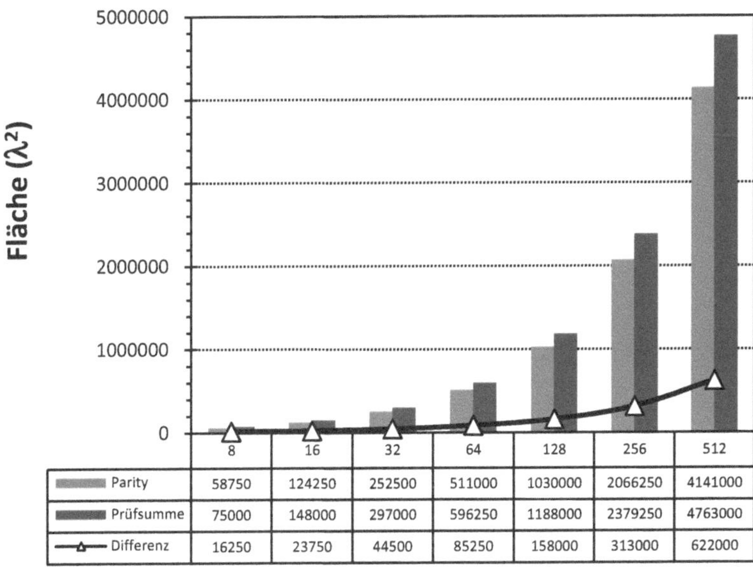

	8	16	32	64	128	256	512
Parity	58750	124250	252500	511000	1030000	2066250	4141000
Prüfsumme	75000	148000	297000	596250	1188000	2379250	4763000
Differenz	16250	23750	44500	85250	158000	313000	622000

Abbildung 4-27: Fläche – Parity, Prüfsummenkalkül (λ^2, Standardzellen)

Abbildung 4-28 zeigt die Verzögerung in ps beider Verfahren für den Standardzell-Entwurf. Auf der logarithmisch skalierten x-Achse ist die Bitbreite des eingehenden Datenworts N∈{8,...,512} aufgetragen. Der Unterschied zeichnet sich schon für kleine Bitbreiten deutlich ab.

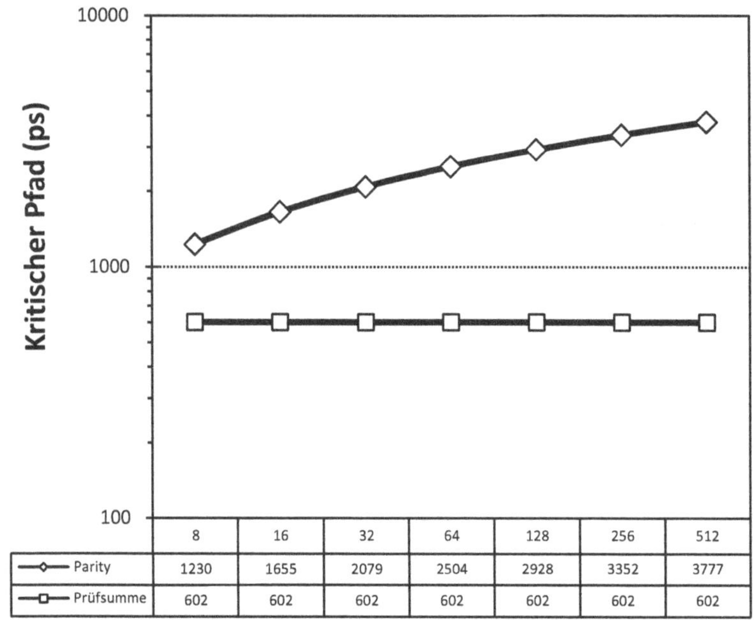

	8	16	32	64	128	256	512
Parity	1230	1655	2079	2504	2928	3352	3777
Prüfsumme	602	602	602	602	602	602	602

Abbildung 4-28: Verzögerung – Parity, Prüfsummenkalkül (ps, Standardzellen)

Abbildung 4-29 zeigt die Kapazität in pF der Parity- und Prüfsummenlogik über wachsenden Bitbreiten (x-Achse, N∈{8,...,512}) für den Standardzell-Entwurf.

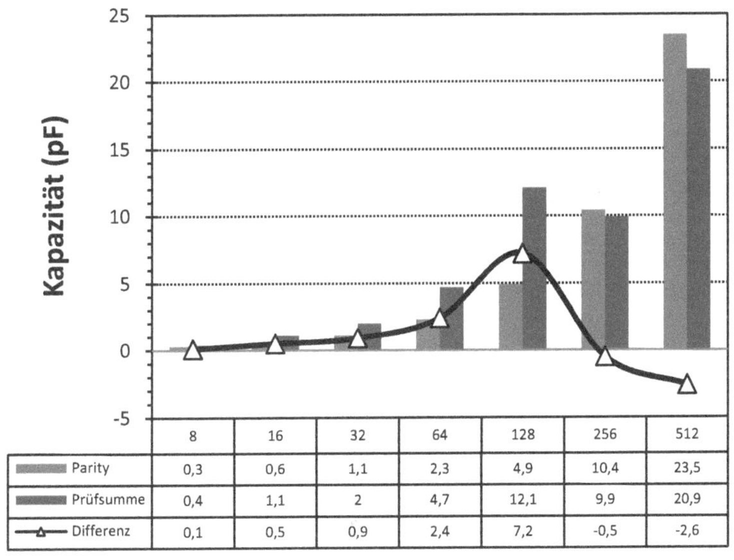

	8	16	32	64	128	256	512
Parity	0,3	0,6	1,1	2,3	4,9	10,4	23,5
Prüfsumme	0,4	1,1	2	4,7	12,1	9,9	20,9
Differenz	0,1	0,5	0,9	2,4	7,2	-0,5	-2,6

Abbildung 4-29: Kapazität – Parity, Prüfsummenkalkül (pF, Standardzellen)

Das Parityverfahren weist für die Bitbreiten von 8 bis 128 Bit weniger Kapazität auf als das Prüfsummenkalkül. Für Bitbreiten ab 256 Bit ist die Kapazität des Prüfsummenverfahrens geringer. Es kann also die Empfehlung ausgesprochen werden, das Prüfsummenverfahren bei internen Kontrollfluss- und Datenpfaden ab einer Breite von 256 Bit zu verwenden, da es hier ein sehr günstiges Laufzeitverhalten und eine geringe Leistungsaufnahme aufweist.

4.1.4.6 Experimentelle Ergebnisse

Zur Bewertung des geschilderten Verfahrens werden der Fehlerüberdeckungsgrad und die Lokalisierungsgenauigkeit in Bezug auf eine Pipelinestufe, sowie die Latenz bis zur Entdeckung eines Fehlers ermittelt. Für die Softwaresimulation wurden zwei identische Befehlsströme aus 32-Bit-Befehlen, jeweils der Länge 10^6, als Eingabe erzeugt. Die Pipeline kann mit beliebig vielen Stufen und beliebiger Kontrollfluss- und Datenpfadbreite N modelliert werden. Für eine *worst-case*-Analyse wird die Pipeline bei Entdecken eines Fehlers geleert und die Daten von Stufe zu Stufe nicht modifiziert, da die Modellierung in diesem Fall von einer Implementierung abhängig gewesen wäre. Kontextwechsel wurden mit Wahrscheinlichkeit K generiert. Werte für K in Prozent können aus Tabelle 4-11 entnommen werden. Diese zeigt die relative Häufigkeit von Operationscodes nach Gruppen geordnet in Prozent. Um Werte für K zu erhalten, wurden natürliche Arbeitslasten, die aus einem Ausschnitt der zu erwartenden Produktionslast (SPECint2006_base) bestehen, herangezogen. Dabei wurden die Benchmarks mit dem x86-64-Bit-Simulator *ptlsim* [232] ausgeführt, bis 10^6 Befehle freigegeben wurden (Simulationsparameter in Tabelle 4-4). Bedingte Sprünge sind durch *br,cc* gekennzeichnet, unbedingte durch *bru*, bzw. *jmp*. *Chk* ist die Wahrscheinlichkeit von Feldlimit-Prüfoperationen. Kontextwechsel-auslösende Befehlsgruppen (Λ - Loads, Π - bedingte Sprünge und Σ - Stores) sind hervorgehoben. In der letzten Spalte ist das arithmetische Mittel der jeweiligen Gruppe angegeben ($\varnothing$).

Tabelle 4-11: Relative Häufigkeit von Operationscodes (%)

Benchmark (SPECint2006_base)

Gruppe	astar	bzip2	gcc	gobmk	h264ref	hmmer	libquantum	mcf	omnetpp	perlbench	sjeng	xalancbmk	∅
logic	23,4	14,9	24	15,6	14,2	13,3	22,4	14,3	23,3	15,4	17,3	14,6	17,73
addsub	22,1	38,8	17,9	31,6	28,6	31,4	19,9	24,4	22,2	27,5	20,9	28,5	26,15
addshift	0,8	0,2	6,5	9,3	1,4	0,5	5,9	0,7	0,8	1,3	18,4	1,5	3,94
sel	0,8	0,1	0,7	0,1	0,9	0,4	0,2	0,6	0,9	0,7	0,1	0,7	0,52
br,cc	**14,2**	**14,8**	**12,6**	**15,9**	**14,5**	**12,3**	**10,7**	**13,5**	**14,1**	**13,3**	**8**	**13,8**	**13,14**
jmp	0,7	0,2	0,3	0,3	1,8	1,1	0,2	1,2	0,7	1,4	0,2	1,3	0,78
bru	1,3	0,3	0,6	0,7	1,7	1,6	0,4	2,3	1,4	1,8	0,3	1,8	1,18
ld	**25,1**	**17,3**	**25,2**	**8,8**	**21**	**18,7**	**19,7**	**27,8**	**25,1**	**23,7**	**17,8**	**23,2**	**21,12**
st	**6,7**	**12,5**	**6,9**	**13,9**	**11,4**	**13,8**	**8,1**	**13,1**	**6,7**	**10,4**	**10,9**	**10,7**	**10,43**
shiftsimple	3	0,8	1,5	1	1	0,7	0,8	1	2,9	1,4	1,3	1,1	1,38
shift	1,7	0,1	1,6	0,3	0,2	0,2	5,8	0,2	1,7	1,1	3,5	0,9	1,44
mul	0	0	0	0,1	0,1	0,2	0	0,3	0	0,1	0	0,1	0,08
flags	0,1	0	1,1	0	0,4	0,3	5,7	0,5	0	1,1	0	0,9	0,84

Das Verfahren wird hinsichtlich der Latenz bis zur Entdeckung eines Fehlers, des Fehlerüberdeckungsgrades und der Genauigkeit einer Fehlerlokalisierung untersucht. Diese Kenngrößen sind abhängig vom Befehlshole-Algorithmus (s. Abschnitt 4.2.1). Bei AR2T werden die Befehlsströme taktversetzt für die Ausführung ausgewählt und die Prüfsummen in jedem zweiten Takt verglichen. Ein Fehler wird daher beim kompressionslosen Verfahren mit einer maximalen Verzögerung von einem Takt erkannt.

Abbildung 4-30 zeigt die Verzögerung in Befehlen bis zur Fehlerentdeckung (summiert über beide Befehlsströme, y-Achse) des kompressionsbehafteten Verfahrens für eine fünfstufige in-order Pipeline im Modus RM2T mit 1/5 als der Wahrscheinlichkeit für einen Kontextwechsel. Bis zur Erkennung werden noch durchschnittlich 7 Befehle ausgeführt.

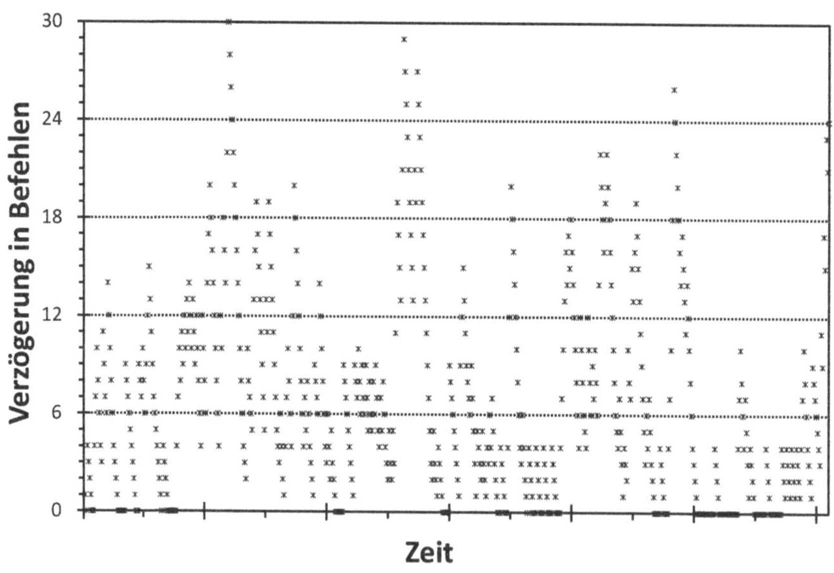

Abbildung 4-30: Verzögerung in Befehlen bis zur Fehlerentdeckung

Diese Verzögerung lässt sich nach oben abschätzen. Ohne superskalare Ausführung ist diese beim kompressionsbehafteten Verfahren abhängig von der Wahrscheinlichkeit von Kontextwechseln und τ, der Anzahl der Threads. Wenn $K \in]0,1]$ die Wahrscheinlichkeit von Kontextwechseln ist, beträgt die Latenz in Befehlen maximal $\vartheta = \tau \cdot \max\left\{\pi, \frac{1}{K}\right\}$. Beim kompressionslosen Verfahren ist die Latenz in Befehlen von der Anzahl der Pipelinestufen unabhängig. Dafür ergibt sich eine Verzögerung aus der Differenz vom Einspeisen eines Befehls bis zur Feststellung eines kontextwechselauslösenden Ereignisses mit $\varepsilon<\pi$. Ein Fehler wird nach $\tau \cdot \max\left\{\varepsilon, \frac{1}{K}\right\}$ Befehlen erkannt.

Das folgende Experiment bestimmt die Abhängigkeit zwischen Fehlerüberdeckung und der Wahrscheinlichkeit von Kontextwechseln. Die Ausführung beider Befehlsströme wird unter dem Einfluss transienter Fehler durch Kippen zufälliger Bits in zufällig ermittelten Pipelinestufen simuliert. Abbildung 4-31 zeigt den Zusammenhang zwischen Fehlerüberdeckung (in % mit Minimum und Maximum aufgrund mehrerer Injektionsexperimente, y-Achse) und der Wahrscheinlichkeit für einen Kontextwechsel (x-Achse). Die Wahrscheinlichkeit für einen Kontextwechsel[20] wurde in Schritten von $1/(10+i\cdot1000)$, $i=0,\ldots,10$ variiert, zusätzlich der polynomiale Trend zweiten Grades angegeben. Man sieht, dass die Fehlerüberdeckung nur sehr langsam abnimmt.

[20] Realistische Werte für K können aus Tabelle 4-11 entnommen werden. Nach unten abgerundet ergibt sich z. B. $\Pi=0{,}13$ und $\Lambda=0{,}21$.

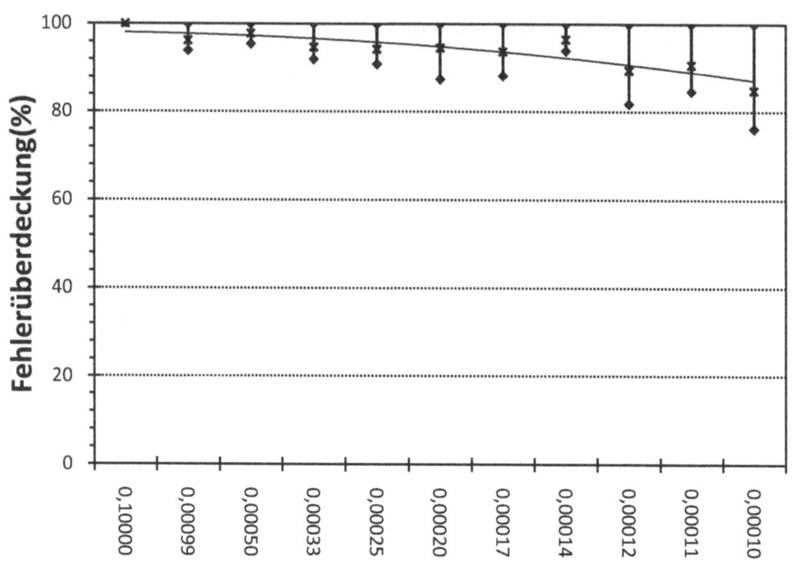

Abbildung 4-31: Fehlerüberdeckung des Prüfsummenverfahrens (%)

Wie man aus den Ergebnissen in Abbildung 4-31 sieht, wird bei einer Wahrscheinlichkeit eines Kontextwechsels von 1/10 eine perfekte Fehlerüberdeckung erreicht. Das Verfahren ist in der Lage, Fehler zu lokalisieren (Abbildung auf eine Pipelinestufe). Abbildung 4-32 zeigt die minimale und maximale Genauigkeit (10 Experimente, y-Achse) in Prozent in Bezug auf die Wahrscheinlichkeit eines Kontextwechsels (x-Achse in Schritten von $1/(10+i\cdot 1000)$, $i=0,\ldots,10$), mit der erkannte Fehler einer Pipelinestufe zugeordnet werden können. Zusätzlich wurde der polynomiale Trend zweiten Grades angegeben. Man sieht, dass die Lokalisierungsgenauigkeit nur sehr langsam abnimmt. Nach 10010 ausgeführten Befehlen können immer noch etwa 80 % aller Fehler erfolgreich lokalisiert werden.

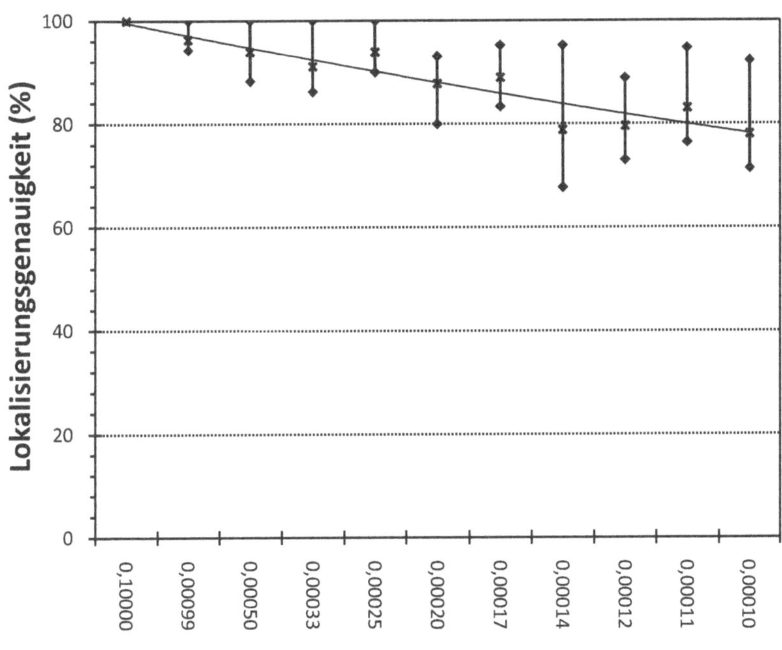

Abbildung 4-32: Lokalisierungsgenauigkeit des Prüfsummenverfahrens (%)

Ein Fehler kann bei einer Wahrscheinlichkeit eines Kontextwechsels von 1/10 perfekt lokalisiert (die Zuordnung eines Fehlers auf eine Pipelinestufe) werden. Das Verfahren eignet sich folglich auch für Programme, die eine geringe Häufigkeit von Kontextwechseln aufweisen. Es kann aber auch die Anzahl der durchzuführenden Kontextwechsel zugunsten einer höheren

Leistung reduziert werden. Eine gerade Anzahl von Fehlern kann vom Parityverfahren nicht entdeckt werden. Da das Prüfsummenverfahren pro Bit angewendet wird, kann jedes beliebig lange Fehlerbündel (maximal N Bitfehler) innerhalb eines Pipelineregisters erkannt werden, da eine Veränderung mehrerer Bits besser propagiert wird als die Veränderung eines einzelnen Bits. In Abschnitt 4.3.2 wird das Prüfsummenverfahren um einen Mikro-Rollback erweitert, der eine schnelle Fehlerbehebung in einer Pipelinestufe ermöglicht. Nachfolgend wird eine einfache Methode beschrieben, die das Einnehmen eines sicheren Zustands nach einem nicht-tolerierbaren Fehler ermöglicht.

4.1.4.7 Der Fail-Safe Modus

Der Fail-Safe Modus wird aktiviert, sobald ein Fehler erkannt wurde, der nicht toleriert werden kann, bzw. die Funktion des Gesamtsystems so beeinflusst wurde, dass es seine elementarste Spezifikation nicht mehr erfüllen kann. Für eine Integration in ein bestehendes System müssen zwei Ursachen betrachtet werden: die Signalisierung eines katastrophalen internen oder externen Fehlers. Ist ein interner Fehler aufgetreten, wird dieser über $\overline{\text{INTFAULT}}$ externen Komponenten (z. B. einer externen Diagnoseeinheit) gemeldet, insofern diese einen sicheren Grundzustand gewährleisten. Grund dafür ist das Überschreiten der Höchstgrenze an erlaubten Fehlern eines Threads pro Zeiteinheit. Die Signalisierung eines solchen Fehlers wird durch das in Abschnitt 4.2.2 beschriebene History Voting durchgeführt. Eine fehlerhafte, von Prozessorausgaben abhängige externe Komponente kann, falls von dieser ein Fehler festgestellt wurde, über $\overline{\text{EXTFAULT}}$ den Fail-

Safe Modus anstoßen. Da $\overline{\text{EXTFAULT}}$ und $\overline{\text{INTFAULT}}$ low-aktiv sind, kann ein Wegfallen der Spannungsversorgung externen Komponenten gegenüber und umgekehrt signalisiert werden. Wir schlagen ein einfaches Verfahren durch Abschalten des Taktes der Pipelineregister mit $\overline{\text{INTFAULT}}$ oder $\overline{\text{EXTFAULT}}$ vor. Ergebnisse werden nicht mehr zwischen einzelnen Stufen weitergereicht und der Prozessor in seiner Ausführung eingefroren. Da schon das Abschalten einer Stufe zum Anhalten aller nachfolgenden Stufen führt, kann die Redundanz entlang der Pipelinestufen verteilt werden, anstatt Dreifach-Redundanz in einer Stufe verwenden zu müssen.

Abbildung 4-33 zeigt, wie die Kommunikation zwischen einzelnen Pipelinestufen[21] angehalten wird. Da die Logik des Verfahrens beim FPGA-Entwurf auf einen LUT abgebildet wird, wird ein transienter Fehler nur dieses Gatter betreffen.

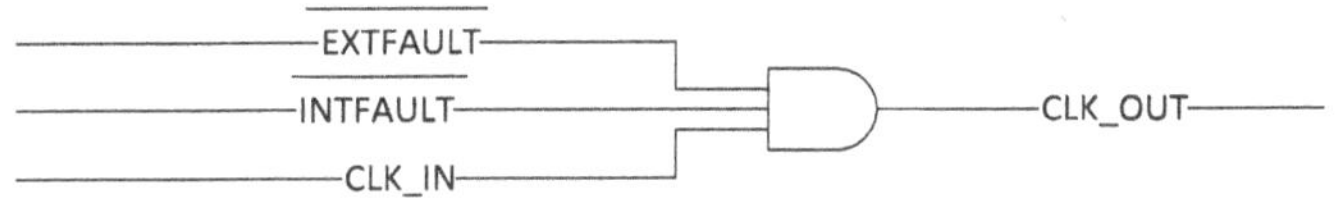

Abbildung 4-33: Abschaltung der Pipelinekommunikation

Um eine sichere Abschaltung zu gewährleisten, wird in den meisten Fällen Dreifach-Redundanz eingesetzt. Abbildung 4-34 zeigt zum Vergleich ein solches System mit Voter zur Abschaltung der Pipelineausführung. Wie man aus den Ressourcenanforderungen in Tabelle 4-12 erkennen kann, wird die

---

[21] Die Logik sollte dabei der Befehlshole-, der Ausführungs- und der Rückschreibestufe der Pipeline angegliedert werden.

Logik ebenfalls auf einen LUT abgebildet, wobei nun ein transienter Fehler im FPGA die Funktion der Schaltung ganz oder teilweise beeinflussen kann.

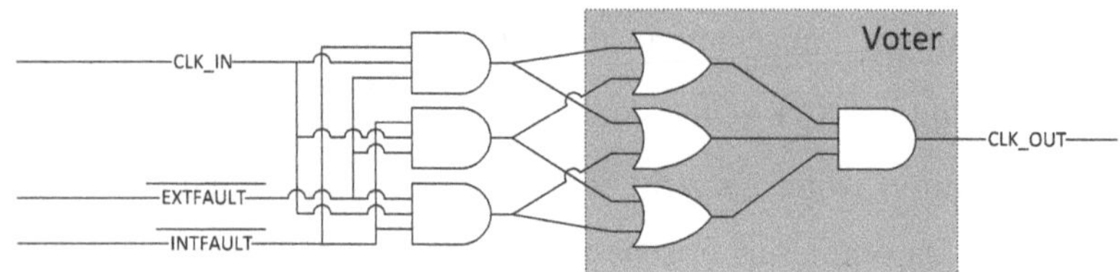

Abbildung 4-34: Abschaltung mit Dreifach-Redundanz

Um schon in kleineren Dimensionen die Auswirkungen einer TMR-Implementierung zu zeigen, werden die Ressourcenanforderungen zusammen mit denen des Entwurfs aus Abbildung 4-33 in Tabelle 4-12 und Tabelle 4-13 gezeigt. Dabei wurde bewusst das Schaltbild als Form der Schaltungsspezifikation beim FPGA-Entwurf gewählt, da die mit VHDL spezifizierte, redundante Logik vom Synthesewerkzeug „wegoptimiert" werden kann. Da die Logik auf einen LUT (Lookup-Table) abgebildet wurde, sind in Tabelle 4-12 die Kenngrößen kritischer Pfad und Flächenanforderung zusammengefasst. Weiterhin ist die mit XPower ermittelte maximale Leistungsaufnahme ohne Ruhestrom bei 200 MHz für beide Ansätze dargestellt.

Für einen fairen Vergleich wurden die Ein-/Ausgabepins beider Ansätze durch Benutzervorgaben (UCF) auf die Pins U1 (CLK_OUT), U2 (CLK_IN), U4 (EXTFAULT), V2 (INTFAULT) gelegt. Der Energieverbrauch des TMR-Systems war trotz der Abbildung auf einen LUT beim FPGA-Entwurf um 9,38 % (mA), bzw. 9,16 % (mW) höher als der des Ausgangssystems. Der Grund hierfür ist, dass XPower Transitionswahrscheinlichkeiten ermittelt. Da diese beim TMR-System höher sind, steigt der Energieverbrauch entsprechend an.

Tabelle 4-12: Ressourcen – Fail-Safe/ Fail-Safe TMR (FPGA)

Kritischer Pfad (ns)				
	Fail-Safe		Fail-Safe TMR	
Nach Synthese/ Mapping/ Platzierung& Routing	6,889/ 6,641/ 6,636			
Fläche				
Slices	1			
Slice-FFs	0			
4-Input LUTs	1			
IOBs	4			
Gate Count	6			
Energieverbrauch (bei 200 MHz Takt)				
	mA	mW	mA	mW
Spannungsversorgung 1,8 V	2,24	4,04	2,45	4,41

Tabelle 4-13 zeigt die Ressourcenanforderungen beim Standardzell-Entwurf. Beim TMR-Entwurf ist ein deutlicher Anstieg der Fläche und des minimalen Taktzyklus zu erkennen. Eine Minimierung mit *boom* wurde nicht durchgeführt, da sonst die gewünschte Redundanz eliminiert worden wäre.

Tabelle 4-13: Ressourcen – Fail-Safe/ TMR-Fail-Safe (Standardzellen)

	Fail-Safe	Fail-Safe TMR	Unterschied (%)
Kritischer Pfad (ps)	116	345	297,4
Transistoren	8	54	675
Flächenverbrauch (λ^2)	35 x 50	140 x 100	800
Kapazität (pF)	0,0	0,1	Nicht anwendbar

4.1.5 Mikrocode mit eingebetteten Zeitvorgaben (Mikrocode Timing)[22]

Die im vorhergehenden Abschnitt geschilderte Prüfsummenbildung berücksichtigt nicht fein granulöses Pipelining innerhalb der Prozessorpipeline, z. B. in arithmetischen Pipelines. Breiter Mikrocode bedeutet mehr XOR-Gatter und breitere Register für die Berechnung und Speicherung der Prüfsumme und damit höhere Kosten. Das in diesem Abschnitt vorgestellte Verfahren reduziert die oben angesprochenen Kosten und dient der Erkennung transienter Kontrollflussfehler in Zustandsautomaten. Es ist sehr einfach und kann dadurch schnell und effizient ohne größere Veränderungen an der Mikroarchitektur implementiert werden, wenn taktgenaue Informationen über die Ausführungszeiten einzelner Mikrobefehle vorliegen. Weiterhin bietet es den Vorteil, dass ein Fehler vor dem Zurückschreiben erkannt wird. Es beruht auf der Einführung von Zeitvorgaben für jeden Mikrobefehl bzw. für jedes Mikroprogramm im Mikrocode-ROM und ähnelt dem Watchdog-Prinzip.

4.1.5.1 Verwandte Arbeiten

Watchdogs sind ein altbekanntes und weitverbreitetes Mittel, um permanente Fehler durch den Ausfall einer Komponente in (verteilten) Mehrprozessor- und Mikroprozessorsystemen erkennen zu können. Sie werden schon lange in fehlertoleranten Rechensystemen eingesetzt. Beispiele sind der SEL-88 oder der HP Systemsate/1000 [228]. Ein Watchdog besteht aus einem Zähler, der aus einem Programm heraus mit einer Zeitvorgabe geladen und im Idealfall von einem autonomen Takt aktiviert und

---

22 Dieser Abschnitt wurde auszugsweise auf der ARCS-2006 veröffentlicht [54].

dekrementiert wird. Um den Zähler zu setzen, muss der Programmierer oder Compiler entsprechende Befehle in den Befehlsstrom einfügen. Ist der Zählstand gleich null, wird ein Interrupt ausgelöst und ein Fehler signalisiert. Der Zählstand wird dabei weit über die tatsächliche Ausführungszeit des Programms gesetzt, da u. a. unterschiedliche Implementierungsformen, die dynamische Ausführung in superskalaren Prozessoren oder Wartezeiten bei einer nachrichtenbasierten Kommunikation berücksichtigt werden müssen. Dies führt zu einer späten Erkennung eines Fehlers und als Folge daraus zu Datenverlust oder dem Verlust systemrelevanter Funktionalität während missionskritischer Phasen, da z. B. eine heiße oder kalte Reserve zu spät zugeschaltet wird. Im Rahmen der Arbeit von Wang et al. [222] wird vorgeschlagen, die Rückschreibe-Phase einer Pipeline durch einen Watchdog zu überwachen. Wenn innerhalb von 100 Zyklen kein Befehl Ergebnisse zurückschreibt, wird ein Fehler signalisiert. Ein Watchdog ist in erster Linie für die Erkennung permanenter Crash-Fehler ausgelegt. Im Gegensatz dazu erkennt Mikrocode Timing transiente Kontrollflussfehler in Mikroprogrammen und den durch Mikrocodes angesteuerten Zustandsautomaten. Wenn der Zustandsautomat im Kontrollpfad eines Prozessors dupliziert, bzw. tripliziert wird, können Kontrollflussfehler erkannt, bzw. maskiert werden. In [70] wird der Zustandsautomat im Kontrollpfad eines eingebetteten Prozessors durch Dekomposition in drei verschiedene, disjunkte Zustandsmaschinen repliziert, die die Erzeugung eines Kontrollwortes und einer Kopie innerhalb einer Menge von Zeitpunkten erlauben. Wie bei jedem TMR-/DMR-System besteht der Hauptnachteil im hohen zusätzlichen Flächen- und Energieverbrauch. In [72] werden Methoden zum Testen von Controllern mithilfe von rückgekoppelten Schieberegistern und Signaturanalyse vorgestellt. Auf

Basis des Zustandsdiagramms eines endlichen Automaten kann ein äquivalenter Automat konstruiert werden, der Selbsttest-Eigenschaften besitzt. Die *Dynamic Implementation Verification Architecture* (*DIVA*) [10][224] dient der Erkennung permanenter Entwurfsfehler und SEUs. DIVA hat den Vorteil, dass sie sich einfach in bereits bestehende Architekturen integrieren lässt. DIVA besteht aus zwei in-order Pipelines (*checkcomm* und *checkcomp*) in einem Checker, der der Rückschreibephase des zu prüfenden Prozessors angegliedert ist. *Checkcomm* dient der Prüfung von zu speichernden Datenwerten und *checkcomp* der Prüfung aller Berechnungen. Dabei wird angenommen, dass kein transienter Fehler den Checker korrumpiert. Zusätzlich überwacht ein mit der maximalen Latenz aller Befehle gespeister Watchdog die Befehlsausführung, womit Crash-Fehler nach dem Zurückschreiben erkannt werden. Die zeitliche Differenz zwischen dem Zurückschreiben und dem Ablauf des Watchdogs bedingt u. a. einen maximalen Leistungsabfall von ~14 % ohne zusätzliche Cache-Ports oder Registersätze. DIVA benötigt durchschnittlich 3 % mehr Fläche [9]. Auf Mikroarchitektur-Ebene moderner Prozessoren lassen sich zyklengenaue *performance counter* [86] nutzen, um die Häufigkeit hardwarenaher Ereignisse zu messen. Ein Interrupt kann ausgelöst werden, sobald eine bestimmte Anzahl von Ereignissen auftrat. *Performance counter* können daher auch als Watchdogs eingesetzt und so externe Watchdog-Hardware eingespart werden.

Trotz der extrem hohen Auflösung des Zählers bestehen zwei grundsätzliche Fragen:

1. Welche Ereignisse sind auszuwählen?
2. Auf welchen Wert wird die maximale Anzahl der zu zählenden Ereignisse gesetzt, bevor ein Interrupt ausgelöst wird?

Zustandscodierung [217] stellt eine weitere Möglichkeit dar, einen Zustandsautomaten vor Kontrollflussfehlern zu schützen. Hierbei werden die Zustände eines Automaten z. B. mit einem Paritybit oder One-Hot codiert, sodass Fehler erkannt werden. Bei einer One-Hot Codierung ist nur ein Flip-Flop zu einer Zeit gesetzt. Ein transienter Fehler kann entdeckt werden, wenn eine Prüfung auf die Anzahl der gesetzten Bits stattfindet. Bei einem breiten Kontrollwort kann eine solche Verifikation wegen der Verlängerung des kritischen Pfades meist nicht durchgeführt werden. Wenn jeder Zustand während der Ausführung geprüft werden soll, entsteht eine unter Umständen inakzeptable Verzögerung (s. Abschnitt 4.1.4.5). Weiterhin lässt sich eine Zustandscodierung auf Prozessoren mit großem Zustandsraum nicht zu vernünftigen Kosten umsetzen, da sie auf dem gesamten Zustandsraum des Automaten erfolgen muss[23]. Sie ist kein Ersatz für Mikrocode Timing, denn Mikrocode Timing deckt den Fall ab, dass der Entwickler keinen Einfluss auf die Codierung besitzt, da z. B. das Entwicklungswerkzeug die Codierung nicht unterstützt, bzw. nur unter sehr hohem zusätzlichem Aufwand implementiert werden kann oder keine Quelltexte für den Zustandsautomaten verfügbar sind. Mikrocode Timing ist in der Lage die Ausführungszeit ganzer Mikroprogramme oder einzelner Mikroinstruktionen zu überwachen.

[23] Wird bei einem Zustandsautomaten eine Codierung benutzt, die eine große Anzahl von freien Zuständen vorgibt, wird dieser unzuverlässiger, da das Auftreten von Glitches und Hazards begünstigt wird.

4.1.5.2 Mikrocode Timing

Um Mikrocode Timing zu realisieren, werden Zeitvorgaben für jede Mikroinstruktion und/ oder ganze Mikroprogramme im Mikrocode-ROM festgelegt. Die Ausführungszeiten identischer Mikroprogramme oder Mikrobefehle können voneinander abweichen, wenn z. B. eine Ausführungseinheit hybrid entworfen wurde, sodass unterschiedliche Eingaben zu unterschiedlichen Laufzeiten führen oder ein Mikroprogramm bedingte Verzweigungen mit unterschiedlich langen Teilpfaden aufweist. Daher betrachten wir die Möglichkeit, die Genauigkeit einer Zeitvorgabe festzulegen. Jeder Mikrocode-Eintrag wird um eine Zeitvorgabe und ein Genauigkeits-Flag (*accurate*) erweitert. Die Zeitvorgabe repräsentiert das aus der Spezifikation gewonnene zeitliche Ausführungsverhalten des jeweiligen Mikrobefehls oder Mikroprogramms. Die einzutragenden Werte werden durch Simulation der Schaltung nach Platzierung und Trassierung gewonnen. Wenn das Timing nicht genau ($\neg accurate$) ist, wird angenommen, dass der Eintrag auf die maximal erlaubte Anzahl von Zyklen $cmax_i$ bis zur Beendigung des Mikrobefehls/ Mikroprogramms i gesetzt ist. Sei *mlen* die Anzahl der Einträge im Mikrocode-ROM. Ein Eintrag e_i, $i \in \{1,\ldots,mlen\}$ im Mikrocode-ROM sei festgelegt durch:

$$e_i \coloneqq \{0,1\}^{|control_i|}\{0,1\}^{|timing_i|}\{0,1\}^{|accurate_i|}.$$

$\{0,1\}^{|control_i|}$ ist der ursprüngliche Eintrag ohne Timing-Erweiterung, | | der Operator zur Ermittlung der Länge eines binären Strings. Dabei können einzelne Einträge, Mikroprogramme oder das gesamte Mikrocode-ROM abgesichert werden. Wenn *accurate* gesetzt ist, wird angenommen, dass der Mikrobefehl/ das Mikroprogramm i in exakt $timing_i$ Zyklen ausgeführt wird. Anderenfalls wird $timing_i$=$cmax_i$ gesetzt.

Abbildung 4-35 zeigt die Integration von Mikrocode Timing in einen superskalaren Kern. Man benötigt pro Ausführungseinheit einen Zyklenzähler C und einen Komparator K.

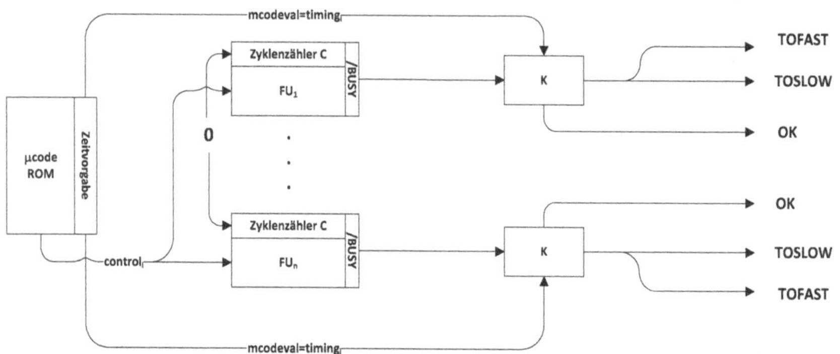

Abbildung 4-35: Integration von Mikrocode Timing

Bevor die Ausführung beginnt, wird der Zyklenzähler C der ausführenden Einheit (FU_j, $j \in \{1,...,n\}$) mit null initialisiert. Dabei wird angenommen, dass ein Mikroprogramm auf einer dedizierten Ausführungseinheit (FU_j) ausgeführt und nicht auf mehrere verteilt wird. Anderenfalls sollte jeder Mikrobefehl mit einer Zeitvorgabe versehen werden. C wird in jedem Taktzyklus inkrementiert. Wenn C die zuvor in den Komparator K geladene Zeitvorgabe *mcodeval=timing*$_i$ aus dem Mikrocode erreicht und die jeweilige Ausführungseinheit durch ihr BUSY-Flag anzeigt, dass sie die Ausführung noch nicht beendet hat, wird ein Fehler signalisiert (TOSLOW). Wenn beide Werte gleich sind und die Ausführungseinheit nicht mehr beschäftigt ist, wird die Ausführung als korrekt (OK) angenommen. Wenn ein SEU den Wert des Zählers C verändert, wird dieser früher oder später als erwartet *mcodeval* erreichen, bzw. überschreiten, wobei das BUSY-Flag der entsprechenden Einheit dann ein- (TOFAST, schnellere Ausführung des Mikrobefehls/ Mikroprogramms) oder ausgeschaltet (TOSLOW, langsamere Ausführung) ist. Wenn *mcodeval* in den Zyklenzähler geladen und dieser heruntergezählt werden würde, könnten diese Fehler nicht entdeckt werden.

Abbildung 4-36 zeigt die Signalisierung von Fehlern durch Mikrocode Timing.

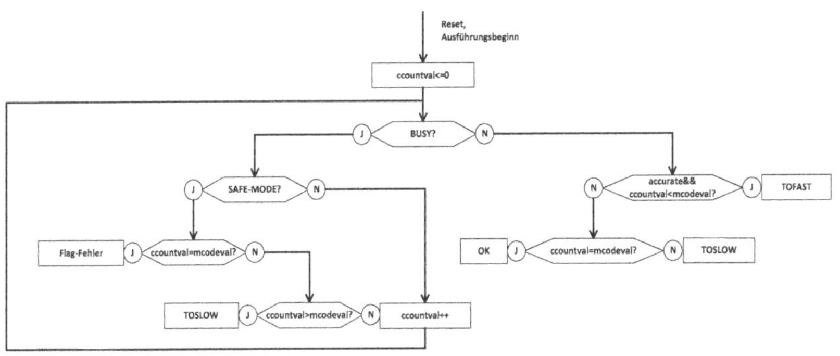

Abbildung 4-36: Signalisierung von Fehlern durch Mikrocode Timing

Drei Zustände S1, S2 und S3 können für die durch Mikrocode Timing überwachte Ausführung identifiziert werden:

- **S1 (Laden):** Beim Laden eines Mikrocodes in die entsprechende Ausführungseinheit FU_j wird der Zyklenzähler C auf null gesetzt (ccountval=0). Die Einheit setzt ihr BUSY-Flag. Der Vergleicher K wird mit der Zeitvorgabe *mcodeval* aus dem Mikrocode geladen. Anschließend findet eine Transition in Zustand S2 statt.
- **S2 (Ausführung):** Der Wert *ccountval* des Zyklenzählers C wird inkrementiert. Hier bestehen zwei Möglichkeiten:
  - SAFE-MODE: Ein fehlerhaftes BUSY-Signal der Einheit FU_j kann signalisiert werden (Flag-Fehler). Der Zyklenzähler wird in jedem Takt mit *mcodeval* verglichen. Im Fehlerfall wird ein Fehler signalisiert (FAULT=1) und in den Zustand S3 gewechselt.
  - N-MODE: In Modus (N)ormal wird darauf gewartet, bis BUSY=0 ist und in den Zustand S3 übergegangen.
- **S3 (Stopp):** Wie im SAFE-MODE werden *ccountval* und *mcodeval* verglichen. Wenn genaues Timing über das Flag *accurate* gesetzt ist, wird ein Fehler signalisiert, wenn beide Werte voneinander abweichen, sonst wenn *ccountval>mcodeval* ist.

Abbildung 4-37 zeigt die Zustandsübergänge bei Mikrocode Timing.

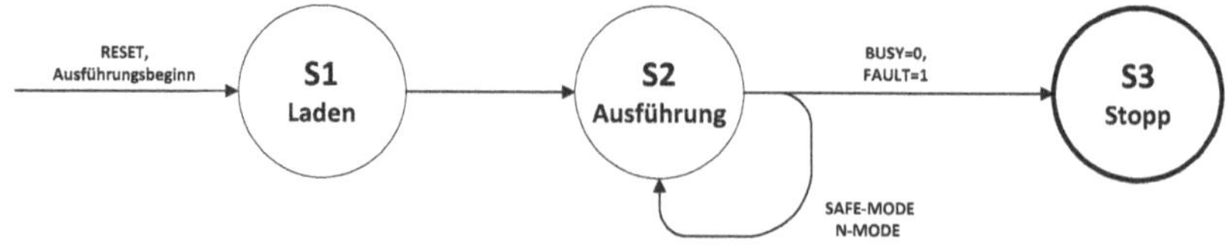

Abbildung 4-37: Zustandsübergänge bei Mikrocode Timing

4.1.5.3 Theoretische Erkenntnisse

In diesem Unterabschnitt anhand einiger Fallbeispiele gezeigt, wie der Fehlerüberdeckungsgrad von Mikrocode Timing berechnet und abgeschätzt werden kann. Sei $M = (S, X, Y, \Sigma, A)$ ein 5-Tupel, das einen endlichen probabilistischen Zustandsautomaten repräsentiert. S, X, Y und Σ sind endliche Mengen, wobei S die Menge der Zustände, $X \in \Sigma^n$ die Menge der Eingaben, $Y \in \Sigma^m$ die Menge der Ausgaben und $\Sigma \in \{0,1\}$ das Eingabe- und Ausgabealphabet ist. Sei N=|S|≥1, A mit dim(A)=N die Transitionsmatrix, die die Wahrscheinlichkeiten $\forall i,j \in \{1,\dots,N\}. A_{ij} \in [0,1]$ für Zustandsübergänge enthält. Dabei gibt Spalte j den Start- die Zeile i den Endzustand der jeweiligen Transition an. Die obere Hälfte der Matrix sei ab der Diagonalen mit Nullen gefüllt (spur(A)=0). Es gelte $\forall j \in \{1,\dots,N\}. \sum_{i=1}^{N} A_{ij} = 1$. Als Graph (V, E) dargestellt ist M gerichtet und azyklisch, wobei V die Menge der Knoten und E die Menge der Kanten ist. Der azyklische Graph bedeutet keine Einschränkung der Ergebnisse, da in den Berechnungen und den später durchgeführten Experimenten der Ausführungszeitraum eines Mikroprogramms dem Beobachtungsintervall entspricht und die Ausführung bei Erkennung eines Fehlers abgebrochen wird. Der Knoten $s \in V$ mit Eingangsgrad null wird *Anfangsknoten*, der Knoten $t \in V$ *Endknoten* genannt, wenn sein Ausgangsgrad null ist. Beide Knoten s und t seien eindeutig bestimmt. Knoten $v \in V$ mit Eingangsgrad größer gleich eins, Ausgangsgrad zwei[24] heißen Verzweigungen oder *Verzweigungsknoten*, Knoten mit Eingangsgrad größer als eins und Ausgangsgrad eins heißen *Ver-*

---

[24] Der Ausgangsgrad ist auf zwei beschränkt, da die Verzweigung nur zwei mögliche Sprungziele aufweisen kann, eines für eine erfüllte Bedingung, ein anderes für eine nicht erfüllte Bedingung.

einigungsknoten. Ein *Teilpfad* ist eine Menge von Knoten $Z \subset V$, die direkt über Transitionen zu erreichen sind, wobei der erste Knoten aus einer Verzweigung erreicht wird und der letzte Knoten ein Verzweigungs- oder Vereinigungsknoten ist. Alle anderen Knoten auf dem Teilpfad sind weder Verzweigungs- noch Vereinigungsknoten (Ein- und Ausgangsgrad eins). M kann auch als zeitgesteuerter (*timed*) Automat TA [30] definiert werden. Zeitgesteuerte Automaten verfügen zusätzlich über Taktgeber (Uhren). Mit ihnen ist die Analyse und Verifikation von Echtzeitsystemen möglich. Da bei Mikroprogrammen mit Verzweigungen verschiedene Wahrscheinlichkeiten der genommenen Pfade modelliert werden müssen und die an den Kanten einzutragende Zeitinformation (*guard*) immer +1 im Vergleich zum vorhergehenden Zustand ist, bleiben wir der Einfachheit halber bei der Definition eines endlichen Automaten. Es gilt die Wahrscheinlichkeit zu ermitteln, dass durch Breitensuche eindeutig nummerierte Knoten binärer Codierung eines Zustandsautomatens die gleiche Entfernung in Knoten in verschiedenen Pfaden des Mikroprogramms zum Endknoten aufweisen, da diese Fehler durch Mikrocode Timing nicht entdeckt werden, falls die Hamming-Distanz dieser Knoten gleich eins ist. Eine Nummerierung der Knoten des Zustandsautomaten mit Breitensuche wurde durchgeführt, um möglichst kleine Hamming-Distanzen in verschiedenen Pfaden für die Fallbeispiele zu erhalten.

Für die Berechnungen treffen wir die folgenden Annahmen:

- Verzweigungen werden gleich wahrscheinlich genommen/ nicht genommen
- Ein Mikroprogramm wird genau einmal durchlaufen
- Vor dem Durchlauf wird genau ein 1-Bit-Fehler injiziert

- Fehler treten in den Feldern (1)µPC und (2)µPC (s. Abschnitt 2.2.3.5) auf
- Der letzte Knoten weist keine Kanten auf
- Wenn keine Verzweigung vorhanden ist, wird über das Feld (1)µPC der nächste Zustand ermittelt

Fehlerüberdeckung im besten Fall

Eine perfekte Fehlerüberdeckung wird bei einem strikt sequenziellen Mikroprogramm erreicht, da jeder fehlerhafte Zustandsübergang in einem Zustand mit größerem oder kleinerem Abstand zum Endknoten resultiert.

Fallbeispiel 1: Mikroprogramm mit gleich langen Teilpfaden

Wir betrachten ein Mikroprogramm aus N Knoten mit einem Verzweigungsknoten, einem Vereinigungsknoten und zwei gleich langen Teilpfaden bis zum Endzustand. Die Anzahl der Kanten K ergibt sich unter Berücksichtigung des Fehlermodells aus Abschnitt 2.2.3.5 zu $K = 2N - 2$. Damit ergibt sich die Wahrscheinlichkeit, dass ein Fehler auf einer fest vorgegebenen Kante auftritt zu $\frac{1}{K}$. Bei N Knoten kann ein Fehler genau dann in einen Knoten mit gleichem Abstand zum Endknoten führen, wenn die Knoten durch Breitensuche binär nummeriert (der Anfangsknoten erhält die Nummer $(1)_2$) wurden und das niederwertigste Bit kippt. Auf einer bestimmten Tiefe ergeben sich $\frac{1}{\lceil log_2 N \rceil}$ nicht entdeckte illegale Transitionen in einem Pfad. Die Anzahl nicht entdeckter Fehler P_{ne} mit der Topologie des oben beschriebenen Mikroprogramms ist: $P_{ne}(N) = 2\left(\frac{N}{2} - 1\right)\frac{1}{2\lceil log_2 N \rceil K} = \frac{N-2}{4\lceil log_2 N \rceil (N-1)}$.

Abbildung 4-38 zeigt die Fehlerüberdeckung ($1\text{-}P_{ne}$, y-Achse) über der Anzahl der Knoten N (x-Achse).

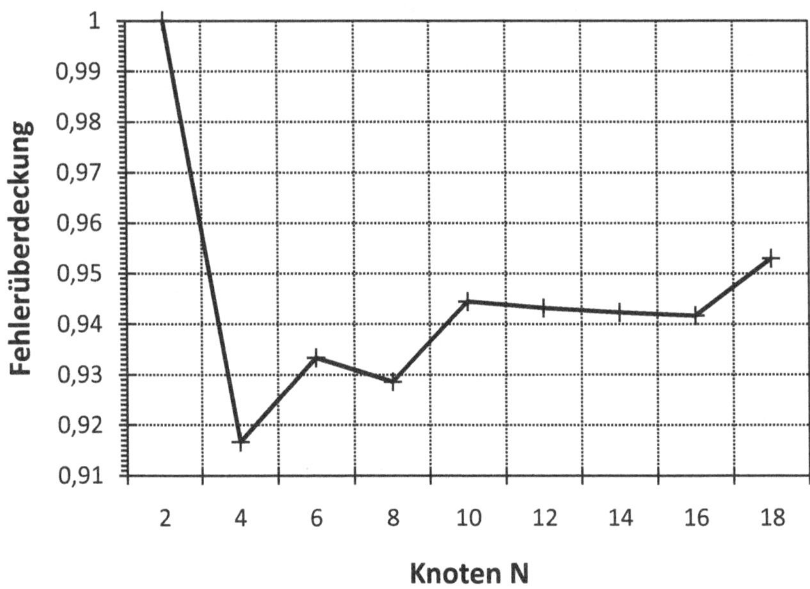

Abbildung 4-38: Fehlerüberdeckung von Mikrocode Timing (Beispiel 1)

Bei Nummerierung des Anfangsknotens mit $(0)_2$ und binärer Nummerierung durch Breitensuche wird eine perfekte Fehlerüberdeckung erreicht. Die Nummerierung der Knoten hat großen Einfluss auf die Fehlerüberdeckung, ohne dass die Codierung geändert werden muss.

Fallbeispiel 2: Fehlerüberdeckung im Extremfall

Wir berechnen die Fehlerüberdeckung für ein nur aus Verzweigungen bestehendes Mikroprogramm und gleich langen Teilpfaden, also einem balancierten binären Baum. Der letzte Knoten ist ein Vereinigungsknoten, in den alle Transitionen der vorhergehenden Ebene des Baums führen. Wenn T≥1 die Tiefe des Baums angibt, beträgt die Anzahl der Kanten $K = 2 \cdot (2^{T+1} - 1)$ und die der Knoten (≥4) $N = 2^{T+1}$. Die Wahrscheinlichkeit, dass der Fehler auf einer fest vorgegebenen Kante auftritt ist $\frac{1}{K}$. Bei Lokalisierung des Anfangsknotens auf Tiefe null, ist die Wahrscheinlichkeit einen bestimmten Knoten auf dem Berechnungspfad nach t Zustandsübergängen zu erreichen: $P_E = \frac{1}{2^t}$. Bei binärer Codierung, Nummerierung des Anfangsknotens mit $(1)_2$, des Endknotens mit $(0)_2$ und Nummerierung aller restlichen Knoten durch Breitensuche, beträgt die Wahrscheinlichkeit einer illegalen Zustandsüberführung durch einen transienten Fehler zwischen Tiefe t und t+1: $P_T = \frac{t}{\lceil log_2 N \rceil} = \frac{t}{T+1}$. Für die Wahrscheinlichkeit P_{ne} einen Fehler nicht zu entdecken gilt dann $P_{ne}(T) = \frac{1}{K(T+1)} \sum_{k=0}^{T-1} 2^{k+1} \frac{k+1}{2^{k+1}} = \frac{\frac{1}{2}(T^2+T)}{(T+1)2 \cdot (2^{T+1}-2)} = \frac{T}{4(2^{T+1}-1)}$. Abbildung 4-39 zeigt die Fehlerüberdeckung im genannten Extremfall (*1-P_{ne}*, y-Achse) für N∈{4,...,4096} (x-Achse), bzw. den Tiefen T∈{1,...,11}. Der Fehlerüberdeckungsgrad beträgt mindestens 91,$\overline{6}$ %.

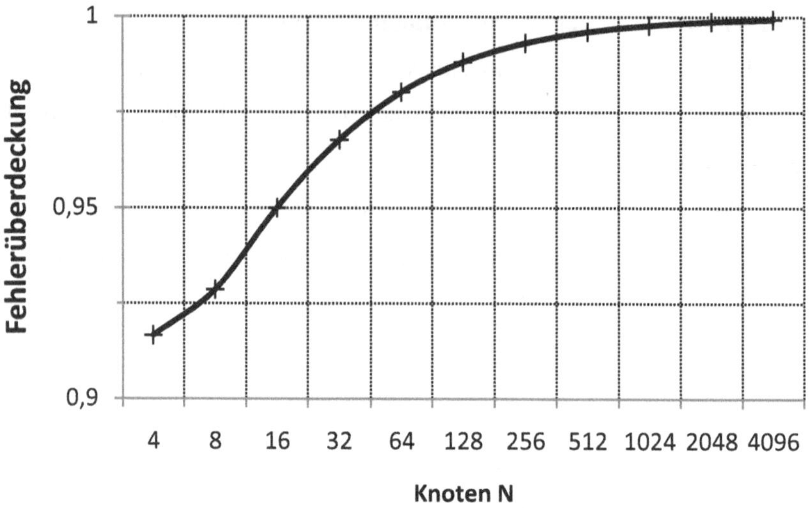

Abbildung 4-39: Fehlerüberdeckung von Mikrocode Timing (Beispiel 2)

Fallbeispiel 3: Fehlerüberdeckung für ein komplexes Mikroprogramm

Ein Beispiel für den Knotengraph eines komplexen Mikroprogramms mit verschieden langen und mit unterschiedlichen Wahrscheinlichkeiten erreichbaren Teilpfaden ist in Abbildung 4-40 gegeben. Einzelne Knoten stellen Mikrobefehle dar. Die Zustände sind binär nummeriert. Sei $m \in \mathbb{N}$ die Anzahl paarweise verschiedener Pfade im Graphen. Die Menge $Pb=\{Pb_1,...,Pb_i,...,Pb_m\}$, $i \in \mathbb{N}, 1 \leq i \leq m$ besteht aus den Wahrscheinlichkeiten, dass ein bestimmter Pfad genommen wird, die Menge $p_t=\{p_1, p_2,...\}$ aus den Wahrscheinlichkeiten, dass ein bedingtes Sprungziel an einem Verzweigungsknoten genommen wird.

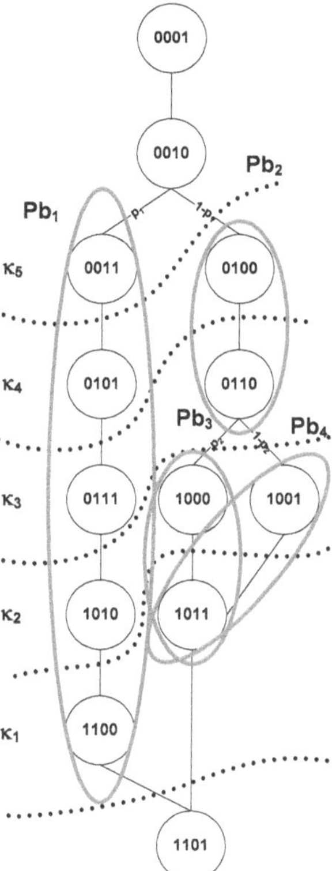

Abbildung 4-40: Knotengraph eines komplexen Mikroprogramms

N=13 ist die Anzahl der Knoten im Graphen. Wir schätzen die Fehlerüberdeckung ab, indem wir allein Pfadwahrscheinlichkeiten und die Codierung auf bestimmten Tiefen betrachten. Sei κ_j die Anzahl der Knoten mit Abstand j (Anzahl der Transitionen) zum Endknoten. Dann gilt $\kappa_1=2$, $\kappa_2=3$, $\kappa_3=2$, $\kappa_4=2$, $\kappa_5=1$. Da nur Übergänge zu voneinander verschiedenen Knoten zu Fehlern führen, ergibt sich $\kappa_1=1$, $\kappa_2=2$, $\kappa_3=1$, $\kappa_4=1$, $\kappa_5=0$.

Wir berechnen die Übergangswahrscheinlichkeiten für unterschiedliche Tiefen. Auf Tiefe zwei (κ_2) führt ein Fehler zu einem Übergang von Zustand $(1010)_2$ in $(1000)_2$, von $(1000)_2$ in $(1010)_2$ und $(1001)_2$ und von Zustand $(1001)_2$ in $(1000)_2$.

Dann ist der Anteil nicht entdeckter Fehler:

$$\kappa_1 = \kappa_3 = \kappa_4 : \{0\} \text{ und}$$

$$\kappa_2 : o = \left\{ \frac{1}{\lceil \log_2 N \rceil} p_1, \frac{2}{\lceil \log_2 N \rceil}(1-p_1)p_2, \frac{1}{\lceil \log_2 N \rceil}(1-p_1)(1-p_2) \right\}.$$

Aufgrund unterschiedlicher Pfadwahrscheinlichkeiten kann die mini- und maximale Fehlerüberdeckung berechnet werden. Die minimale Fehlerüberdeckung ergibt sich zu: 1-max(o), die maximale Fehlerüberdeckung zu: 1-min(o). Abbildung 4-41a und b zeigen die minimale und maximale Fehlerüberdeckung für das Beispiel aus Abbildung 4-40 in Abhängigkeit von den Pfadwahrscheinlichkeiten p_1 und p_2.

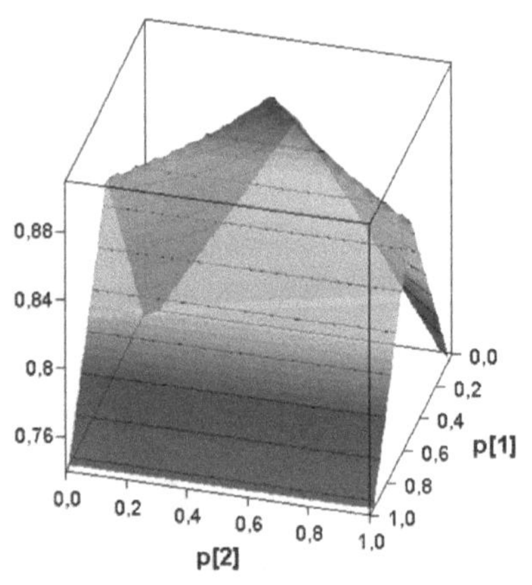

a) Minimale Fehlerüberdeckung

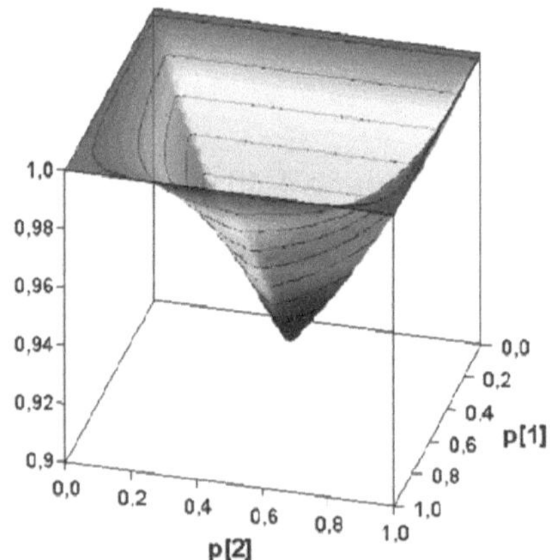

b) Maximale Fehlerüberdeckung

Abbildung 4-41: Fehlerüberdeckung von Mikrocode Timing (Beispiel 3)

4.1.5.4 Experimentelle Ergebnisse

Zur Ermittlung des Fehlerüberdeckungsgrades von Mikrocode Timing wurde ein Mikroprogramm-Kontrollflusssimulator mit der Möglichkeit zur Injektion transienter Kontrollflussfehler entwickelt. Eine Architekturdatei wird bei Simulationsbeginn geladen. Hier sind die Anzahl und die Positionen der Kontrollbits, die Breite des Mikroprogrammzählers, seine Position im Mikroinstruktionsregister, die Codierung der Flussinformation, die Breite eines Mikrobefehls und die Größe des Mikrocode-ROMs (Anzahl der Mikrobefehle) festgelegt. Nach dem Laden der Architekturdatei können für diese Architektur vorgesehene Mikroprogramme eingelesen und ausgeführt werden. Mikroprogramme können durch den Simulator generiert oder Mikroprogramme des an der Technischen Universität München entwickelten mikroprogrammierbaren Rechners JMic [55] zusammen mit einer entsprechenden Architekturdatei geladen werden. Die Anzahl effektiver (Fehler, die innerhalb der Ausführung eines Mikroprogramms den Kontrollfluss aktiv durch Kippen von Bits im Mikroprogrammzähler oder von Kontrollbits verändern), latenter (Fehler, die innerhalb der Ausführung eines Mikroprogramms nicht effektiv werden, da der betroffene Mikrobefehl nicht ausgeführt wird) und überschriebener Fehler (Fehler, die dieselbe Bitstelle im Mikrocode-ROM zu unterschiedlichen Zeiten so beeinflussten, dass ein fehlerfreier Zustand produziert wird) wurde experimentell ermittelt. Abbildung 4-42 zeigt den prozentualen Anteil überschriebener, latenter und effektiver Fehler (y-Achse, linear skaliert) an der Gesamtfehlerrate, sowie die Fehlerüberdeckung, wobei die Ergebnisse nach der Wahrscheinlichkeit eines Sprungs im Mikroprogramm (x-Achse, ½,...,1/19) absteigend sortiert sind. Der N-Modus wurde als Ausführungsform festgelegt und Fehler während der Laufzeit mit einer Rate von $\lambda=10^{-2}$ pro Takt in das Mikroprogramm und den Mikroprogrammzähler durch Kippen einzelner, zufälliger Bits injiziert. Die Fehlerrate wurde so hoch gesetzt, um die Experimente zu beschleunigen und statistisch relevante Ergebnisse zu erhalten, da das Beobachtungsintervall die Ausführungslänge eines Mikroprogramms beträgt. Die Befehle jedes generierten Mikroprogramms wurden 10^6 Mal ausgeführt und Zustände mit Breitensuche binär codiert. In Abbildung 4-42 wird deutlich, dass die Wahrscheinlichkeit von Sprüngen einen relativ hohen Einfluss auf die Fehlerüberdeckung hat.

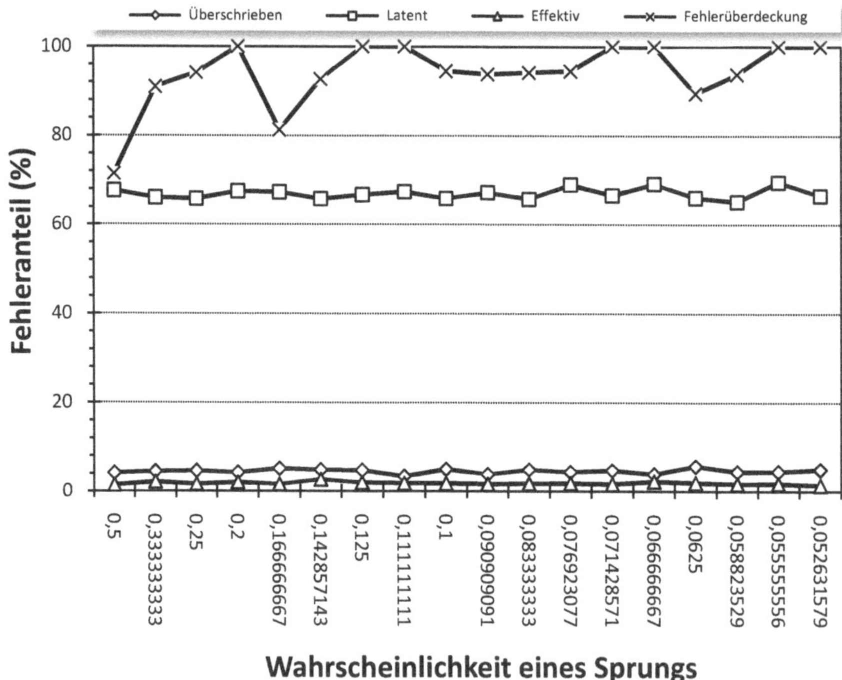

Abbildung 4-42: Fehlerarten, Fehlerüberdeckung (%)

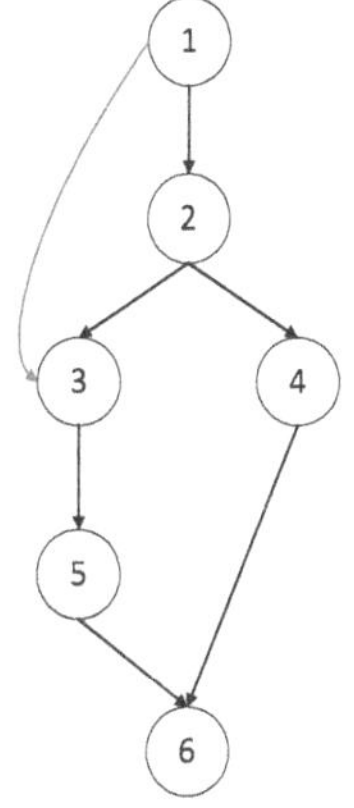

Fehlerhafter Übergang in einen Knoten auf einem längeren Teilpfad.

Man erkennt eine kleine Varianz bei latenten, effektiven und überschriebenen Fehlern. Das arithmetische Mittel des prozentualen Anteils latenter, effektiver und überschriebener Fehler an der Gesamtfehlerrate wurde ermittelt, der durchschnittliche Fehlerüberdeckungsgrad berechnet und diese Werte in Tabelle 4-14 dargestellt. Da Fehler im gesamten Mikroprogramm überschrieben werden können, ist die Anzahl überschriebener Fehler größer als die Anzahl effektiver Fehler. Der hohe Anteil latenter Fehler ergibt sich aus der Kürze des Beobachtungsintervalls (die Ausführungszeit eines Mikroprogramms). Wird das Beobachtungsintervall ausgedehnt, nimmt der Anteil latenter Fehler ab und dazu proportional der Anteil effektiver Fehler zu.

Tabelle 4-14: Mikrocode Timing – Fehlerüberdeckung (%)

	Latent	Effektiv	Überschrieben	Fehlerüberdeckung
Arithmetisches Mittel	66,9 %	1,81 %	4,52 %	93,9 %

Um den Fehlerüberdeckungsgrad zu erhöhen, kann in einem Bit P festgehalten werden, ob mindestens ein Sprung im Mikroprogramm vorhanden ist. Während der Ausführung des jeweiligen Mikroprogramms wird in einem Bit S notiert, ob bisher ein Sprungbefehl ausgeführt wurde oder nicht. Wenn S≠P bei Ende der Ausführung, ist ein Fehler aufgetreten. Es können somit auch Fehler erkannt werden, die den momentanen Zustand in einen längeren Teilpfad mit gleichem Abstand zum Endknoten überführen (s. Abbildung rechts). Um die Ressourcenanforderungen von Mikrocode Timing zu messen, wurde dieses in VHDL implementiert. Tabelle 4-15 zeigt die Zusammenfassung der FPGA-Ressourcenanforderungen. Für die maximale Ausführungszeit jedes Mikrobefehls/ jedes Mikroprogramms wurden 16 Zyklen angenommen. Diese Limitierung ist realistisch, da schnelle ALUs nur wenige Zyklen für die Operationsausführung benötigen. Größere Werte können mit linearem Flächenzuwachs implementiert werden, da nur eine Zeile im Mikrocode angepasst werden muss. Die Implementierung bezieht sich auf die Erweiterung eines Mikrocode-Eintrags, da von vornherein nicht gesagt werden kann, wie lang einzelne Mikroprogramme werden.

Tabelle 4-15: Ressourcen – Mikrocode Timing (FPGA)

Platzierung und Trassierung		
Kritischer Pfad (ns)	5,721	
Energieverbrauch (bei 200 MHz Takt)		
	mA	mW
Spannungsversorgung 1,8 V	8,66	15,59
Fläche		
Slices	12	
Slice-FFs	8	
4-Input LUTs	22	
IOBs	12	
Gate Count	193	

Tabelle 4-16 zeigt die Ressourcenanforderungen für Mikrocode Timing beim Standardzell-Entwurf.

Tabelle 4-16: Ressourcen – Mikrocode Timing (Standardzellen)

Platzierung und Trassierung		
	Zähler	**Logik**
Kritischer Pfad (ps)	523	508
Transistoren	110	204
Flächenverbrauch (λ^2)	240 x 200	170 x 150
Kapazität (pF)	0,2	0,1

Mikrocode Timing beeinflusst keinesfalls die Leistung, da die Zyklenzähler in jedem Takt parallel zur Ausführung hoch gezählt werden. Die Anforderungen an die Bitbreite des Zyklenzählers sind aufgrund der limitierten Ausführungszeit von Mikrobefehlen sehr gering. Der Zähler kann so als Lookup-Tabelle implementiert werden.

4.2 Dynamische Mechanismen

4.2.1 Dynamischer Befehlshole-Algorithmus[25]

Im Allgemeinen versorgt die Befehlshole-Einheit jeden Prozessor mit einem/ mehreren Befehlsströmen. Der hier vorgestellte dynamische Befehlshole-Algorithmus erfüllt drei Hauptziele:

1. Bestimmung, welcher Thread Befehle holen/ Daten lesen oder schreiben darf
2. Eine dynamische Anpassung der Leistung und Fehlerüberdeckung
3. Eine einfache, platzsparende und zeitlich effiziente Implementierung

4.2.1.1 Verwandte Arbeiten

Befehlshole-Strategien gewannen mit der Einführung simultaner Mehrfädigkeit [45][48][207][209][210] entscheidend an Bedeutung, da ein SMT-Prozessor Befehle unterschiedlicher Befehlsströme holen und den Ausführungseinheiten zuweisen kann. Die Strategie bestimmt, welcher Thread zu welchem Zeitpunkt auf den Speicher zugreifen darf. Sie und die Zuweisungsstrategie bestimmen maßgeblich die Prozessorleistung, da die Ausführungseinheiten fortlaufend mit Befehlen versorgt werden sollten, um keine Leistungseinbuße verzeichnen zu müssen. Verschiedene Befehlshole- und Zuweisungsstrategien für SMT-Prozessoren wurden von Tullsen et al. in [209] vorgeschlagen und untersucht, threadabhängige Zuweisung von Robatmili et al. [169]. Einfache Verfahren wie *Round-Robin* (*RR*) wechseln

---

[25] Teile dieses Abschnittes wurden auf der PARELEC-2006 [51] präsentiert.

den Kontext in jedem Takt oder nach einer festen Blocklänge. Bei RR werden keinerlei Informationen für den Kontextwechsel aus der Mikroarchitektur berücksichtigt. Es wurde in eingeschränktem Maß beim Entwurf des mehrfädigen Prozessors des Media Research Laboratory der Matsushita Electric Industrial Cooperation implementiert [68]. Bei genügend Last kann die volle Zuordnungsbandbreite ausgenutzt werden, da Befehle mehrerer Befehlsströme zur Ausführung bereitstehen. Es ist einfach zu implementieren und wird daher in aktuellen Prozessoren (Pentium 4) eingesetzt [75], obwohl Ungerer et al. durch Experimente mit Multimedia-Arbeitslasten zeigten, dass RR die schlechteste Strategie in Bezug auf den Befehlsdurchsatz darstellt [154]. RR wurde hierbei mit einer modifizierten ICOUNT- und der LC-BPCOUNT (Low-Confidence Branch Prediction Count, eine Art BRCOUNT)-Strategie verglichen. Eine umfassende Erklärung und Analyse zu ICOUNT findet sich in [121]. In [209] wird notiert, wie viele Befehle unter Anwendung welcher Strategie in einem Takt von einem Thread geholt werden. So bedeutet RR.1.8 das Round-Robin-Verfahren (s. Tabelle 4-17) mit der Möglichkeit 8 Befehle eines Threads in jedem Takt zu holen. ICOUNT wurde als Verfahren mit dem höchsten Befehlsdurchsatz identifiziert. Dieses Ergebnis sollte jedoch kritisch betrachtet werden, da El-Moursy et al. [47] zeigten, dass die Befehlsstrompuffer unter Verwendung von ICOUNT nur zu 50 % der Zeit gefüllt sind. Die Analyse in [154] kam zu dem Schluss, dass ein höherer IPC erreicht wird, wenn Strategien wie ICOUNT und IQPOSN kombiniert werden.

Tabelle 4-17 zeigt eine Auswahl an Befehlshole-Strategien für SMT-Prozessoren.

Tabelle 4-17: Befehlshole-Strategien für SMT-Prozessoren

Strategie	Beschreibung
BRCOUNT	Gibt dem Thread eine höhere Priorität, der die wenigsten Programmpfade aufgrund falscher Spekulation ausführte.
LDCOUNT	Anzahl lesender Speicherzugriffe eines Threads. Je mehr, desto geringer die Priorität des Threads.
MEMCOUNT	Anzahl der Speicherzugriffe eines Threads. Je mehr, desto geringer die Priorität des Threads.
MISSCOUNT	Gibt dem Thread eine höhere Priorität, bei dem die wenigsten Datencache-Fehlzugriffe auftraten.
ICOUNT	Gibt dem Thread eine höhere Priorität, bei dem die wenigsten Befehle in der Decodier-, Umbenennungseinheit und der Befehlswarteschlange warten.
IQPOSN	Gibt dem Thread eine niedrigere Priorität, dessen Befehle sich am längsten in den Integer- und Gleitkomma-Warteschlangen befinden.
ACCIPC	Akkumulierter IPC eines Threads. Je höher, desto höher die Priorität des Threads.
STALLCOUNT	Anzahl der Pipeline-Stalls eines Threads. Je mehr, desto geringer die Priorität des Threads.
RR	Round-Robin, alternierendes Holen von Befehlen durch die Threads.

Leider berücksichtigen [47][121] sowie [154] nicht den kritischen Pfad einer Implementierung und die Komplexität (zeitlich und strukturell) einer Befehlshole-Strategie. Hier muss die Zeit für die Entscheidung, welcher Hardware-Thread auf den Speicher zugreifen darf, ebenso wie die Flächenanforderungen des Algorithmus berücksichtigt werden. Beispielsweise kann das Weiterleiten der Anzahl von Befehlen in einzelnen Stufen an die Befehlshole-Einheit bei ICOUNT in Hochintegrationstechnologien (2007: 45 nm) leicht mehrere Zyklen in Anspruch nehmen und sich daher als ungeeignet erweisen. In Abschnitt 4.2.1.7 wird ein Vergleich zwischen ICOUNT und dem hier entwickelten dynamischen Befehlshole-Algorithmus durchgeführt. Wie aus Tabelle 4-18 ersichtlich ist, sehen wir eine externe Konfiguration über F (*fehlertolerant*) und T (*Threads*) vor Beginn der Befehlsausführung und mit S (*Scheduling*) vor und während der Ausführung (s. Abbildung 4-43) auf unterschiedliche Einsatzgebiete im Hinblick auf Fehlerüberdeckungsgrad und Leistung vor. Diese Konfiguration wird durch zusätzliche Pins am Prozessor ermöglicht. Ein ‚x' kennzeichnet eine beliebige Eingabe.

Tabelle 4-18: Konfiguration des Befehlshole-Algorithmus

F	S	T	Beschreibung	
		0	Ein Thread	
		1	Zwei Threads	
	0		Fein granulöses Multithreading	
	1		Grob granulöses Multithreading	
0			Keine redundante Ausführung	
1			Redundantes Multithreading	
			Konfiguration	**Abschnitt**
x	x	0	1T: Einfädiger Betrieb, Uniprozessorsystem	4.2.1.2
0	x	1	UM2T: Unabhängiges Multithreading, virtueller Dualprozessor	4.2.1.3
1	0	1	AR2T: Alternierend-redundante Ausführung, virtuelles Lockstepping	4.2.1.4
1	1	1	RM2T: Redundant-simultanes Multithreading, virtuelles Duplexsystem	4.2.1.5

Dadurch ergeben sich vier unterschiedliche Formen der Programmausführung:

1. das Uniprozessorsystem (1T, Abschnitt 4.2.1.2)
2. der virtuelle Dualprozessor (UM2T, Abschnitt 4.2.1.3)
3. das virtuelle lockstepped-System (zeitlich eng gekoppeltes Multithreading, AR2T, Abschnitt 4.2.1.4)
4. das virtuelle Duplexsystem (zeitlich lose gekoppeltes Multithreading, RM2T, Abschnitt 4.2.1.5)

Bei allen Modi mit F=1 wird angenommen, dass Code und Daten im Hauptspeicher/ den Caches gegenüber Veränderungen durch einen ECC geschützt sind. Während der Ausführung kann von der angelegten Konfiguration abgewichen und die Leistung sowie die Fehlerüberdeckung angepasst werden, sodass bei einer geringen Fehlerrate der Fehlerüberdeckungsgrad zugunsten einer höheren Leistung reduziert, bei einer höheren Fehlerrate ein höherer Fehlerüberdeckungsgrad bei geringerer Leistung erreicht wird.

4.2.1.2 Einfädiger Betrieb (1T)

Bei T=0 wird ein Thread (τ=1) für die Ausführung von Prozessen angenommen. Damit stellt dieser Modus das Pendant zum Uniprozessorsystem dar. Eine Konfiguration über S∈{0|1} ist nicht sinnvoll, da die Anzahl der möglichen Threads τ=1 ist und somit keine Kontextwechsel stattfinden. Tabelle 4-19 gibt Aufschluss darüber, welche Fehlererkennungsmechanismen (F=1 gilt immer) in welchen Modi aktiv (●) sind. Die Fehlerbehebungsmechanismen (Abschnitte 4.3.2 und 4.3.3) sind bei F=1 immer aktiv und daher nicht explizit aufgeführt. In der letzten Spalte (‚*FE*' - Fehlererkennung) wird gezeigt, ob es sich bei der (passiven) Fehlererkennung um einen Relativ- (‚*R*') oder Absoluttest (‚*A*') handelt (s. Abschnitt 4.1). Die angegebenen Fehlererkennungsmechanismen finden sich in den angegebenen Abschnitten (‚*Abschnitt*') mit dem Literaturverweis (‚*Literatur*') auf die jeweilige Veröffentlichung des Autors. Der Befehlshole-Algorithmus, History Voting, die Ergebnisweiterleitung durch den temporären Speicher sowie der Fail-Safe Modus stellen keine Fehlererkennungsmaßnahmen dar. Sie sind aufgrund ihrer Einflussnahme auf andere Maßnahmen aufgeführt (‚-' in Spalte ‚*FE*').

Tabelle 4-19: Zuordnung Modus - Fehlertoleranzmechanismen

FT-Mechanismus			Modus (F=1)				FE
			S=0:T=0	S=0:T=1	S=1:T=0	S=1:T=1	
Abschnitt	Literatur	Name	1T	AR2T	RM2T	UM2T	
4.2.1	[51]	Befehlshole-Algorithmus		●	●	●	-
4.1.4	[53]	Thread-Prüfsummenkalkül		●	●		R
4.1.5	[54]	Mikrocode Timing	●	●	●	●	A
Temporärer Speicher							
4.1.1	[52]	Ergebnis-weiterleitung[26]	●	●	●	●	-
		Ergebnisvergleich		●	●		R
		Startup-Modus	●	●	●	●	A
4.2.2	[56]	History Voting (Thread)		●	●	●	-
4.1.4.7		Fail-Safe Modus	●	●	●	●	-

[26] Die zusätzliche Leistungsaufnahme des temporären Speichers erreicht auch bei unabhängiger Ausführung von Threads (1T, UM2T) einen Leistungsvorteil. Daher wird das Weiterleiten von Ergebnissen zwischen Threads immer aktiviert, der Ergebnisvergleich jedoch nur in den Modi AR2T, RM2T.

4.2.1.3 Unabhängiges Multithreading zweier Threads (UM2T)

Bei Anlegen der Konfiguration F=0, T=1 wird die unabhängige Ausführung von Prozessen in beiden Threads aktiviert d. h. die Programmzähler beider Threads werden mit unterschiedlichen Werten initialisiert. Dabei kann über S=0 fein-, mit S=1 grob granulöses Multithreading ausgewählt werden. Der Prozessor erscheint wie ein Dualprozessorsystem. Zur Wahrung der Konsistenz sollte entweder ein Hard- oder Softwareschutz implementiert werden, da kein Thread schreibend auf den Speicherbereich des anderen zugreifen sollte.

4.2.1.4 Alternierend-redundante Ausführung (AR2T)

Bei F=1, S=0, T=1 wird die alternierend-redundante Ausführung aktiviert, wobei beide Threads taktversetzt auf den Speicher zugreifen, da der Kontext in jedem Takt gewechselt wird und dieselben Befehle ausgeführt werden. Der Prozessor erscheint als (zeitlich eng gekoppeltes) virtuelles lockstepped-System. Die geholten Daten des vorauslaufenden Threads werden durch die in Abschnitt 4.1.1 geschilderten Strukturen an den nachlaufenden Thread weitergeleitet und die zu schreibenden Daten dieses Threads in jedem zweiten Takt mit den bereits geschriebenen Ergebnissen des vorauslaufenden Threads verglichen. Die geholten Befehle des vorauslaufenden Threads können entweder z. B. durch den von Ray et al. [164] vorgeschlagenen *Instruction Replicator* für den nachlaufenden Thread repliziert werden oder noch einmal geholt werden, wobei ausgenutzt wird, dass die benötigten Befehle und Daten bereits durch den vorauslaufenden Thread in den Cache geladen wurden.

4.2.1.5 Redundant-simultanes Multithreading (RM2T)

Bei redundantem Multithreading [145] (RMT) werden wie bei AR2T dieselben Befehle durch unterschiedliche Threads ausgeführt. Im Gegensatz zu AR2T ist grob granulöses Multithreading aktiviert. Beiden Threads wird wie bei AR2T fest die Rolle des führenden (*leading*) oder des redundanten, nachlaufenden (*trailing*) Threads zugewiesen. Auch hier dient der in Abschnitt 4.1.1 vorgestellte temporäre Speicher der Kommunikation von Ergebnissen zwischen den Threads. Unter Einhaltung der zeitlichen Abhängigkeit wird eine Beschleunigung in der Ausführung des redundanten und des führenden Threads erreicht. Im Fokus steht dabei nicht das Verfahren für die Weiterleitung, da dieses bereits ausführlich in der Literatur diskutiert und untersucht wurde, sondern die dieses Verfahren unterstützenden Datenstrukturen. RM2T wird durch F=1, S=1, T=1 aktiviert.

4.2.1.6 Schilderung des Befehlshole-Algorithmus

Abbildung 4-43 zeigt das Flussdiagramm des dynamischen Befehlshole-Algorithmus (DBHA). Im Allgemeinen sind heutige Prozessoren der Einfachheit halber nicht dafür ausgelegt, gleichzeitig mehrere Befehle unterschiedlicher Threads zu holen, da diese dann innerhalb einer Cachezeile gesondert gekennzeichnet werden müssten [75]. Eine Cachezeile wird immer einem Thread zugeordnet. Gleichzeitigkeit wird dem Rest der Pipeline durch eine höhere Bandbreite (u. a. höherer Bustakt, mehrere und breitere Busse, einen verbesserten Befehlscache, z. B. dem Trace Cache [171]) suggeriert. Aus Abbildung 4-43 ist ersichtlich, dass genau ein Thread zu einer Zeit Speicherzugriffe durchführen kann (REQ_TO_MEM(a), a ist der momentan aktive Thread). Da zwei Adressbusse existieren (Befehle:

(ADDRBUS(1), Daten: ADDRBUS(2)), wird eine interne Harvard-Architektur angenommen. Parallele Speicherzugriffe über beide Adressbusse sowie die Erhöhung des Programmzählers sind aus Gründen der Übersichtlichkeit nicht dargestellt.

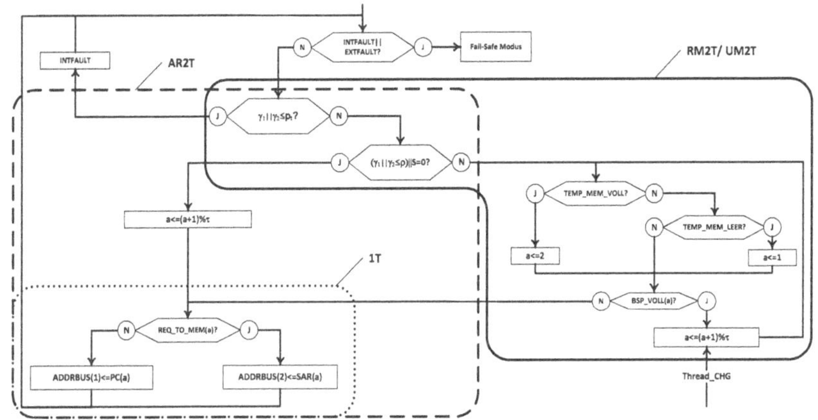

Abbildung 4-43: Dynamischer Befehlshole-Algorithmus

Durch das in Abschnitt 4.2.2 geschilderte *History Voting* wird das Vertrauen γ_1 und γ_2 in beide Threads bestimmt. Ist γ_1 oder γ_2 kleiner gleich p_t oder wird ein interner (INTFAULT) oder externer Fehler (EXTFAULT) signalisiert, wird in den Fail-Safe Modus übergegangen, anderenfalls geprüft, ob das Vertrauen kleiner oder gleich dem Wert ρ ist. In diesem Fall wird zeitlich eng gekoppeltes (AR2T), sonst zeitlich lose gekoppeltes Multithreading (RM2T) aktiviert. In Abschnitt 4.1.4 wurde gezeigt, dass die Fehlerüberdeckung und die Lokalisierungsgenauigkeit der Prüfsummenberechnung bei AR2T im Vergleich zu RM2T besonders hoch sind. Mit der Auswahl von AR2T als Strategie wird eine perfekte Fehlerüberdeckung und Lokalisierung erreicht. Bei RM2T sind diese Kenngrößen abhängig von der Wahrscheinlichkeit eines Kontextwechsels. In Abschnitt 4.2.1.7 wird durch Untersuchung des Füllstands der Befehlsstrompuffer gezeigt, dass die Leistung bei AR2T abnimmt, da die diese nur noch wenige Befehle enthalten.

In den Modi RM2T und UM2T gibt es zwei Möglichkeiten für einen Kontextwechsel:

1. das Erreichen des maximalen Füllstands des temporären Speichers oder der Befehlsstrompuffer und
2. über das Signal Thread_CHG.

Falls der temporäre Speicher seinen minimalen oder maximalen Füllstand erreicht (TEMP_MEM_LEER/TEMP_MEM_VOLL), wird der vorauslaufende/ nachlaufende Thread aktiviert (a<=1/a<=2), sonst geprüft, ob der Befehlsstrompuffer des aktiven Thread a seinen maximalen Füllstand erreicht hat (BSP_VOLL). Falls nicht, können weiterhin Befehle geholt werden, anderenfalls wird der Kontext gewechselt (a<=(a+1)%τ, wobei % der Modulo-Operator ist). Es ist zu bedenken, dass Threads weiterhin Befehle ausführen und dadurch die Befehlsstrompuffer geleert werden.

4.2.1.7 Experimentelle Ergebnisse

Abbildung 4-44 zeigt den aus einer Softwaresimulation gewonnenen Abstand in Befehlen (*Slack,* Programmzähler-Differenz) vom führenden (Thread 1) zum nachlaufenden Thread (Thread 2) unter Anwendung des Algorithmus aus Abbildung 4-43. Auf der logarithmisch skalierten y-Achse ist die Programmzähler-Differenz der Threads im Modus RM2T über die Zeit (x-Achse, linear skaliert) aufgetragen. Latenzen für Speicherzugriffe und für die Berechnung bedingter Sprungziele können beliebig gewählt werden. Die Simulationsparameter für Abbildung 4-44 und Abbildung 4-45 zeigt Tabelle 4-20.

Tabelle 4-20: Parameter für die Software-Simulation

Parameter	Wert
Dauer Berechnung Sprungziel bedingter Sprung	Durchschnittlich 5 Zyklen
Dauer Lade-/Speicherbefehl	Durchschnittlich 10 Zyklen (Cache)
Länge des Befehlsstrompuffers, Einträge im temporären Speicher	20 Einträge
Zuweisungsbandbreite	Maximal zwei Befehle unterschiedlicher Threads
Befehlsströme	Synthetisch, Parameter aus Tabelle 4-11

Bei Erreichen des maximalen Füllstands aller Befehlsstrompuffer und Blockierungen, die nicht durch die Ausführung von Befehlen eines anderen Befehlsstroms überbrückt werden konnten, wird das Holen von Befehlen eingestellt.

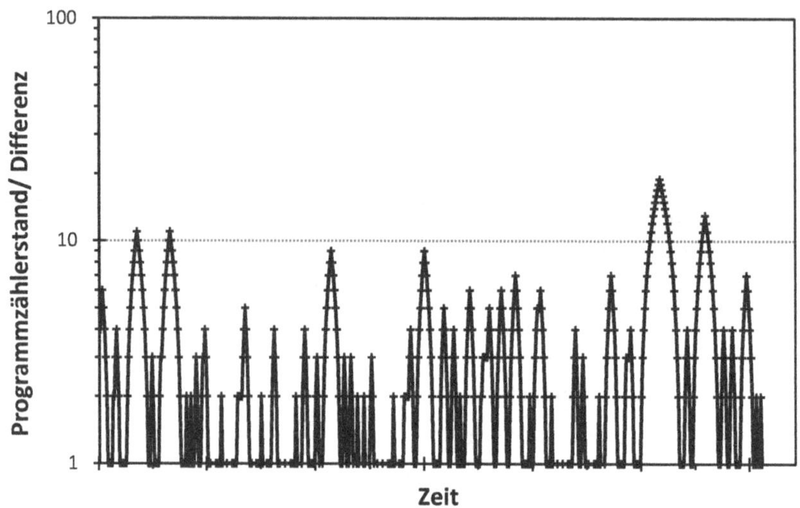

Abbildung 4-44: Abstand einzelner Threads in Befehlen (RM2T)

Man erkennt aus der Programmzähler-Differenz, dass der Abstand beider Threads in Befehlen zueinander nie einen bestimmten Wert überschreitet, da die Anzahl der freien Einträge im temporären Speicher und den Befehlsstrompuffern den Abstand begrenzt.

Abbildung 4-45 zeigt den Füllstand der Befehlsstrompuffer für beide Threads (Modus RM2T, y-Achse linear skaliert) über die Zeit (in Takten, x-Achse, linear skaliert) als Linienstapel. Während des Experiments wurden Fehler injiziert und die Fehlerrate variiert. Dies erklärt das Abflachen der Füllstände am Ende des Experiments, da die erhöhte Fehlerrate und damit das geringere Vertrauen in die Threads eine Umschaltung in den Modus AR2T bedingte. Man sieht, dass Thread 1 früher den maximalen Füllstand erreicht, da durch ihn Latenzen abgefangen werden.

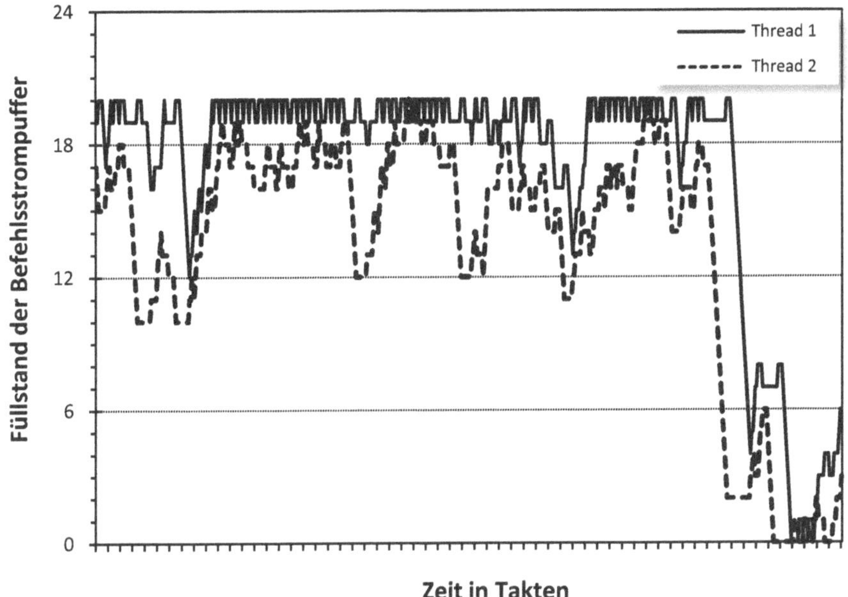

Abbildung 4-45: Füllstand der Befehlsstrompuffer (RM2T)

Zur Ermittlung und zum Vergleich der Ressourcenanforderungen des Befehlshole-Algorithmus mit ICOUNT wurden beide Verfahren für FPGAs und Standardzellen implementiert. Bei ICOUNT wurde eine maximale Anzahl von vier Befehlen in jeder Stufe angenommen, die Anzahl der Befehle in einzelnen Stufen gezählt und der Befehlshole-Stufe signalisiert, in welcher Stufe mehr Befehle eines Threads vorhanden sind. Die Anzahl von Befehlen in einer Stufe wurde auf vier beschränkt, um die Bitbreite des Zählers zu limitieren und eine untere Grenze für die Flächenanforderung zu bekommen. Es ergeben sich unterschiedliche Implementierungsformen für ICOUNT mit Unterstützung für eine bis drei Stufen. Anhand einer Lookup-Tabelle wird ermittelt, welcher Thread mehr Befehle in den jeweiligen

Stufen hält und wenn nötig ein Kontextwechsel durchgeführt. Die höhere Anzahl an IOBs des dynamischen Verfahrens resultiert aus der Anzahl zusätzlicher Pins, da eine externe Konfiguration des Algorithmus zugelassen wird. Der kritische Pfad wurde ermittelt, indem die Zeit vom Initiieren eines Kontextwechsels bis zum Wechsel des den aktiven Thread anzeigenden Signals gemessen wurde. Abbildung 4-46 und Abbildung 4-47 zeigen die so ermittelten Ressourcenanforderungen für FPGAs und Standardzellen.

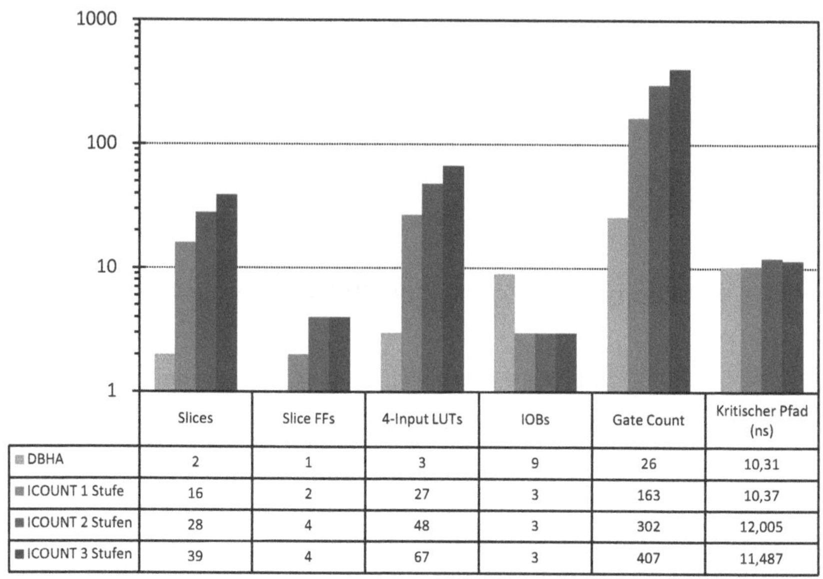

	Slices	Slice FFs	4-Input LUTs	IOBs	Gate Count	Kritischer Pfad (ns)
DBHA	2	1	3	9	26	10,31
ICOUNT 1 Stufe	16	2	27	3	163	10,37
ICOUNT 2 Stufen	28	4	48	3	302	12,005
ICOUNT 3 Stufen	39	4	67	3	407	11,487

Abbildung 4-46: Ressourcen – ICOUNT/ DBHA (FPGA)

Die Implementierung des DBHA liegt weit unter den Ressourcenanforderungen für ICOUNT. Der auffällig hohe Flächenbedarf einer Pipelinestufe bei ICOUNT begründet sich aus der Realisierung des zwei-Bit-Zählers für die Anzahl der Befehle innerhalb einer Stufe. Selbst die für ICOUNT untypische Realisierung der Logik für eine Stufe ist langsamer als der DBHA und nimmt wesentlich mehr Fläche in Anspruch.

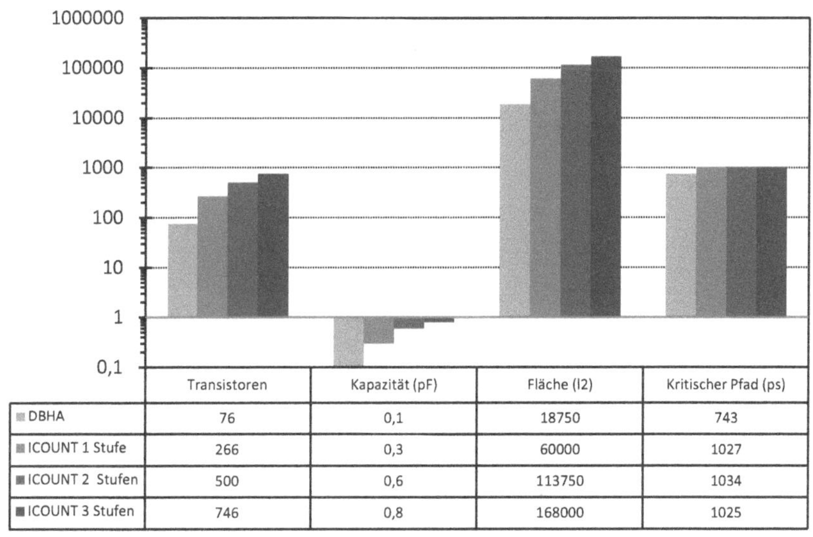

	Transistoren	Kapazität (pF)	Fläche (l2)	Kritischer Pfad (ps)
DBHA	76	0,1	18750	743
ICOUNT 1 Stufe	266	0,3	60000	1027
ICOUNT 2 Stufen	500	0,6	113750	1034
ICOUNT 3 Stufen	746	0,8	168000	1025

Abbildung 4-47: Ressourcen – ICOUNT/ DBHA (Standardzellen)

4.2.1.8 Theoretische Erkenntnisse

Eine Aussage über die Zustandswahrscheinlichkeit des DBHA über die gesamte Lebensdauer eines Rechensystems bis zum Erreichen des Fail-Safe Modus, erhält man durch eine Modellierung der möglichen Zustandsübergänge als endliche, zeitdiskrete Markov-Kette mit den Übergangswahrscheinlichkeiten λ_i, $i \in \{1,...,10\}$. Die Definition einer solchen Markov-Kette findet sich in [102] und wird daher nicht explizit aufgeführt. Die Modellierung der Zustandsübergänge des DBHA zeigt Abbildung 4-48. In den einzelnen Zuständen sind die Zustandsnummern aufgeführt, die der Spaltennummer des jeweiligen Zustands in der Übergangsmatrix Q entsprechen.

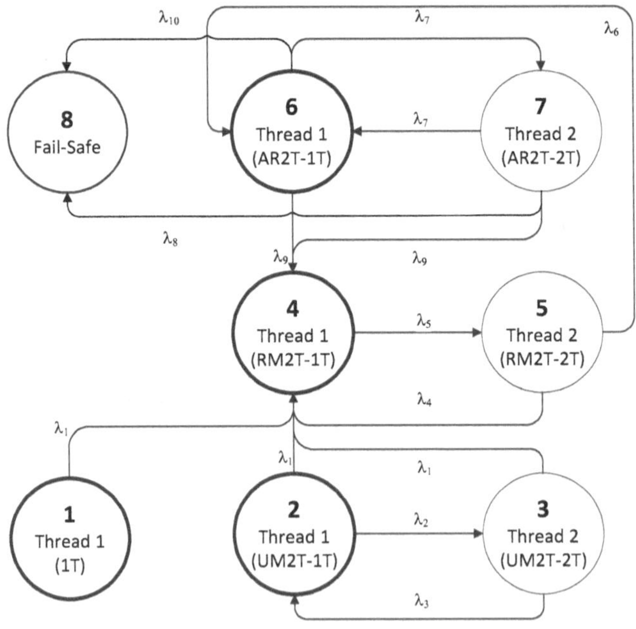

Abbildung 4-48: Markov-Kette - DBHA

Die Notation x-y mit x∈{UM2T, RM2T, AR2T} und y∈{1T, 2T} bedeutet: Modus x mit aktivem Thread y. Je nach Konfiguration kann die Ausführung in unterschiedlichen Modi begonnen werden (hervorgehobene Zustände 1, 2, 4 und 6). Bei Entdecken eines Fehlers in Modus 1T (1) und UM2T (2, 3) wird mit Rate λ_1 in den Modus RM2T (4) übergegangen, egal welcher Thread gerade aktiv ist. Im Modus UM2T (2) wird mit Rate λ_2 von Thread 1 zu Thread 2, Rate λ_3 von Thread 2 zu Thread 1 übergegangen. Im Modus RM2T wird der Kontext mit der Rate λ_4, bzw. λ_5 gewechselt. λ_6 stellt die Übergangsrate von Thread 2 im Modus RM2T (5) zu Thread 1 im Modus AR2T (6) dar, da beim Thread-Prüfsummenkalkül (s. Abschnitt 4.1.4) ein Vergleich nur bei aktivem Thread 2 stattfindet. Im Modus AR2T ist die taktversetzte Ausführung aktiv. Mit Rate $\lambda_7=1/2$ wird zwischen beiden Threads gewechselt. Im (seltenen) Fall, dass sich das System erholt, wird mit Rate λ_9 aus den Zuständen (6,7) der Zustand (4) erreicht. Im Fall eines nicht-tolerierbaren Fehlers wird mit Rate λ_8, bzw. λ_{10} aus dem ersten (6) bzw. zweiten Thread (7) im Modus AR2T in den Fail-Safe Modus (8) übergegangen. Für die folgenden Berechnungen wurden die in Tabelle 4-21 angegebenen Übergangsraten und keine Fehlerbehebung angenommen, damit der Endzustand mit weniger Zustandstransitionen erreicht wird.

Tabelle 4-21: Übergangsraten der Markov-Kette

Variable	Rate	Bemerkung	Transition
λ_1	$1/10 \cdot 1/10^5$	Entdecken eines Fehlers in den Modi 1T, UM2T	(1)-(2)
λ_2	$1/10+1/5$	Übergangsrate Modus UM2T, Thread 1-2	(2)-(3)
λ_3	$0{,}11+0{,}21$	Übergangsrate Modus UM2T, Thread 2-1	(3)-(2)
λ_4	$1/10+1/5$	Übergangsrate Modus RM2T, Thread 1-2	(4)-(5)
λ_5	$1/10+1/5$	Übergangsrate Modus RM2T, Thread 2-1	(5)-(4)
λ_6	$7/10 \cdot 1/10^5$	Entdecken eines Fehlers in RM2T (Thread 2)	(5)-(6)
λ_7	½	Übergangsrate Modus AR2T, Thread 1-2-1 (alternierend)	(6)-(7)-(6)
λ_8	$9/10 \cdot 1/10^5$	Entdecken eines Fehlers in AR2T (Thread 2), Fail-Safe Übergang	(7)-(8)
λ_9	$1/10^9$	Übergangsrate AR2T – RM2T (Erholung des Systems)	(6)-(4)-(7)
λ_{10}	$9/10 \cdot 1/10^5$	Entdecken eines Fehlers in AR2T (Thread 1), Fail-Safe Übergang	(6)-(8)

Die Übergangsraten für $\lambda_{2,3,4,5}$ können aus Tabelle 4-11 gewonnen werden. Man erkennt, dass die Zustandswahrscheinlichkeiten proportional zueinander verlaufen und aus dem folgenden Beweis der sicheren Erreichbarkeit des Fail-Safe Modus, dass diese (außer der Zustandswahrscheinlichkeit für den Fail-Safe-Zustand) gegen null konvergieren. Um das Verhalten des Verfahrens über die Zeit zu ermitteln, erfolgt die Berechnung der Zustandswahrscheinlichkeit, ausgehend von verschiedenen Startzuständen (nach [102]).

<u>Beweis der sicheren Erreichbarkeit des Fail-Safe-Zustands:</u>

Zuerst ermitteln wir aus Abbildung 4-48 die Transitionsmatrix Q:

$$Q := \begin{pmatrix} 1-\lambda_1 & 0 & 0 & 0 & 0 & 0 & 0 & 0 \\ 0 & 1-(\lambda_1+\lambda_2)\pi_2 & \lambda_3 & 0 & 0 & 0 & 0 & 0 \\ 0 & \lambda_2\pi_2 & 1-(\lambda_1+\lambda_3) & 0 & 0 & 0 & 0 & 0 \\ \lambda_1 & \lambda_1\pi_2 & \lambda_1 & (1-\lambda_5) & \lambda_4 & \lambda_9 & \lambda_9 & 0 \\ 0 & 0 & 0 & \lambda_5 & 1-(\lambda_4+\lambda_6) & 0 & 0 & 0 \\ 0 & 0 & 0 & 0 & \lambda_6 & 1-(\lambda_7+\lambda_9+\lambda_{10}) & \lambda_7 & 0 \\ 0 & 0 & 0 & 0 & 0 & \lambda_7 & 1-(\lambda_7+\lambda_8+\lambda_9) & 0 \\ 0 & 0 & 0 & 0 & 0 & \lambda_{10} & \lambda_8 & 1 \end{pmatrix}$$

Die Transpositionsmatrix P ist $P := Q^T$. Für jede Zeile j von P muss $\forall j \in \{1,\ldots,n\} : \sum_{i=1}^{n} P_{ij} = 1$ gelten, wobei entsprechend der Anzahl der Zustände der Markov-Kette dim(P)=n=8 gilt. Wie man leicht nachprüft, ist diese Bedingung für jede Zeile von P erfüllt. Sei E die Identitätsmatrix mit dim(E)=n, weiterhin e der nur aus Einsen bestehende Vektor mit dim(e)=n und b der Einheitsvektor mit dim(b)=n+1, wobei alle Elemente bis auf n+1 des Vektors null sind. Man berechnet die Matrix Q' mit Q'=P-E, gefolgt von QT:=(Q'|e)^T. Mit der Methode der kleinsten Quadrate löst man das System linearer Gleichungen QT ·π=b auf und erhält $\pi = (0,0,0,0,0,0,0,1)^T$ d. h. der Fail-Safe-Zustand wird sicher erreicht.

Ermittlung der Zustandswahrscheinlichkeit:

Wir berechnen die Zustandswahrscheinlichkeit der in Abbildung 4-48 gegebenen Zustände. Sei π die Menge der Startvektoren:

$$\pi = \left\{ \begin{matrix} (1,0,0,0,0,0,0,0)^T, (0,1,0,0,0,0,0,0)^T, \\ (0,0,0,1,0,0,0,0)^T, (0,0,0,0,0,1,0,0)^T \end{matrix} \right\}.$$

Ein Element dieser Menge ist die Zustandswahrscheinlichkeit bei Ausführungsbeginn (t=0). Die Zustandswahrscheinlichkeit A zum Zeitpunkt t berechnet man für jeden Vektor $\pi' \in \pi$ mit $A=\pi' \cdot P^t$. Diese wird für jeden Zustand und den Startvektor $\pi' = (1,0,0,0,0,0,0,0)^T$ in Abbildung 4-49 gezeigt. Auf den in Abbildung 4-49, Abbildung 4-50 ($\pi' = (0,1,0,0,0,0,0,0)^T$), Abbildung 4-51 ($\pi' = (0,0,0,1,0,0,0,0)^T$) und Abbildung 4-52 ($\pi' = (0,0,0,0,0,1,0,0)^T$) gezeigten Diagrammen ist auf der y-Achse die Zustandswahrscheinlichkeit, auf der x-Achse die Zeit t (in Stunden, zu den Zeitpunkten {1, 10, 100, 1000, 10000, 100000, 1000000, 10000000}) aufgetragen. Beim Startzustand 1T (Abbildung 4-49) ist die Zustandswahrscheinlichkeit für 1T bis 100000 Std. sehr hoch. Nach Übergang in den Modus RM2T wird nach kurzem Aufenthalt in den Modus AR2T gewechselt. Trotz des relativ geringen Unterschieds der Transitionswahrscheinlichkeiten mit λ_3-λ_2=0,02 zeigt sich der Unterschied in den Zustandswahrscheinlichkeiten in Modus UM2T (Abbildung 4-50) deutlich. Wie in Modus 1T wird nach kurzem Aufenthalt in Modus RM2T in AR2T übergegangen. Modus RM2T (Abbildung 4-51) erreicht den Fail-Safe Modus am zweitschnellsten. Es zeigt sich eine annähernd proportional verlaufende Zustandswahrscheinlichkeit beider Threads, dann ein Übergang in Modus

AR2T. In Modus AR2T (Abbildung 4-52) sind die Zustandswahrscheinlichkeiten beider Threads gleich. Der Fail-Safe Modus wird am schnellsten erreicht. Eine hohe Zustandswahrscheinlichkeit in UM2T-1T und RM2T-1T in der Startphase des Systems bedeutet, dass die Ausführung in genau diesen Zuständen begonnen wird und die Zustandswahrscheinlichkeit aus genau diesem Grund hoch ist, wohingegen die des anderen Threads entsprechend kleiner ist.

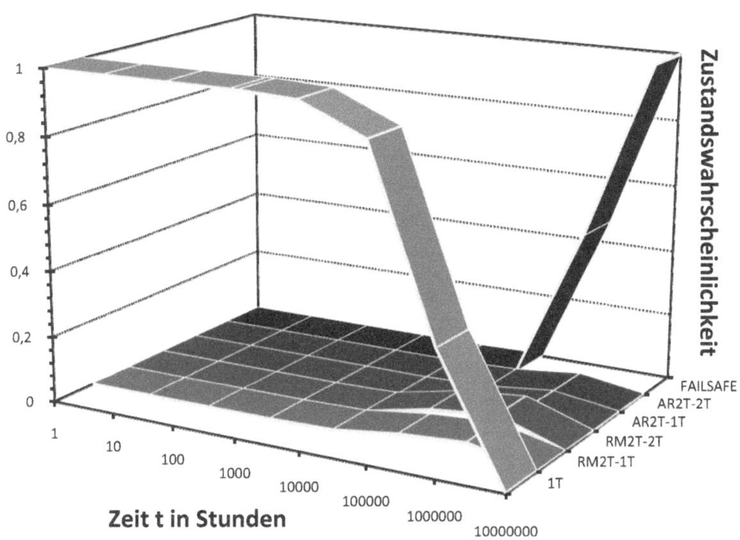

Abbildung 4-49: Zustandswahrscheinlichkeit bei Startzustand 1T

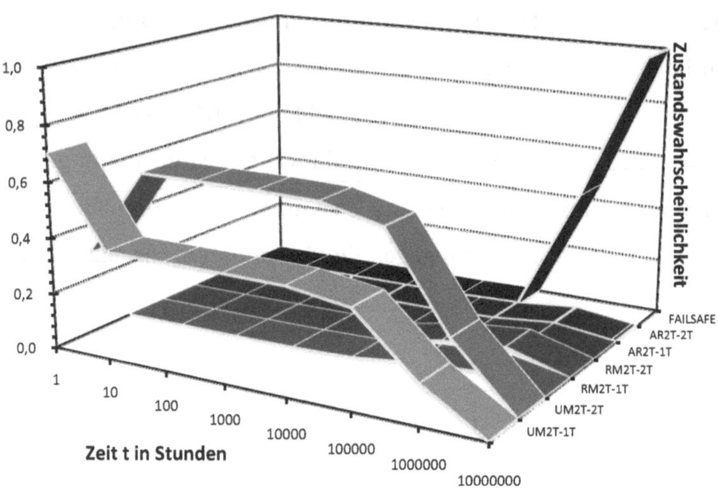

Abbildung 4-50: Zustandswahrscheinlichkeit bei Startzustand UM2T-1T

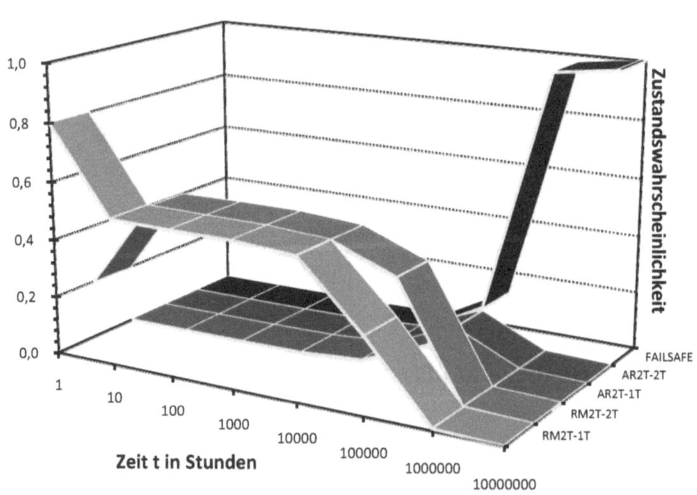

Abbildung 4-51: Zustandswahrscheinlichkeit bei Startzustand RM2T-1T

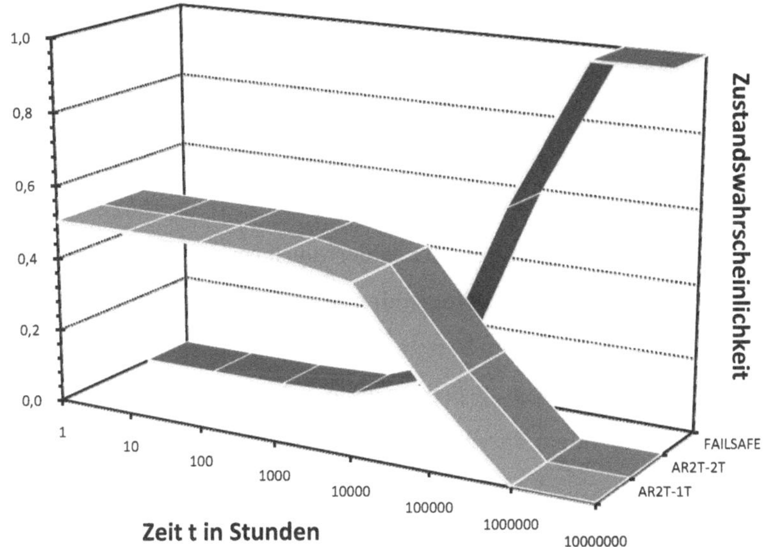

Abbildung 4-52: Zustandswahrscheinlichkeit bei Startzustand AR2T-1T

4.2.2 History Voting[27]

Beim Duplexsystem dient ein Vergleich der Zustände oder der Ergebnisse der Entdeckung von Fehlern. Ein Vergleicher kann nur feststellen, ob ein Fehler auftrat. Für drei oder mehr Ergebnisse werden ein Mehrheitsentscheider oder andere Auswahlmechanismen [13] benötigt. Vergleicher stellen eine wichtige Komponente fehlertolerierender Rechensysteme dar. Sie werden in dieser Arbeit in folgenden Kontexten eingesetzt:

- Das Schreiben von bereits im *temporären Speicher* (s. Abschnitt 4.1.1) abgelegten Ergebnissen durch den vorauslaufenden oder nachlaufenden Thread führt zum Vergleich der Programmzähler bzw. Speicheradressregister und der berechneten Sprungziele (der geholten/ berechneten Daten).
- Ein Kontextwechsel zum vorauslaufenden Thread führt zum Vergleich der Prüfsummen des Thread-Prüfsummenkalküls aus Abschnitt 4.1.4.

Das in diesem Abschnitt entwickelte *History Voting* ermittelt den zeitlichen Abstand zwischen erkannten Fehlern und das Vertrauen in einzelne Threads. Eine Historie dient der Vorhersage der Fehlerrate.

---

[27] Dieser Abschnitt beruht auf einem in [56] vorgestellten Ansatz.

4.2.2.1 Beobachtungen

Abbildung 4-53 zeigt die Anzahl von ein-Bit Speicherfehlern (x-Achse) für 193 Systeme und die Anzahl betroffener Systeme (y-Achse) über einen Beobachtungszeitraum von 16 Monaten [32]. Bei vielen Systemen ist die Anzahl der Fehler sehr gering. Wenige Systeme weisen ein erhöhtes Auftreten von Fehlern auf, was auf einen intermittierenden oder permanenten Fehler innerhalb der betroffenen Systeme schließen lässt.

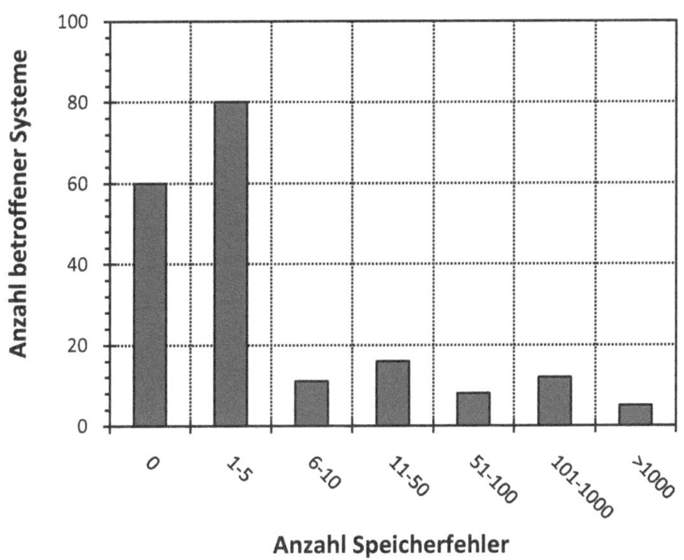

Abbildung 4-53: Anzahl von ein-Bit Speicherfehlern bei 193 Systemen

Abbildung 4-54 zeigt die tägliche Anzahl der ein-Bit Speicherfehler eines Systems (aus [32]).

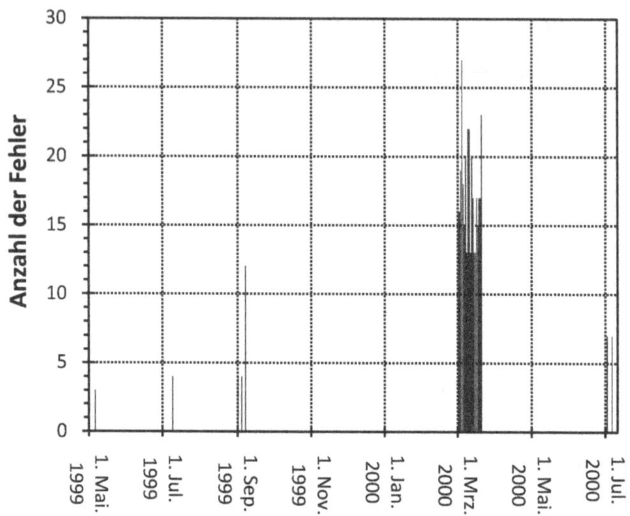

Abbildung 4-54: Anzahl transienter ein-Bit Speicherfehler eines Systems

Die Fehler innerhalb der ersten sieben Monate wurden als transient identifiziert. Das erste große Fehlerbündel taucht zu Beginn des elften Monats auf, was auf intermittierende Fehler schließen lässt. Aktuellere Daten sind in Anhang B dieser Arbeit dargestellt. Hier ist die Häufigkeit erkannter Fehler im Hauptspeicher und den Caches aller 19 Partitionen der Silicon Graphics Altix 4700-Installation des Leibniz Rechenzentrums der Technischen Universität München, zusammen mit der Anzahl der Prozessoren, Ausbau des Hauptspeichers und der Größe der L1-L3-Caches aufgeführt. Die Altix 4700 gehörte bei Erstellen dieser Arbeit (2007) zu den leistungsfähigsten

Rechensystemen Deutschlands (Top500[28] Platzierung). Man kann im Beobachtungszeitraum (24.07.-31.08.2007, x-Achse) zwei permanente Fehler in Partition 3 und 13 erkennen, da ein massiver Anstieg erkannter Fehler (y-Achse) vorliegt. Wenn man auf permanente Fehler aus der Vorgeschichte des Systems schließen würde, könnten diese erst spät erkannt werden. Für die Erkennung permanenter Fehler ist also allein die Fehlerhäufigkeit im Beobachtungsintervall relevant. In den Partitionen 2, 5, 9, 10 und 14 ist vor dem massiven Auftreten von Fehlern an einem Tag ein Anstieg in der Häufigkeit erkannter Fehler an den vorhergehenden Tagen, nach einem plötzlichen Wachstum der Häufigkeit erkannter Fehler immer ein ebenso schnelles Absinken der Fehlerrate zu beobachten. Aus [32] lassen sich weitere Eigenschaften intermittierender Fehler ableiten, die bei ihrer Klassifizierung helfen: Eine wiederholte Manifestation am selben Ort, dass der Fehler in Bündeln auftaucht und durch Ersetzen der entsprechenden Komponente behoben werden kann.

4.2.2.2 Verwandte Arbeiten

Die Bestimmung der Fehlerart aus der Häufigkeit von Fehlern innerhalb eines zeitlichen Intervalls anhand von Schwellwerten wurde schon früh in IBM-Großrechnern eingesetzt. Ein Beispiel ist die automatisierte Diagnose beim Modell 3081 [199]. Bereits in [206] wurde eine Analyse der in Logdateien festgehaltenen Fehler benutzt, um durch Unterscheidung von intermittierenden Fehlern, permanente Fehler vorherzusagen. Die ES/9000 Serie, Modell 900 [193] implementiert ein Retry- und Schwellwertver-

---

[28] www.top500.org

fahren, um transiente Fehler zu beheben und Fehler zu klassifizieren. In [89] wird die Fehlerrate benutzt, um Fehlergruppen zu konstruieren. Aus detaillierten Aufzeichnungen von IBM 3081 und CYPER-Systemen werden Ähnlichkeiten gesucht, um permanente Fehler feststellen zu können. In [115] dient die Fehlervorgeschichte eines NMR-Systems dazu, die fehlerbehaftetsten Module zu identifizieren. Das von Lin und Siewiorek [123] entwickelte Offline-Dispersionsrahmenverfahren diagnostiziert Fehler in einem Unix-Dateisystem. Die Heuristik basierte auf der Beobachtung der zeitlichen Manifestation der Fehler. Dabei ergeben sich verschiedene Regeln, beispielsweise die zwei-in-eins Regel, die eine Warnung generiert, wenn zwei Fehler innerhalb einer Stunde auftreten. Ähnlich ist der Ansatz von Mongardi [142]. Hier führen zwei diagnostizierte Fehler in zwei aufeinanderfolgenden Ausführungszyklen einer Systemkomponente zur Interpretation eines permanenten Fehlers. In [21] wird gezeigt, wie diese Regeln durch den dort eingeführten *α-count* Mechanismus modelliert werden können und weitere Varianten diskutiert. Dabei wird zeitlich länger zurückliegenden Fehlern ein geringeres Gewicht zugewiesen und eine Komponente mit dem Wert α gewichtet. Dieser dient der Klassifizierung des Fehlers, wobei nicht zwischen intermittierenden und permanenten Fehlern unterschieden wird. Latif-Shabgahi und Bennett entwickeln und untersuchen in [115] einen anpassungsfähigen Mehrheitsentscheider. Anhand der Fehlervorgeschichte der Module eines TMR-Systems wird festgestellt, welches Modul sich in Zukunft wahrscheinlich am Zuverlässigsten verhalten wird. In [4] wird anhand einer Liste der an der redundanten Ausführung beteiligten Prozessoren entschieden, welcher Prozessor sich in nächster Zeit wahrscheinlich fehlerhaft verhält. Dazu wird z. B. die Einführung von Gewichten für an der Ausführung beteiligte Prozessoren vorgeschlagen. Wir unterscheiden wie in [21] zwischen Techniken, die einen Eingriff von außen, z. B. durch einen Menschen bedingen und auf Algorithmen basierende Mechanismen. Letztere werden in dieser Arbeit eingesetzt.

4.2.2.3 Diagnose und Vorhersage

Die oben aufgeführten Arbeiten und Beobachtungen lassen den Schluss zu, dass durch eine Messung der Zeit zwischen Fehlern eine Klassifizierung möglich ist. Ein permanenter Fehler manifestiert sich häufiger als ein intermittierender Fehler und dieser häufiger als ein transienter Fehler. Die Grenzen für eine Klassifizierung sind fließend, da zum einen das Einsatzgebiet, zum anderen aber die Schaltung selbst die die Häufigkeit für das Auftreten einzelner Fehler bestimmt.

Es ergeben sich miteinander konkurrierende Voraussetzungen an eine Diagnoseeinheit:

- Komponenten, die nicht fehlerhaft sind, sollen nicht irrtümlich als fehlerhaft diagnostiziert werden
- Ein Fehler sollte schnell diagnostiziert werden. Um Fehlertypen unterscheiden zu können, wird jedoch eine längere Fehlervorgeschichte benötigt

Das in diesem Abschnitt entwickelte *History Voting* für redundante (zeitlich wie strukturell) Systeme klassifiziert Fehlerraten während der Laufzeit. Es wird eine Prognose getroffen, ob das System in Zukunft eine erhöhte Fehlerrate aufweisen wird. Aufgrund dieser Vorhersage kann die Systemleistung im Vorfeld eines Fehlers angepasst werden. Erst ab einer bestimmten Qualität der Vorhersage kann die Systemleistung beeinflusst werden. Dadurch wird vermieden, dass die Systemleistung durch eine falsche Vorhersage unangemessen reduziert wird. Zusätzlich wird den Threads das Vertrauen γ zugewiesen, womit ein fehlerhafter Thread identifiziert werden kann. Eine weitere Neuerung ist, die Schwellwerte für die Interpretation von Fehlerraten dynamisch anzupassen. Damit wird vermieden, dass bei einer unerwartet hohen Fehlerrate, z. B. beim Vorbeiflug einer Sonde an einem Strahlung emittierenden Himmelskörper nicht fälschlicherweise ein permanenter Fehler interpretiert wird.

History Voting besteht aus zwei Teilen, die miteinander verknüpft sind:

1. Anpassen der Schwellwerte an die Einsatzumgebung
2. Vorhersage der Fehlerrate und Berechnung des Vertrauens und der Qualität der Vorhersage

Anpassung der Schwellwerte an die Einsatzumgebung

Alle genannten Arbeiten nutzen feste Grenzen in der Form von Schwellwerten zur Klassifizierung einzelner Fehlerarten. Diese Annahme trifft jedoch nur auf Umgebungen zu, bei denen die Fehlerrate von vornherein bekannt ist. Zur flexiblen Klassifizierung der Fehlerrate werden drei Schwellwertvariable eingeführt: φ_υ, φ_τ und φ_π. Diese repräsentieren obere Grenzen für die Rate permanenter (φ_π), intermittierender (φ_ι) und transienter Fehler (φ_τ) und werden bei Systemstart auf vorgegebene Maximalwerte des zu erwartenden Fehlerszenarios gesetzt. φ_π wird aus Sicherheitsgründen und aus den gemachten Beobachtungen heraus auf einen festen Wert gesetzt und nicht dynamisch angepasst. Für den Schwellwertmechanismus wird ein Zähler benötigt, der den zeitlichen Abstand zwischen Fehlern misst. Im fehlerfreien Fall wird der Zähler pro Takt inkrementiert, sonst durch die Codierungsfunktion i(a,b) der Trend der Fehlerrate bestimmt und gespeichert.

Die Codierungsfunktion i(a,b) ist definiert durch:

$$i : \mathbb{N} \times \mathbb{N} \rightarrow \{0,1\}$$

$$i(a,b) := \begin{cases} 0 \text{ falls } \varphi_{\iota} < \Delta(a,b) \leq \varphi_{\tau} \\ 1 \text{ falls } \varphi_{\pi} < \Delta(a,b) \leq \varphi_{\iota} \end{cases} \qquad \text{mit } \Delta : \mathbb{N} \times \mathbb{N} \rightarrow \mathbb{N},\ \Delta(a,b) := |a-b|.$$

Tabelle 4-22 zeigt die Codierung der Fehlerrate und die Konsequenz auf das Vertrauen (γ). Dabei bedeutet γ>> ein bitweises Schieben des Wertes γ nach rechts bis das Minimum (null), γ++ ein Inkrementieren des Wertes γ um eins, bis das Maximum erreicht ist. Bei einer erfolglosen Fehlerbehebung wird das Vertrauen dekrementiert, bis das Minimum (null) erreicht ist.

Tabelle 4-22: Codierung der Fehlerraten

Codierung i(a,b)	Fehlerrate	Konsequenz
0	Normal	γ++
1	Anstieg	γ>>

Wenn der Abstand von Fehlern in der Zeit wesentlich größer als der Schwellwert φ_{τ} ist, kann dies bedeuten, dass die Diagnoseeinheit eventuell nicht mehr korrekt funktioniert. In diesem Fall sollten Tests durchgeführt werden, um weiteres Fehlverhalten auszuschließen.

Vorhersage, Berechnung des Vertrauens und der Qualität

Eine weitere Beobachtung ist, dass ein fehlertolerantes System, das seine Vergangenheit nicht kennt, keine Aussage darüber treffen kann, ob ein transienter oder intermittierender (z. B. durch die häufige Benutzung einer permanent fehlerhaften Komponente) Fehler auftrat und damit auch keine Vorhersage dieser Fehler treffen kann. Da die momentane Fehlerrate nichts über das Fehlverhalten des Systems über die Zeit aussagt, wird das Schema um einen Speicher (die *Historie*) erweitert, der die bisher durch *i(a,b)* interpretierten Fehlerraten festhält. Beim Feststellen eines Fehlers wird die in Tabelle 4-22 angegebene Codierung in die Historie eingetragen. Stimmt diese mit der vorausgesagten Entwicklung der Fehlerrate überein, wird die Qualität der Vorhersage η erhöht, sonst dekrementiert. Für die Vorhersage können u. a. neuronale Netze oder Algorithmen für die Sprungvorhersage eingesetzt werden. Diese Methoden sind allerdings zeitlich und strukturell aufwendig. Daher wird ein einfacher Mustervergleich nach Tabelle 4-23 eingesetzt. Sie zeigt die aus der Historie vorhergesagte Fehlerrate und eine symbolische Darstellung der Entwicklung der Fehlerrate über die Zeit. Für eine zeitlich effiziente Implementierung wird die Historie beschränkt. Für die Vorhersage werden drei vorhergehende Fehlerraten (H[1][2][3]) berücksichtigt. Dabei gingen auch die Beobachtungen aus Anhang B ein.

Tabelle 4-23: Historie und daraus vorhergesagte Fehlerrate

H[1][2][3]			Fehlerrate	Vorhersage
0	0	0		0
0	0	1		0
0	1	0		0
0	1	1		1
1	0	0		0
1	0	1		1
1	1	0		0
1	1	1		1

Die verwendeten Symbole sind in Tabelle 4-24 zusammengefasst.

Tabelle 4-24: Verwendete Symbole (History Voting)

Symbol	Beschreibung
γ_i	Vertrauen gegenüber Thread i
φ_τ	Oberer Schwellwert: normale Fehlerrate
φ_ι	Mittlerer Schwellwert: erhöhte Fehlerrate
φ_π	Unterer Schwellwert: Interpretation eines permanenten Fehlers
η	Qualität der Vorhersage
υ	Wenn $\eta > \upsilon$ ist, wird das Vertrauen angepasst, sonst nicht (Qualitäts-Schwellwert)
Δ_i	Wert des Zyklenzählers beim i-ten Fehler
H[i]	i-ter Eintrag in der Historie
entries	Maximale Anzahl der Einträge in der Historie
Prediction	Vorhersage der Fehlerrate aus der Historie (s. Tabelle 4-23)
Predict	Mustervergleich zur Vorhersage der Fehlerrate (s. Tabelle 4-23)

Abbildung 4-55 zeigt den Algorithmus zur Berechnung des Vertrauens, der Vorhersage, der Qualität und der Einflussnahme auf den Befehlshole-Algorithmus für einen Thread. Aus Gründen der Übersichtlichkeit wird nur die Anpassung der Schwellwerte nach unten gezeigt.

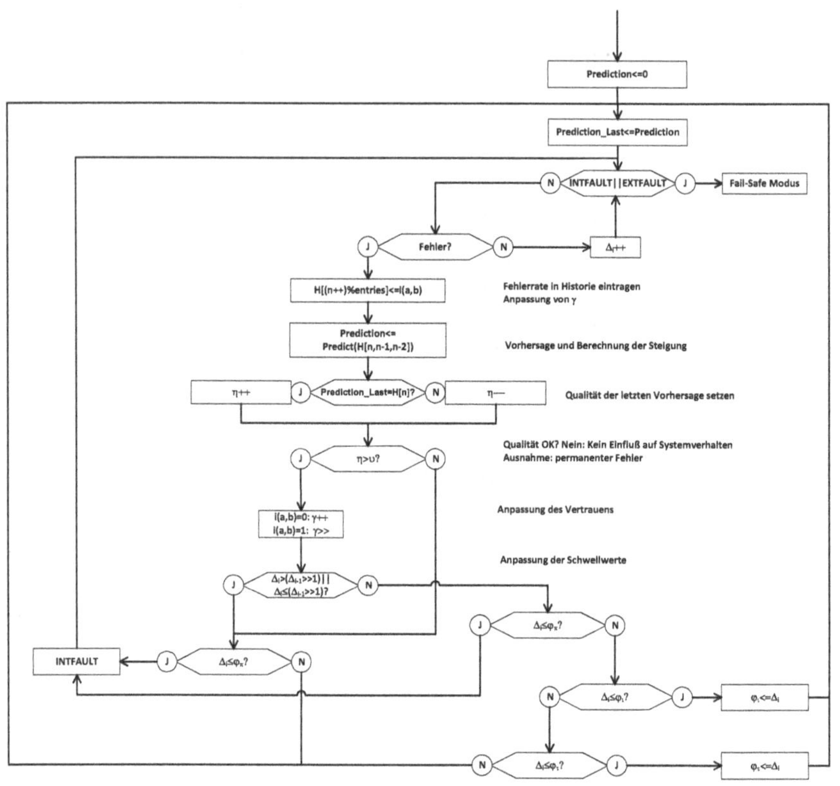

Abbildung 4-55: Berechnung des Vertrauens und Vorhersage

Zuerst wird geprüft, ob ein interner oder externer Fehler vorliegt. Wenn ja, wird in den Fail-Safe Modus übergegangen, sonst geprüft, ob von den Fehlererkennungsmechanismen ein Fehler erkannt wurde. Wenn nicht, wird der Zyklenzähler Δ_i erhöht. Falls ein Fehler festgestellt wurde, wird die mit i(a,b) diagnostizierte Fehlerrate in die Historie eingetragen und über *Predict* eine Vorhersage (*Prediction*) getroffen. Die zuletzt vorhergesagte Fehlerrate wird mit der momentanen Fehlerrate verglichen. Bei einer korrekten Vorhersage wird η bis zum Maximum erhöht, ansonsten bis zum Minimum dekrementiert. Nur im Fall $\eta > \upsilon$ hat die Vorhersage Einfluss auf das Vertrauen γ und damit auf das Systemverhalten. Je dichter Fehler in der Zeit auftreten, desto weniger Vertrauen bekommt der betroffene Thread. Je größer das Vertrauen, desto höher ist die Wahrscheinlichkeit, dass der Thread die Ausführung korrekt beenden wird. Dabei wird angenommen, dass kein Thread Betriebsmittel dauerhaft blockiert, damit das Vertrauen eines Threads nicht unverhältnismäßig schneller abnimmt als das des anderen. Ein langsames An- oder Abschwellen der Fehlerrate signalisiert eine Veränderung der Umgebungsbedingungen und führt zu einer Modifikation der Schwellwerte. Dazu wird Δ_{i-1}, der letzte zeitliche Abstand zweier Fehler zueinander mit dem aktuellen Δ_i verglichen. Beträgt die Steigung mehr als 50 % $(\Delta_i > (\Delta_{i-1} \gg 1))$, $(\Delta_i \leq (\Delta_{i-1} \gg 1))$, liegt eine plötzliche Erhöhung/ Verringerung der Fehlerrate vor und die Schwellwerte werden nicht angepasst.

Es gibt zwei Möglichkeiten permanente interne Fehler zu signalisieren:

1. Das Vertrauen γ_i gegenüber Thread i sinkt unter den Wert p_t (langsame Degradation) und
2. Δ_i ist kleiner als der Schwellwert φ_π (plötzlicher Anstieg der Fehlerrate).

Möglichkeit 1 wird durch den Befehlshole-Algorithmus aus Abschnitt 4.2.1 übernommen.

4.2.2.4 Experimentelle Ergebnisse

Zur Bewertung des Verfahrens wurde dieses in Software modelliert. Abbildung 4-56 zeigt dazu die erfolgreiche Anpassung der Schwellwerte (Fehlerrate $\lambda=10^{-5}$). Zusätzlich sind der zeitliche Abstand von Fehlern und die Genauigkeit des Verfahrens in Prozent dargestellt. Die x-Achse stellt die nichtlineare Größe *Fehler über die Zeit* dar. Die y-Achse ist logarithmisch skaliert. Dabei wurden annähernd gleiche (Differenz 100 Zyklen) Ausgangswerte für φ_ι und φ_τ gewählt, damit die Anpassungsfähigkeit des Verfahrens gezeigt werden kann. Man sieht, wie die Fehlerrate von beiden Schwellwerten approximiert wird. Der Schwellwert φ_π wurde auf einen Wert (100 Takte) gesetzt, bei dem ein permanenter Fehler als sehr wahrscheinlich angesehen werden kann.

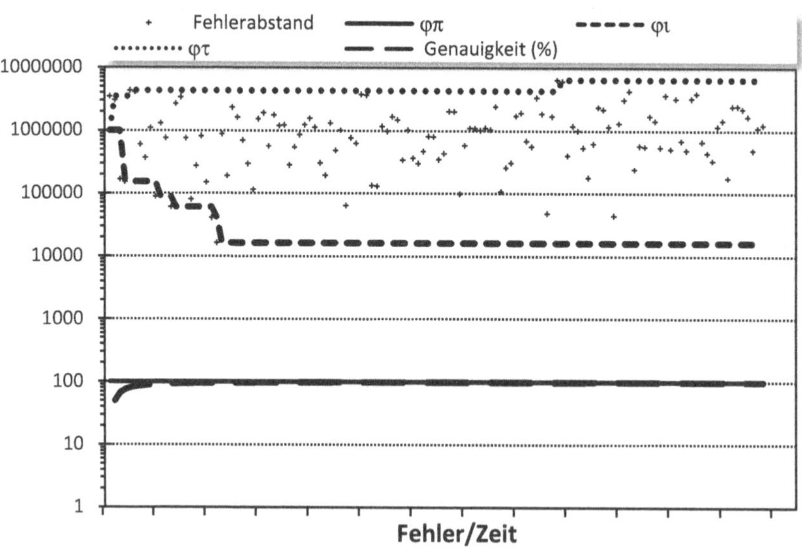

Abbildung 4-56: Erfolgreiche Anpassung der Schwellwerte (Anstieg)

Aufgrund der gewählten Initialschwellwerte für φ_τ und φ_ι ist die Genauigkeit des Verfahrens in der Initialisierungsphase gering. Sie pendelt sich jedoch schnell bei einem Wert von etwa 98 % ein. Abbildung 4-56 stellt bewusst ein Extrem dar, da bei adäquatem Setzen der Schwellwerte eine Anpassung in der Initialisierungsphase entfällt und damit die Genauigkeit des Verfahrens immer gleich groß (100 %) gewesen wäre.

Tabelle 4-25 zeigt die Ressourcenanforderungen für History Voting beim FPGA-Entwurf.

Tabelle 4-25: Ressourcen – History Voting (FPGA)

Platzierung und Trassierung		
Kritischer Pfad (ns)	9,962	
Energieverbrauch (bei 200 MHz Takt)		
	mA	mW
Spannungsversorgung 1,8 V	6,88	12,39
Fläche		
Slices	188	
Slice-FFs	200	
4-Input LUTs	233	
IOBs	4	
Gate Count	3661	

Tabelle 4-26 zeigt die Ressourcenanforderungen für History Voting für den Standardzell-Entwurf.

Tabelle 4-26: Ressourcen – History Voting (Standardzellen)

Platzierung und Trassierung	
Kritischer Pfad (ps)	3308
Flächenverbrauch (λ^2)	1175 x 1200
Transistoren	5784
Kapazität (pF)	8,8

4.3 Fehlerbehebung in Hardware

Nachdem ein tolerierbarer Fehler erkannt wurde, muss ein fehlertolerantes Rechensystem eine Fehlerbehandlung durchführen, nach deren Abschluss alle noch benutzbaren Subsysteme wieder fehlerfrei arbeiten, damit ein konsistenter Systemzustand vorliegt.

In dieser Arbeit werden dafür folgende Alternativen eingesetzt:

- **Die Fehlermaskierung** (*fault masking*) verhindert, dass Verfälschungen oder fehlerhafte Zustände auftreten. Redundanz wird benötigt, da das Maskieren von Fehlern mehrere Informationen, u. a. über den korrekten Wert bzw. Zustand benötigt. Dieser wird im Allgemeinen durch eine Mehrheitsentscheidung (*majority voting*) ermittelt, da bei stochastisch unabhängigen Fehlern die Wahrscheinlichkeit mehrheitlich gleiche, nicht korrekte Ergebnisse zu erhalten, beliebig gering ist.
- **Die Fehlerbehebung** (*fault recovery*) beinhaltet Verfahren, um nach dem Aufdecken eines Fehlers diesen zu beheben. Auch das Abschalten einer als fehlerhaft erkannten Komponente kann die Ursache eines Fehlers beseitigen. Ist sie temporär, wird durch einen Neustart, bzw. eine Neuberechnung versucht, ein korrektes Ergebnis zu erhalten. Durch einen Neustart wird i. A. die gesamte, seit dem Systemstart erbrachte Rechenleistung verworfen und die Berechnung vollständig wiederholt. Um diesen Nachteil zu vermeiden, speichert man in festen oder variablen zeitlichen Abständen ein Abbild des als fehlerfrei angenommenen Systemzustandes in einen sicheren Speicher[29]. Die Zeitpunkte an den Enden des Intervalls heißen *Prüfpunkte*.

---

[29] Ein Speicher, dessen Inhalt eventuell gegen einen Ausfall der Spannungsversorgung gesichert und durch fehlerkorrigierende Codes gegen Veränderungen geschützt ist.

Aus der Praxis ist bekannt [165], dass viele transiente Fehler behoben werden können, wenn die Ausführung in einer kontrollierten Art und Weise auf derselben Hardware wiederholt (*retry*) wird. Der *Rollback* stellt eine effiziente Möglichkeit in Soft- [106], bzw. Hardware [197] hierfür dar. Die Behebung eines Fehlers steht in engem zeitlichem Verhältnis zur Fehlererkennung, da bei einer schnellen Fehlererkennung weniger Befehle wiederholt werden müssen. Der Speicherbedarf für Prüfpunkte erhöht sich proportional zur Länge des Prüfpunktintervalls, da diese auch im fehlerfreien Fall geschrieben werden. Wenn diese zeitlich weit auseinander liegen, wächst der Speicherbedarf u. a. in Abhängigkeit von der Größe des Hauptspeichers und den Caches, Anzahl der externen Speicherzugriffe, Prozessoren und deren Verarbeitungsgeschwindigkeit. Im Fehlerfall werden dann zu viele Ergebnisse verworfen. Wenn Prüfpunkte zeitlich zu dicht aneinander liegen, kann das System überproportional mit dem Speichern von Systemzuständen beschäftigt sein.

4.3.1 Verwandte Arbeiten

Der Einfluss verschiedener Prüfpunkt-Intervalllängen auf die Zuverlässigkeit eines fehlertoleranten Rechensystems wurde von Ziv in [238] untersucht. Eine Kernaussage dieser Arbeit ist, dass kürzere Intervalle die Zuverlässigkeit erhöhen, da dadurch die Fehlerfortpflanzung eingeschränkt wird. Dies bestätigt die Ein-Fehlerbereich-Annahme aus dem Fehlermodell als realistisch. Wenn ein interner Speicher anstatt eines zeitlich nichtdeterministisch arbeitenden Sekundärspeichers, wie z. B. Festplatten verwendet wird, können aufgrund der kürzeren Zugriffszeit Prüfpunkte häufiger erstellt werden. Im Fehlerfall ergibt sich der positive Effekt, dass weniger Arbeit verworfen, das Datenaufkommen reduziert [63] wird und eine geringe Leistungsminderung auftritt, da das zu wiederholende Prüfpunktintervall sehr klein[30] ist. Die Fehlerbehebung kann daher wesentlich früher stattfinden. Folglich kann der Prüfpunktspeicher entsprechend klein gehalten werden. Aus diesen Gründen wird in dieser Arbeit interner Speicher verwendet. Durch Ziv [238] werden auch zwei verschiedene Prüfpunktarten vorgeschlagen. In zeitlich großen Abständen werden *store*-Prüfpunkte gespeichert. Diese werden nicht miteinander verglichen, sondern nur in einen sicheren Speicher abgelegt. Zwischen zwei *store*-Prüfpunkten werden *compare*-Prüfpunkte erzeugt, die miteinander verglichen, jedoch nicht gespeichert werden. Da *compare*-Prüfpunkte nicht gespeichert werden, genügt es die von Pradhan und Vaidya [161] vorgeschlagene Methode des Signaturaustauschs zu verwenden, um bei einem Rollback so wenig Daten wie möglich austauschen zu müssen. Ein Fehler wird dadurch wesentlich früher entdeckt als durch den selteneren Vergleich bei herkömmlichen Prüfpunktverfahren. Es resultieren eine kürzere Behebungsdauer und eine drastische Verringerung des benötigten Speichers, da weniger Prüfpunkte vorgehalten werden müssen. In [214] wird ein zweistufiges Fehlerbehebungsverfahren vorgeschlagen, das für wahrscheinliche Fehler eine andere Strategie verfolgt als für weniger wahrscheinliche Fehler. Prüfpunkte, für die ein Konsens zwischen den beteiligten Prozessoren besteht, werden seltener aufgenommen und nur für die Wiederherstellung bei weniger wahrscheinlichen Fehlern benutzt. Für häufiger auftretende Fehler werden lokale Prüfpunkte gespeichert, was im

---

[30] In dieser Arbeit abhängig von der verwendeten Multithreading-Strategie entweder ein Befehl oder die Anzahl der Befehle bis zu einem Kontextwechsel.

Allgemeinen wesentlich schneller geschehen kann. Wir betrachten im Folgenden zwei Möglichkeiten für das Zurückrollen: Rollback eines architekturell nicht fixierten Zustands und Rollback eines fixierten Zustands. Für ein schnelles Zurückrollen architekturell nicht fixierter Zustände eignen sich in erster Linie Mechanismen, wie sie auch für das Rückgängigmachen der Auswirkungen spekulativ ausgeführter Befehle eingesetzt werden. Der Hauptunterschied im Gegensatz zu dem in diesem Abschnitt geschilderten Verfahren liegt darin, dass bei spekulativer Ausführung die Ursache und der Zeitpunkt für eine Prüfpunkterstellung bekannt sind. Einige Verfahren versuchen aus dem Rückordnungspuffer einen gültigen Prozessorzustand wiederherzustellen [188][221]. Beim *Checkpoint Repair*-Verfahren von Hwu und Patt [80] gibt es auf dem Prozessor verschiedene logische Speicherbereiche, die jeweils aus einem kompletten Registersatz und zusätzlichen Speicherplätzen bestehen. Ein Speicherbereich ist für den aktuellen Ausführungszustand reserviert. Die anderen enthalten Backup-Kopien des Zustandes an vorhergehenden Ausführungszeitpunkten. Wird ein neuer Prüfpunkt gesichert, wird der aktuelle Zustand in den Backup-Bereich verlagert. Ein Wiederaufsetzen geschieht durch das Laden des Backup-Registersatzes. Das Verfahren ist zeitlich ineffektiv, da mehrere Zyklen für das Verschieben der Registerinhalte zwischen Backup- und architekturellem Registersatz benötigt werden. Der als Kellerspeicher organisierte *History Buffer* im Motorola 88110 wird von Smith und Pleskun [188] als mögliche Organisationsform für das Zurückrollen der Auswirkungen bereits ausgeführter Befehle beschrieben. Er enthält die alten Registerwerte, die von temporären Werten verdrängt wurden. Die im *History Buffer* gespeicherten Werte dienen dazu, den vorherigen Ausführungszustand wiederherzustellen. Hierfür werden ebenfalls mehrere

Zyklen benötigt. Tamir und Tremblay stellen in [197] einen schnellen (innerhalb weniger Zyklen) Rollback-Mechanismus vor. Der *Micro-Rollback* im Mirror Prozessor [198] wird durch einen Rollback-Registersatz unterstützt. Dieser besteht aus einem FIFO, der Schreiboperationen auf Universalregister speichert und verzögert (*delayed write*). Das Verfahren ist mit dem temporären Speicher aus Abschnitt 4.1.1 vergleichbar, nur dass hier schreibende und lesende Zugriffe eines Threads auf den Hauptspeicher zwischengespeichert werden. Auf [197] aufbauend entwickelte M. Pflanz [160] einen *Mikro-Rollback* auf Basis eines *Masters* und *Checkers* (*Trailers*) für arithmetisch-logische Einheiten und einfache Mikroprozessoren. Der als fehlerfrei angenommene Trailer führt das Programm des Masters um einen Takt versetzt aus und enthält im fehlerfreien Fall den letzten Zustand des Masters. Der *Master* kann so durch Übertragen des Trailerzustands zurückgerollt werden. Wie in Abschnitt 4.1.1 diskutiert, sollten die für Registersätze vorgesehenen Fehlerbehebungsmechanismen zeitlich effizient arbeiten, da es sonst zu einer Verschlechterung der Systemleistung kommt. Dieser Einfluss auf den kritischen Pfad wird leider weder in [160] noch in [197] erwähnt, bzw. untersucht.

4.3.2 Fehlerbehebung architekturell nicht fixierter Zustände

Eine einfache und kostengünstige Alternative für die Wiederherstellung des Pipelinezustands nach einem Fehler erhält man, indem die taktversetzte Ausführung und das kompressionslose Prüfsummenkalkül aus Abschnitt 4.2.1.4 (Modus AR2T) für einen Mikro-Rollback kombiniert werden. Die Werte der Pipelineregister werden im fehlerfreien Fall in Backup-Register geschrieben. Als Backup-Register werden die Prüfsummenregister im

Modus AR2T aus Abschnitt 4.2.1.4 genutzt. Abbildung 4-57 zeigt den Mikro-Rollback im Modus AR2T für eine in-order Pipeline. Das Zurückrollen von Warteschlangen, z. B. den Befehlsstrompuffern kann sehr einfach geschehen, indem das erste Element der Warteschlange eingespeist wird.

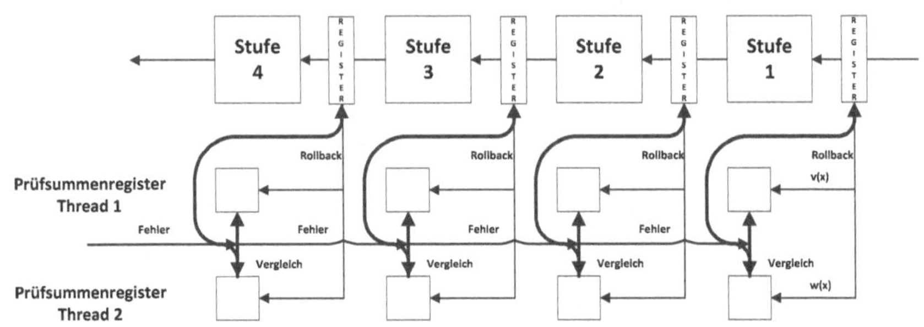

Abbildung 4-57: Mikro-Rollback im Modus AR2T

Wie beim ursprünglichen Mikro-Rollback wird der nachlaufende Thread zunächst als fehlerfrei angenommen. Die Ergebnisse der durch Thread 1 veränderten Pipelineregister werden in die Prüfsummenregister geschrieben. Anschließend wird der Kontext gewechselt, Thread 2 ausgeführt, seine Ergebnisse in das passende Prüfsummenregister geschrieben und mit denen von Thread 1 verglichen. Bei Äquivalenz wird mit der Ausführung von Thread 1 fortgefahren, sonst ein Rollback durch Laden des Prüfsummenregisters von Stufe i-1 des nachlaufenden Threads (Thread 2) in das entsprechende Pipelineregister durchgeführt. Somit kann ein Fehler direkt auf Stufe i abgebildet werden. Der Inhalt des Pipelineregisters könnte direkt für einen Vergleich mit dem Prüfsummenregister herangezogen werden. Dazu muss die Vergleichslogik aus den Prüfsummenpipelines ausgelagert/ angepasst werden. Die Zeit von der Erkennung des Fehlers bis einschließlich dessen Behebung beträgt drei Takte (Takt 1: Erkennung, Takt 2: Laden und Ausführen Stufe i-1, Takt 3: Ausführen Stufe i). Die Annahme eines fehlerfreien, nachlaufenden Thread erscheint vielleicht als zu rigoros. Es kann jedoch ein einfaches Verfahren zur Produktion von mehr als zwei Ergebnissen genutzt werden, wenn die Vergleichslogik aus der Prüfsummenpipeline ausgelagert wird. Dazu wiederholt man die Ausführung der Pipelinestufe, in der der Fehler erkannt wurde, indem die vorhergehende Pipelinestufe durch einen Mikro-Rollback zurückgerollt wird. Nach der Ausführung vergleicht man den Inhalt des Pipelineregisters mit den Werten in den Prüfsummenregistern. Liegt eine Übereinstimmung mit Thread 2 vor, war Thread 1 fehlerhaft und der Inhalt des Prüfsummenregisters von Thread 2 wird in das Pipelineregister übertragen. Anderenfalls ist Thread 2 fehlerhaft. Der Inhalt des Prüfsummenregisters des ersten Threads wird in das Pipelineregister transferiert und die Ausführung fortgesetzt. Wenn kein Konsens besteht, muss die Ausführung ab dem letzten Prüfpunkt wiederholt werden. Dabei kann auch das von Yu [233] entworfene *direct-load* Schema eingesetzt werden, bei dem der mehrheitlich entschiedene Zustand automatisch zum Startzustand aller weiteren Zustände wird.

4.3.3 Fehlerbehebung architekturell fixierter Zustände

Bei redundanter Ausführung zweier Befehlsströme nimmt der nachlaufende Thread im fehlerfreien Fall einen früheren Zustand des vorauslaufenden Threads ein. Im temporären Speicher befinden sich Werte und Sprungziele des vorauslaufenden Threads, die für ihn bereits sichtbar sind, jedoch eventuell noch nicht vom nachlaufenden Thread berechnet/ fixiert wurden. Falls ein Fehler signalisiert wird, werden entweder ein oder beide Threads zurückgerollt. Wie viele Threads zurückgerollt werden, geschieht aufgrund des ihnen zugewiesenen Vertrauens γ (s. Abschnitt 4.2.2). Für das Zurückrollen des Registersatzes wird das in diesem Abschnitt geschilderte Protokoll eingesetzt. Für einen Rollback freigegebener Ergebnisse in den Registersätzen beider Threads inklusive der Programmzähler werden diese jeweils um einen temporären Programmzähler und ein zusätzliches Flag und jedes Register um ein temporäres Register und zwei Flags (*modified, regfile*) erweitert. Das Flag für die Programmzähler bestimmt, welcher Programmzähler verändert werden soll und wird bei einem Kontextwechsel oder beim Zurückrollen invertiert. *Modified* wird beim Schreiben auf Register gesetzt und nach einem gültigen Prüfpunkt zurückgesetzt. Das *regfile*-Flag gibt an, auf welchen der beiden Registersätze eines Threads gerade geschrieben wird. Abbildung 4-58 zeigt die Zustandsübergänge innerhalb des Registersatzes eines Threads. Die Zustandscodierungen in Abbildung 4-58 entsprechen von links nach rechts gelesen den Flags *modified* und *regfile*. Schreibvorgänge sind durch *W*, Lesezugriffe durch *R* und die Signalisierung gültiger oder ungültiger Prüfpunkte durch *valid CP*, bzw. *invalid CP* gekennzeichnet. Gültige und ungültige Prüfpunkte werden durch die Fehlererkennungsverfahren dieser Arbeit signalisiert.

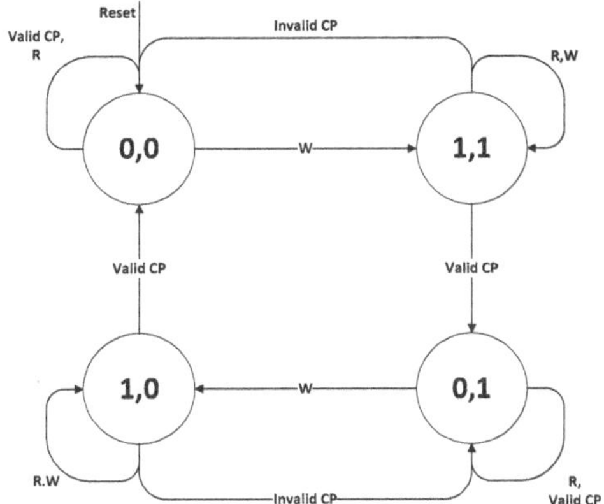

Abbildung 4-58: Zustandsübergänge beim Rollback-Protokoll

Nach dem Zurücksetzen werden alle Flags auf *modified=0, regfile=0* (0, 0) gesetzt. Beim ersten Schreibzugriff (W) auf ein Register zwischen zwei Prüfpunkten wird dessen *modified-* und *regfile*-Flag gesetzt und in den Zustand (1, 1) gewechselt. Schreibzugriffe werden auf dem zweiten Registersatz durchgeführt. Weitere Schreib-/ Lesezugriffe eines Threads auf ein Register mit gesetztem *modified*-Flag führen zu keiner weiteren Zustandsänderung. Wenn Register in Zustand (0, 0), (0, 1) nur gelesen (R) werden, und/ oder in diesem Kontext ein gültiger Prüfpunkt (*valid CP*) vorliegt, bleibt der Zustand unverändert. Jeder Schreibzugriff nach einem Prüfpunkt führt zu einem Invertieren des *regfile*-Flags. Jeder weitere Schreibzugriff verändert das Flag nicht. Ein ungültiger Prüfpunkt (*invalid CP*) führt zu einem Rollback. In diesem Fall werden alle mit *modified=1* gekennzeichneten *regfile*-Flags invertiert. Ein gültiger Prüfpunkt führt zum Wechsel aller durch *modified=1* gekennzeichneten Flags zu *modified=0*. Abbildung 4-59 verdeutlicht den Einfluss verschiedener Leseoperationen auf den Registersatz eines Threads. Beim ersten Lesezugriff (R_1) mit der Flagkombination (0, 0) wird vom ersten Registersatz, beim zweiten Lesezugriff (R_2) mit der Flagkombination (1, 1) vom zweiten Registersatz gelesen.

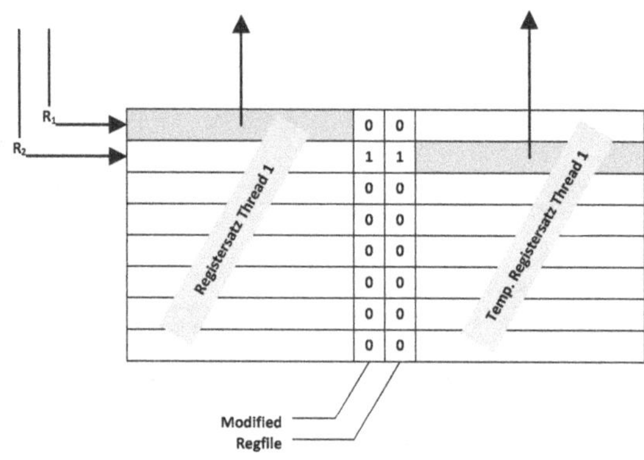

Abbildung 4-59: Lesen von Registern beim Rollback-Protokoll

Die Auswirkungen verschiedener Schreiboperationen (W) zeigt Abbildung 4-60. Man sieht, wie auf den durch *regfile* indexierten Registersatz zugegriffen wird, weiterhin, wie sich die Flags ändern (0, 0)-(1, 1).

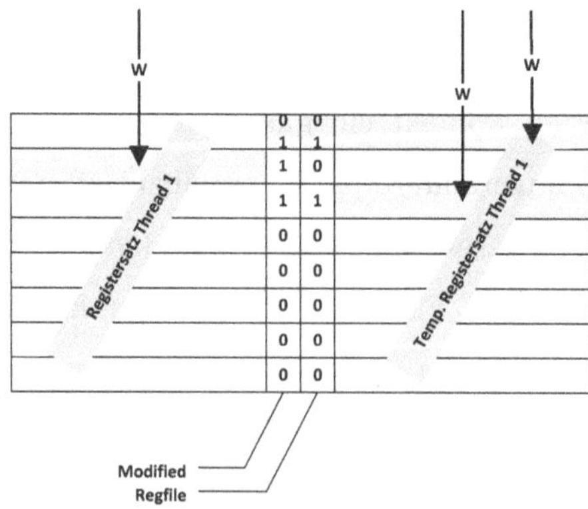

Abbildung 4-60: Schreiben von Registern beim Rollback-Protokoll

Abbildung 4-61 zeigt den Ablauf eines Rollbacks. Alle Flags (*modified, regfile*) mit *modified*=1 und *regfile* werden invertiert.

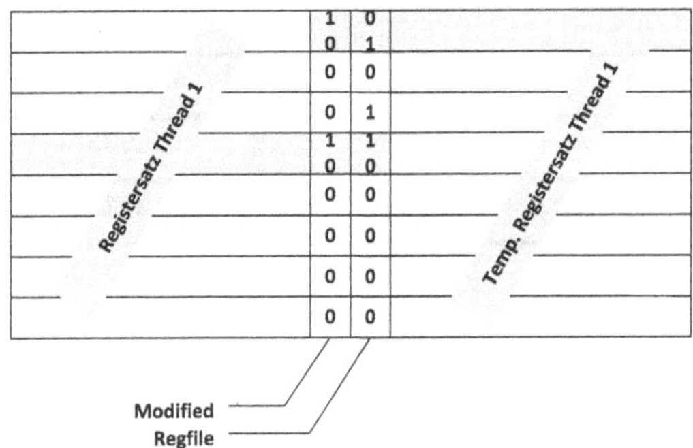

Abbildung 4-61: Rollback nach einem Fehler mit dem Rollback-Protokoll

In jedem Fall müssen nur Bits gesetzt/ zurückgesetzt werden, anstatt Daten zwischen Backup- und architekturell sichtbarem Registersatz zu transferieren. Dafür werden zusätzliche Flags und Logik benötigt.

Tabelle 4-27 und Tabelle 4-28 zeigen die Ressourcenanforderungen für das Rollback-Protokoll für FPGAs bzw. Standardzellen.

Tabelle 4-27: Ressourcen – Rollback-Protokoll (FPGA)

Platzierung und Trassierung		
Kritischer Pfad (ns)	5,685	
Energieverbrauch (bei 200 MHz Takt)		
	mA	mW
Spannungsversorgung 1,8 V	8,77	15,79
Fläche		
Slices	7	
Slice-FFs	9	
4-Input LUTs	12	
IOBs	5	
Gate Count	132	

Tabelle 4-28: Ressourcen – Rollback-Protokoll (Standardzellen)

Platzierung und Trassierung	
Kritischer Pfad (ps)	513
Transistoren	173
Flächenverbrauch (λ^2)	205 x 200
Kapazität (pF)	0,2

Der zeitliche Vorteil des Verfahrens ergibt sich, da während des Zurückrollens von Registern gelesen werden kann, falls diese noch nicht beschrieben wurden (*modified=0*)[31]. Wie hoch der prozentuale Anteil der vom Registersatz lesenden µops ohne Abhängigkeiten ist, ergibt sich aus Abbildung 4-62. Diese zeigt den mit *ptlsim* unter Ausführung aller SPECint2006_base-Benchmarks (x-Achse) ermittelten prozentualen Anteil (y-Achse) der aufgrund von Abhängigkeiten wartenden (*waiting*) µops in der Dispatch-Phase, wie viele Operanden über das Bypass-Netzwerk weitergeleitet (*bypass*), auf physikalische Register (*written*) geschrieben und wie viele von Architekturregistern gelesen konnten (*arch*).

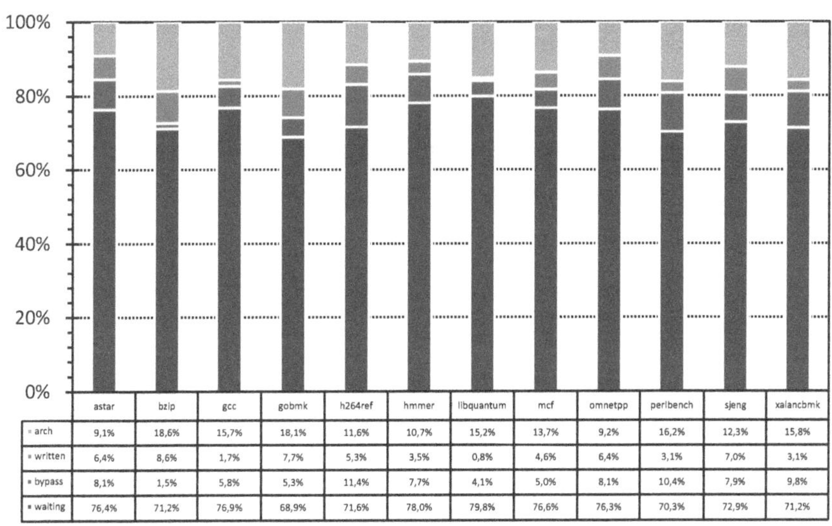

	astar	bzip	gcc	gobmk	h264ref	hmmer	libquantum	mcf	omnetpp	perlbench	sjeng	xalancbmk
arch	9,1%	18,6%	15,7%	18,1%	11,6%	10,7%	15,2%	13,7%	9,2%	16,2%	12,3%	15,8%
written	6,4%	8,6%	1,7%	7,7%	5,3%	3,5%	0,8%	4,6%	6,4%	3,1%	7,0%	3,1%
bypass	8,1%	1,5%	5,8%	5,3%	11,4%	7,7%	4,1%	5,0%	8,1%	10,4%	7,9%	9,8%
waiting	76,4%	71,2%	76,9%	68,9%	71,6%	78,0%	79,8%	76,6%	76,3%	70,3%	72,9%	71,2%

Abbildung 4-62: Prozentualer Anteil von Abhängigkeiten, Dispatch

[31] Sobald auf Register geschrieben wird, ist *modified*=1.

Relevant ist der prozentuale Anteil über das Bypass-Netzwerk weitergeleiteter und von Architekturregistern gelesener Operanden (*arch*), da hier keine Abhängigkeiten vorhanden sind, bzw. keine Verzögerungen auftreten. Man berechnet die arithmetischen Mittel aller Werte für *waiting, bypass, written, arch* und den prozentualen Anteil von *arch* und *bypass*. So erhält man den zeitlichen Vorteil des Verfahrens zu 19,92 % gegenüber Rollback-Verfahren, die während eines Rollback nicht auf Register schreiben, bzw. von diesen lesen. Nachfolgend wird der Rollback beider Threads und der Rollback/Roll-Forward diskutiert.

4.3.3.1 Rollback beider Threads

Ein Rollback beider Threads bei einem Fehler wird genau dann durchgeführt, sobald das Vertrauen γ in beide Threads sehr gering ($\gamma \leq \rho$) ist. Die *regfile*-Flags der mit *modified=1* gekennzeichneten Einträge werden invertiert und *modified=0* gesetzt. Der temporäre Speicher wird zurückgesetzt, das Vertrauen der Threads angeglichen und die Ausführung ab dem letzten Programmzählerstand aus den Backup-Programmzählern wiederholt. Abbildung 4-63 zeigt die (stark vereinfachte) Situation, in der ein Fehler während der Ausführung von Thread 1 auftrat.

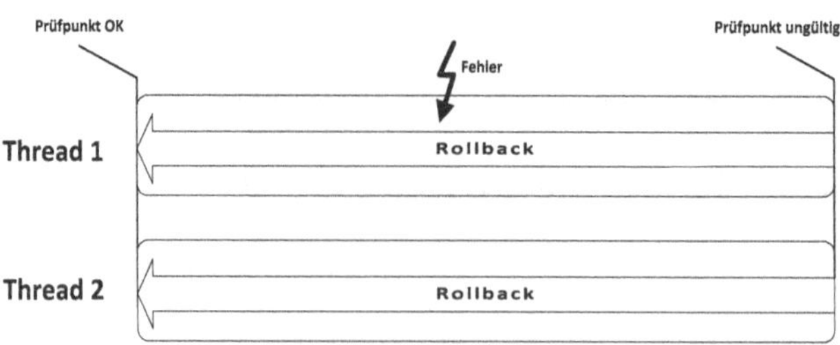

Abbildung 4-63: Rollback beider Threads (Fehler in Thread 1)

Der vorauslaufende Thread erreicht den ungültigen Prüfpunkt χ als Erster. Nun gibt es zwei Möglichkeiten:

1. Man wartet auf die Fertigstellung der Ausführung durch den nachlaufenden Thread und erhält vier Prüfsummen zu einem Prüfpunkt.
2. Man vergleicht die abgelegten Prüfsummen in den Prüfsummenregistern des voraus- und nachlaufenden Threads mit der erneut berechneten Prüfsumme des vorauslaufenden Threads. Bei Äquivalenz der Prüfsummen des vorauslaufenden Threads ist ein Fehler im nachlaufenden Thread aufgetreten. Anderenfalls (der vorauslaufende Thread ist fehlerhaft) ergeben sich die folgenden Möglichkeiten:
   - Man nimmt an, dass der zweite Durchlauf des nachlaufenden Threads weiterhin korrekt verläuft. In diesem Fall kann die Ausführung des zweiten Durchlaufes des nachlaufenden Threads übergangen und entsprechend der Summe der Ausführungszeiten der Befehle im Slack Zeit eingespart werden.
   - Man wartet auf die Fertigstellung der Ausführung des nachlaufenden Threads, wobei dann vier statt drei Prüfsummen vorhanden sind.

4.3.3.2 Rollback/ Roll-Forward

Ist das Vertrauen eines Threads ausreichend ($\gamma > \rho$), wird im Fehlerfall das Roll-Forward/ Rollback-Verfahren eingestellt. Ein *Roll-Forward* bedeutet die kontinuierliche Ausführung eines Befehlsstroms eines Threads nach einem Fehler. Die Ausführung des führenden Threads wird nicht beeinflusst. Der nachlaufende Thread wiederholt die Ausführung ab dem letzten Prüfpunkt. Erreicht dieser χ, sind maximal vier Prüfsummen zu einem Prüfpunkt vorhanden (ein temporärer aus dem Rollback des nachlaufenden (**RB**), einer des führenden und des nachlaufenden (**F**, **N**) und eventuell ein temporärer des führenden). Um mehrere Prüfsummen zu speichern, können die Prüfsummenregister aus Abschnitt 4.1.4 als Stack erweitert werden. Es gilt **F≠N** und folgende Fälle sind zu unterscheiden.

- **N≠(RB=F):** Es ist ein transienter Fehler im nachlaufenden Thread aufgetreten. Der Zustand des führenden (Roll-Forward) Threads wird auf den nachlaufenden (Rollback) Thread übertragen. Die Ausführung des nachlaufenden Threads wird dadurch beschleunigt, jedoch muss angenommen werden, dass der führende Thread in der Zwischenzeit fehlerfrei arbeitete. Wenn diese Annahme nicht getroffen wird, muss der Zustand des führenden Threads bei χ auf den nachlaufenden Thread übertragen werden. Durch den Rollback des nachlaufenden Threads und da **RB=F**, ist dies dann bereits geschehen. Dem fehlerhaften Thread wird Vertrauen entzogen und dem fehlerfreien Thread geschenkt.
- **F≠(RB=N):** Ein Fehler im führenden Thread ist aufgetreten. Er wird zurückgerollt und sein Vertrauen vermindert. Der Zustand des nachlaufenden Threads wird für die weitere Ausführung herangezogen.
- **F≠RB≠N:** Ein Fehlverhalten beider Threads ist aufgetreten. Beide Threads werden durch das Rollback-Protokoll und an den letzten gültigen Prüfpunkt zurückgerollt, ihnen Vertrauen entzogen und die Ausführung wiederholt.

Abbildung 4-64 verdeutlicht die Rollback-/ Roll-Forward-Situation. In der Programmausführung von Thread 1 ist ein Fehler aufgetreten. Thread 1 führt einen Roll-Forward aus und setzt seine Ausführung bis zum nächsten Prüfpunkt fort, wohingegen Thread 2 einen Rollback mit anschließendem Retry durchführt.

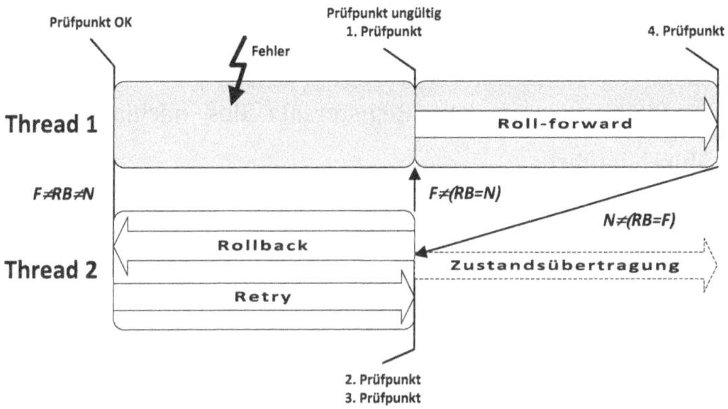

Abbildung 4-64: Roll-Forward Thread 1 (Fehler), Rollback Thread 2

4.3.3.3 Übertragung von Zuständen zwischen Threads

Zwei Fälle müssen beim Übertragen von Zuständen berücksichtigt werden.

1. **N≠(RB=F):** Übertragen des Zustands des führenden Threads auf den nachlaufenden Thread unter der Annahme, dass die Ausführung des führenden Threads weiterhin korrekt verlief. Da der nachlaufende Thread eine Prüfung des führenden Threads nicht durchführen kann, liegen nur ungültige Zustände des führenden Threads vor. Mit dem Rollback liegen gültige Zustände des nachlaufenden Threads zum Zeitpunkt χ vor. Es müssen daher nur die

veränderten (*modified*=1) Zustände des führenden Threads auf den nachlaufenden Thread übertragen werden. Aus diesem Grund werden bei *modified*=1 Leseoperationen des nachlaufenden Threads auf dem Registersatz des führenden Threads mit anschließendem Schreiben des gelesenen Werts auf den Registersatz des nachlaufenden Threads, bei *modified*=0 die Leseoperationen auf dem Registersatz des nachlaufenden Threads und Schreiboperationen auf dem Registersatz des nachlaufenden Threads durchgeführt.

2. **F≠(RB=N):** Übertragen des Zustands des nachlaufenden Threads auf den führenden Thread zum Zeitpunkt χ. Sämtliche Leseoperationen des führenden Threads finden auf dem Registersatz des nachlaufenden Threads statt (mit *modified*=0). Sie führen zu einer Schreiboperation des gelesenen Werts auf dem Registersatz des führenden Threads. Schreiboperationen werden auf dem Registersatz des führenden Threads durchgeführt. Da der Fehler durch das Thread-Prüfsummenkalkül auf Pipelinestufen abgebildet werden kann, kann die vollständige Übertragung von Zuständen zwischen Threads entfallen, wenn kein Fehler in der Rückschreibphase festgestellt wurde. Wenn das Prüfsummenkalkül nicht eingesetzt wird, müssen am nächsten Prüfpunkt alle Register mit *modified=0* vom Registersatz des nachlaufenden Threads auf den führenden Thread übertragen werden.

Um das Verfahren zu realisieren, werden zwei Flags (Ü für eine Zustandsübertragung, F/N für die Kennzeichnung des Threads) und zusätzliche Logik benötigt. Abbildung 4-65 illustriert das Verfahren. Auf der linken Seite ist der Transfer des Zustands des führenden Threads auf den nachlaufenden Thread dargestellt (Ü=1, F/N=0, R ist die Leseoperation des nachlaufenden Threads). Auf der rechten Seite wird die Übertragung des Zustands des nachlaufenden Threads auf den führenden Thread gezeigt (Ü=1, F/N=1, R ist die Leseoperation des führenden Threads).

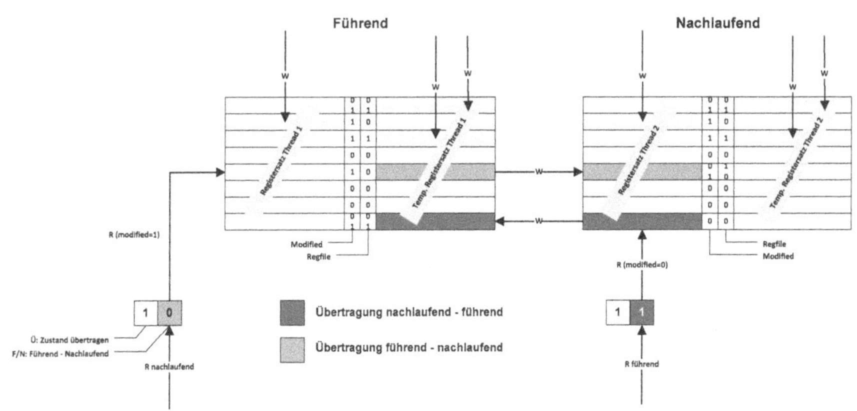

Abbildung 4-65: Übertragen von Zuständen zwischen Threads

Überall und zu allen Zeiten ist die Mauer ein Sinnbild der Abgeschlossenheit.
Wo Mauern stehen, umschließen sie eine Welt innerhalb der Welt.
Sie umgrenzen einen Staat innerhalb des Staates,
eine besondere Ordnung innerhalb der gewöhnlichen Ordnung.
Sie scheiden Gut nicht von Böse und Freude nicht von Leid,
sondern Menschen von Menschen.
Und deshalb sollten sie nie unübersteigbar sein.
Hans-Hellmut Kirst

Kapitel 5

Überblick und Fazit

Mit steigender Integrationsdichte, Taktung und sinkenden Signalpegeln spielen durch Single-Event Upsets induzierte transiente Fehler in CMOS-Technologien eine immer größere Rolle. Diese Fehler zeitnah zu erkennen und zu tolerieren stellt eine der großen Herausforderungen für Mikroarchitekten in der Gegenwart und in der Zukunft dar. In dieser Arbeit wurden flächen- und zeiteffektive Mechanismen zur Fehlerentdeckung und –behebung entwickelt, um diesem Ziel nahe zu kommen. Die Mechanismen sind einfach und dadurch schnell und kostengünstig zu implementieren, was eine preisgünstige Massenfabrikation ermöglicht. Wie die entwickelten Fehlertoleranzmechanismen zusammenwirken, zeigt Abbildung 5-1.

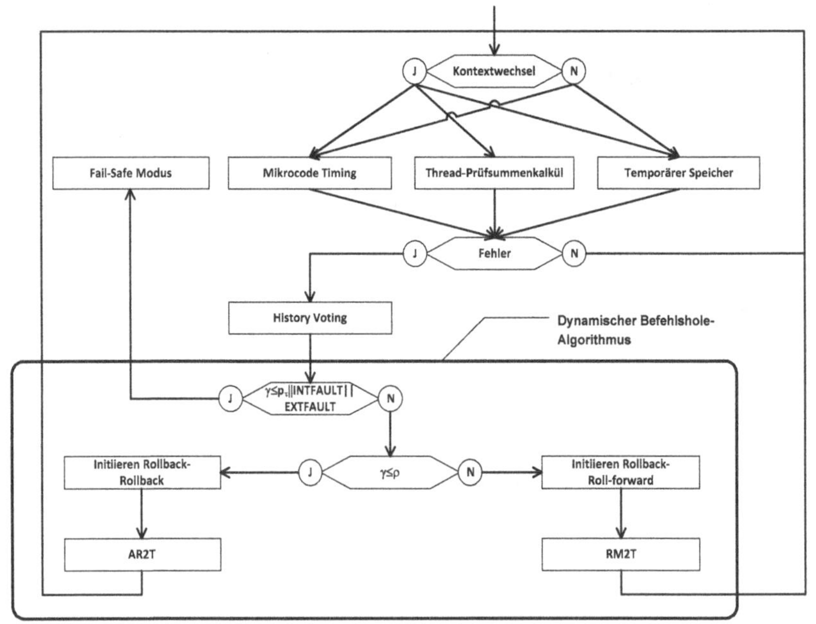

Abbildung 5-1: Zusammenwirken aller Verfahren

Während der Ausführung werden Mikroprogramme durch Mikrocode Timing (Abschnitt 4.1.5) überwacht und Adressen, Sprungziele sowie Daten im temporären Speicher (Abschnitt 4.1.1) weitergeleitet und verglichen. Bei jedem Kontextwechsel des nachlaufenden Threads findet ein Vergleich der Prüfsummen aus dem Prüfsummenverfahren statt. Wird ein Fehler durch Mikrocode Timing, ungleiche Prüfsummen oder ungleiche Werte im temporären Speicher signalisiert, wird das Vertrauen (History Voting) der betroffenen Threads in Abhängigkeit von der vorausgesagten Fehlerrate verringert. Ist $\gamma \leq p_t$ oder INTFAULT oder EXTFAULT aktiviert, wird der Fail-Safe Modus, im Fall $\gamma \leq \rho$ der Modus AR2T mit einem Rollback beider Threads, für $\gamma > \rho$ grob granulöses Multithreading (RM2T) mit Roll-Forward aktiviert. Abbildung 5-2 zeigt beispielhaft die Integration der in dieser Arbeit entwickelten Verfahren in eine SMT-Mikroarchitektur. Änderungen gegenüber der ursprünglichen Architektur sind hervorgehoben.

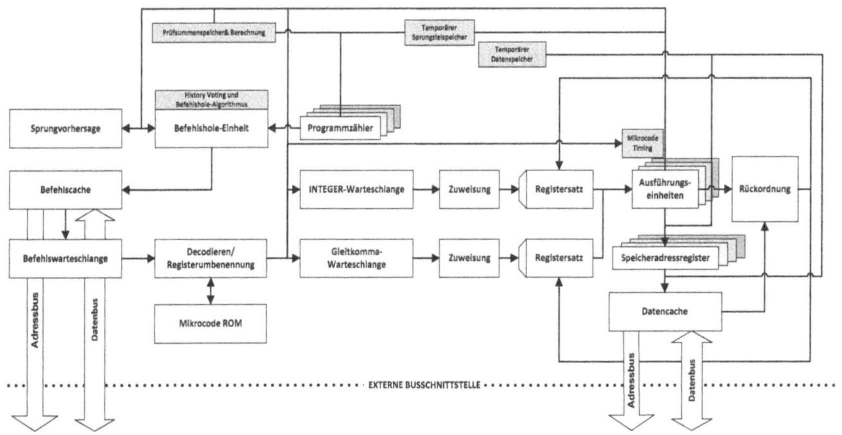

Abbildung 5-2: Blockdiagramm einer erweiterten SMT-Mikroarchitektur

Um eine Empfehlung hinsichtlich der Architektur und damit des Einsatzgebiets der Mechanismen zu erhalten, werden der kritische Pfad und die benötigte Fläche der Verfahren in den Kontext einiger CPU-Implementierungen gebracht. Tabelle 5-1 und Tabelle 5-2 zeigen die Kenngrößen dieser Implementierungen für FPGAs und Standardzellen.

Tabelle 5-1: Kenngrößen einiger CPU-Implementierungen (FPGA)

	68hc05	68hc08	8051
Kritischer Pfad (ns)	24,266	31,842	38,316
Slices	1390	2134	1460
Slice-FFs	203	196	410
4-Input LUTs	2675	4151	2605
IOBs	39	39	109
Gate Count	18699	27940	51345

Tabelle 5-2: Kenngrößen einiger CPU-Implementierungen (Standardzellen)

	MIPS R3000 [96]	AMD2901
Kritischer Pfad (ps)	4725	4866
Transistoren	54829	6136
Flächenverbrauch (λ^2)	4330 x 3900	1310 x 1350
Kapazität (pF)	3541,4	12,5

Abbildung 5-3 zeigt den kritischen Pfad und den Flächenverbrauch in LUTs der Fehlertoleranzmechanismen und CPUs für den FPGA-Entwurf, Abbildung 5-4 die Ergebnisse für den Standardzell-Entwurf (y-Achse jeweils logarithmisch skaliert). Dabei wurden bewusst bekannte CPUs aus dem eingebetteten Bereich mit sehr geringem ATC-Bedarf (das Produkt aus Fläche A in λ^2, aus kritischem Pfad T in ps, und Kapazität C in pF) gewählt, um minimale Anforderungen zu erhalten.

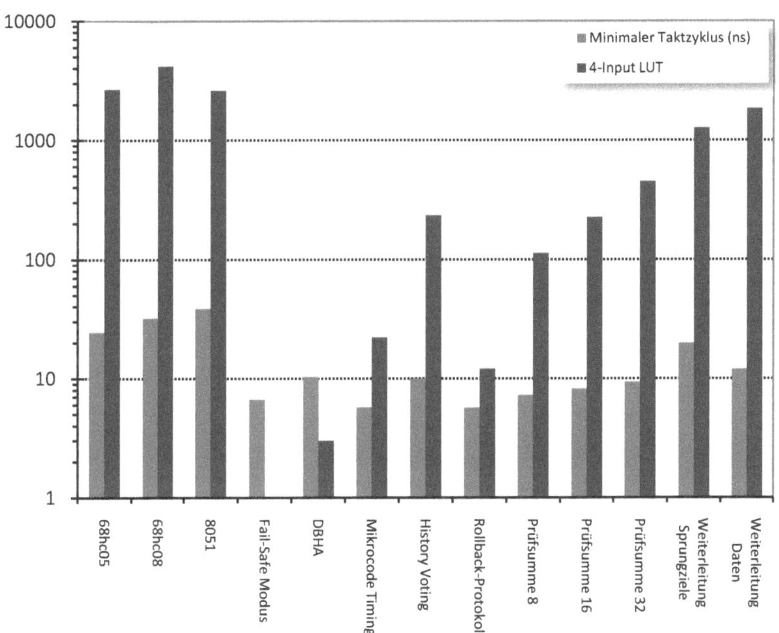

Abbildung 5-3: Kritischer Pfad/ Flächenverbrauch FT-Mechanismen (FPGA)

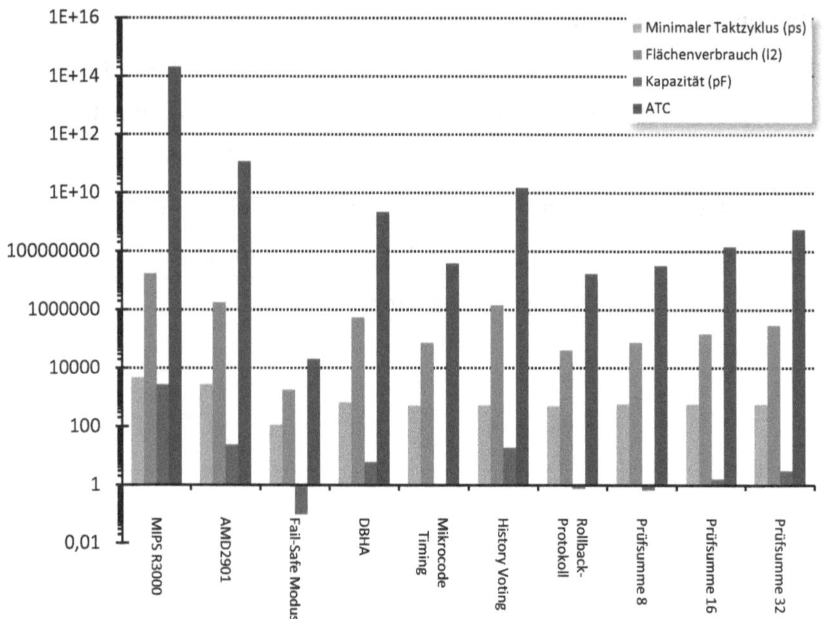

Abbildung 5-4: ATC-Produkt FT-Mechanismen (Standardzellen)

Aus Abbildung 5-3 und Abbildung 5-4 ergeben sich die in Tabelle 5-3 dargestellten Empfehlungen, welche Architektur (eingebettet, superskalar, superskalar mit Multithreading) für welche der diskutierten Fehlertoleranzverfahren aufgrund der Ressourcenanforderungen empfohlen wird. Aufgrund des geringen Flächenverbrauchs und kurzen kritischen Pfades können der Fail-Safe Modus und Mikrocode Timing für alle Architekturen eingesetzt werden. Der Befehlshole-Algorithmus kommt nur für mehrfädige Architekturen in Frage. Aufgrund des Flächenverbrauchs des Rollback-Protokolls, History Votings, des Thread-Prüfsummenkalküls und der

Weiterleitung von Daten und Sprungzielen zwischen Threads kommen für diese Verfahren nur superskalare und mehrfädige Architekturen in Frage.

Tabelle 5-3: Empfehlung Architektur - Fehlertoleranzverfahren

Verfahren	Architektur		
	Eingebettet	Superskalar	Superskalar/MT
Fail-Safe Modus	●	●	●
Dynamischer Befehlshole-Algorithmus			●
Mikrocode Timing	●	●	●
History Voting		●	●
Rollback-Protokoll		●	●
Thread-Prüfsummenkalkül		●	●
Weiterleitungsstrukturen		●	●

Mit der Integration der entwickelten Verfahren in einen Mikroprozessor ergibt sich eine Vielzahl von Anwendungsgebieten. Verlässliche eingebettete Systeme kommen z. B. in Flugzeugen oder im hochalpinen Bereich bei der *Navigation mithilfe von Satelliten* (GPS – Global Positioning System, Galileo) zum Einsatz, da hier der Strahlungseinfluss deutlich über dem Normalmaß liegt. Allgemeine Steuerungsaufgaben, z. B. Fahrerassistenzsysteme benötigen verlässliche Prozessoren. In *Weltraummissionen* kurzer (ein bis zwei Jahre) und mittlerer Missionsdauer (drei bis fünf Jahre) können derart erweiterte superskalare Prozessoren in nicht-sicherheitskritischen Bereichen, wie der Signalauswertung von Kamerabildern, weiterhin z. B. bei Mess- und Steuerungsaufgaben in *Kernkraftwerken, Eisenbahnen,* militärischen Anwendungen oder Experimenten mit hochenergetischen Teilchen eingesetzt werden. Die Eingliederung der Mechanismen in superskalare und mehrfädige Prozessoren erlaubt den fehlertoleranten Betrieb von Hochleistungsrechenanlagen sowie die Konstruktion verlässlicher Systeme mit hohen Durchsatz-Anforderungen wie z. B. Transaktionssysteme.

Anhang A: SPECint2006-Parameter

Tabelle 5-4 zeigt die eingesetzten SPECint2006-CPU-Benchmarks.

Tabelle 5-4: SPECint2006-Benchmarks

Nr.	Name	Anwendungsgebiet	Beschreibung
1	400.perlbench	Perl	Perl V5.8.7. (Arbeitslast: SpamAssassin, MHonArc und specdiff)
2	401.bzip2	Kompression	Julian Seward's bzip2 Version 1.0.3
3	403.gcc	C Compiler	gcc 3.2, Opteron Codegenerierung
4	429.mcf	Kombinatorische Optimierung	Lösen eines Logistikproblems (öffentliche Verkehrsmittel) durch einen Simplex-algorithmus
5	445.gobmk	Künstliche Intelligenz: Go	Ein Go-Spiel
6	456.hmmer	Suchen einer Gensequenz	Proteinsequenzanalyse mit profile hidden Markov Modellen
7	458.sjeng	Künstliche Intelligenz: Schach	Ein Schachprogramm
8	462.libquantum	Physik: Quantencomputer	Simulation eines Quantencomputers mit Shor's Faktorisierungsalgorithmus
9	464.h264ref	Videokompression	Eine Referenzimplementierung der H.264/AVC Videocodierung
10	471.omnetpp	Ereignissimulation	Diskrete Ereignissimulation (OMNet++) eines großen Ethernet-Netzwerks
11	473.astar	Pfadsuche	Bibliothek für Pfadsuche in 2D-Karten mit dem A*-Algorithmus
12	483.xalancbmk	XML Verarbeitung	XML-Dokumente in andere Dokument-typen mit Xalan-C++ überführen

In den folgenden Befehlszeilen ist die für *ptlsim* verwendete Parameter-/ Eingabemenge unterstrichen. Bei Verwendung von *valgrind* wurden alle Referenzeingabemengen zugrunde gelegt.

400.perlbench (**INT,** 3 Eingabeparameter)

perlbench -I./lib checkspam.pl 2500 5 25 11 150 1 1 1 1 > perlbench.ref.checkspam.out 2> perlbench.ref.checkspam.err

perlbench -I./lib diffmail.pl 4 800 10 17 19 300 > perlbench.ref.diffmail.out 2> perlbench.ref.diffmail.err

perlbench -I./lib splitmail.pl 1600 12 26 16 4500 > perlbench.ref.splitmail.out 2> perlbench.ref.splitmail.err

401.bzip2 (**INT,** 6 Eingabeparameter)

bzip2 input.source 280 > bzip2.ref.source.out 2> bzip2.ref.source.err

bzip2 chicken.jpg 30 > bzip2.ref.chicken.out 2> bzip2.ref.chicken.err

bzip2 liberty.jpg 30 > bzip2.ref.liberty.out 2> bzip2.ref.liberty.err

bzip2 input.program 280 > bzip2.ref.program.out 2> bzip2.ref.program.err

bzip2 text.html 280 > bzip2.ref.text.out 2> bzip2.ref.text.err

bzip2 input.combined 200 > bzip2.ref.combined.out 2> bzip2.ref.combined.err

403.gcc (**INT,** 9 Eingabeparameter)

gcc 166.i -o 166.s > gcc.ref.166.out 2> gcc.ref.166.err

gcc 200.i -o 200.s > gcc.ref.200.out 2> gcc.ref.200.err

gcc c-typeck.i -o c-typeck.s > gcc.ref.c-typeck.out 2> gcc.ref.c-typeck.err

gcc cp-decl.i -o cp-decl.s > gcc.ref.cp-decl.out 2> gcc.ref.cp-decl.err

gcc expr.i -o expr.s > gcc.ref.expr.out 2> gcc.ref.expr.err

gcc expr2.i -o expr2.s > gcc.ref.expr2.out 2> gcc.ref.expr2.err

gcc g23.i -o g23.s > gcc.ref.g23.out 2> gcc.ref.g23.err

gcc s04.i -o s04.s > gcc.ref.s04.out 2> gcc.ref.s04.err

gcc scilab.i -o scilab.s > gcc.ref.scilab.out 2> gcc.ref.scilab.err

429.mcf (**INT**, 1 Eingabeparameter)

mcf inp.in > mcf.ref.out 2> mcf.ref.err

445.gobmk (**INT,** 5 Eingabeparameter)

gobmk --quiet --mode gtp < 13x13.tst > gobmk.ref.13x13.out 2> gobmk.ref.13x13.err

gobmk --quiet --mode gtp < nngs.tst > gobmk.reff.nngs.out 2> gobmk.ref.nngs.err

gobmk --quiet --mode gtp < score2.tst > gobmk.ref.score2.out 2> gobmk.ref.score2.err

gobmk --quiet --mode gtp < trevorc.tst > gobmk.ref.trevorc.out 2> gobmk.ref.trevorc.err

gobmk --quiet --mode gtp < trevord.tst > gobmk.ref.trevord.out 2> gobmk.ref.trevord.err

456.hmmer (**INT,** 2 Eingabeparameter)

hmmer nph3.hmm swiss41 > hmmer.ref.nph3.out 2> hmmer.ref.nph3.err

hmmer --fixed 0 --mean 500 --num 500000 --sd 350 --seed 0 retro.hmm > hmmer.ref.retro.out 2> hmmer.ref.retro.err

458.sjeng (**INT,** 1 Eingabeparameter)

sjeng ref.txt > sjeng.ref.out 2> sjeng.ref.err

462.libquantum (**INT,** 1 Eingabeparameter)

libquantum 1397 8 > libquantum.ref.out 2> libquantum.ref.err

464.h264ref (**INT,** 3 Eingabeparameter)

h264ref -d foreman_ref_encoder_baseline.cfg > h264ref.ref.foreman_baseline.out 2> h264ref.ref.foreman_baseline.err

h264ref -d foreman_ref_encoder_main.cfg > h264ref.ref.foreman_main.out 2> h264ref.ref.foreman_main.err

h264ref -d sss_encoder_main.cfg > h264ref.ref.sss.out 2> h264ref.ref.sss.err

471.omnetpp (**INT,** 1 Eingabeparameter)

omnetpp omnetS.ini > omnetS.ref.log 2> omnetS.ref.err

473.astar (**INT,** 2 Eingabeparameter)

astar BigLakes2048.cfg > astar.ref.BigLakes2048.out 2> astar.ref.BigLakes2048.err

astar rivers.cfg > astar.ref.rivers.out 2> astar.ref.rivers.err

483.xalancbmk (**INT,** 1 Eingabeparameter)

xalan -v t5.xml xalanc.xsl > xalancbmk.ref.out 2> xalancbmk.ref.err

Anhang B: Felddaten (SGI Altix 4700)

In der nachfolgenden Tabelle sind die wesentlichen Kenngrößen der SGI Altix 4700-Installation am Leibniz-Rechenzentrum der Technischen Universität München in Garching angegeben (Installation der zweiten Ausbaustufe). Dabei handelt es sich um ein übersetztes Exzerpt aus [23].

	Ausbaustufe 1 (bis 03/2007)	**Ausbaustufe 2 (seit 04/2007)**
Anzahl der Kerne	4096	9728
Anzahl der Partitionen	16	19
Kerne pro Partition	256	512
Anzahl Kerne pro Sockel	1	2
	Prozessor	
Typ	Intel Itanium2 Madison 9M	Intel Itanium2 Montecito Dual Core
Taktfrequenz	1.6 GHz	1.6 GHz
	Speicher	
Speicher pro Kern	4 GByte	4 GByte
	Cache	
L1-Datencache	16 KByte	16 KByte
L2-Datencache (pro Kern)	256 KByte	256 KByte
L2-Befehlscache (pro Kern)	n/a	1 MByte
L3-Cache (pro Kern)	6 MByte	9 MByte

In den nachfolgenden Grafiken ist die Häufigkeit erkannter Fehler (y-Achse) für jede der 19 Partitionen angegeben. Die Informationen wurden aus den Meldungen des System Abstraction Layer (*salinfo*) extrahiert. Dabei wurde der Zeitraum vom 24.07.2007 bis zum 31.08.2007 betrachtet (x-Achse). Die y-Achsen der Grafiken zu Partition 3 und 13 sind logarithmisch, alle übrigen Grafiken linear skaliert.

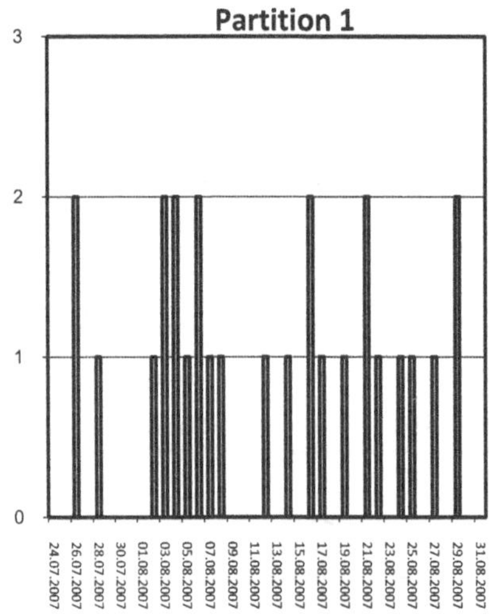

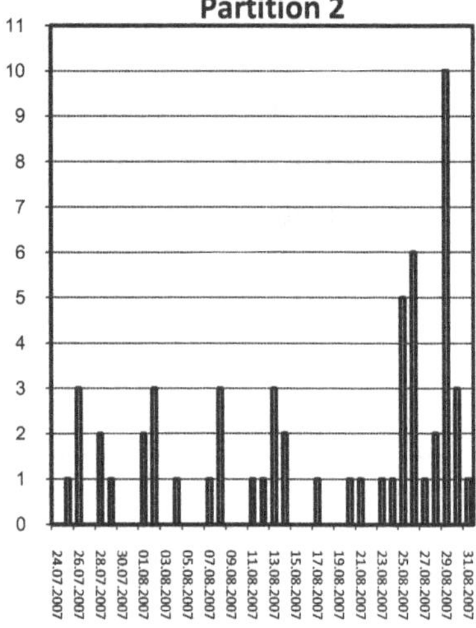

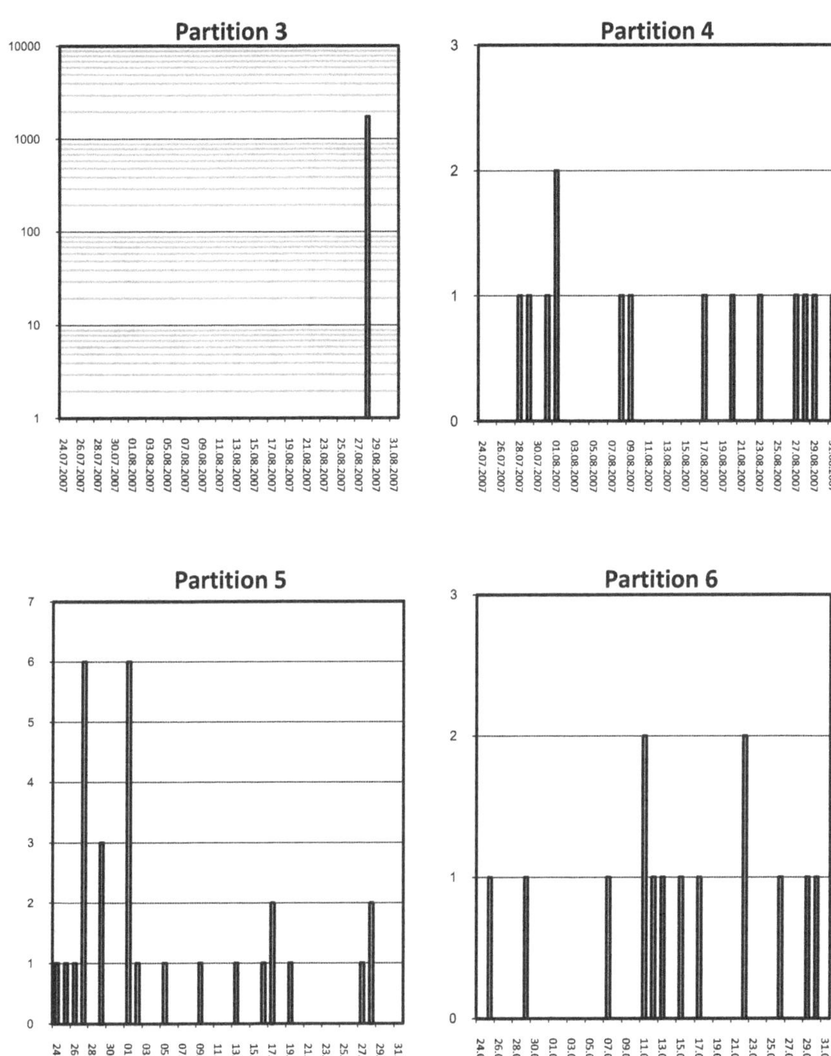
Partition 3
Partition 4
Partition 5
Partition 6

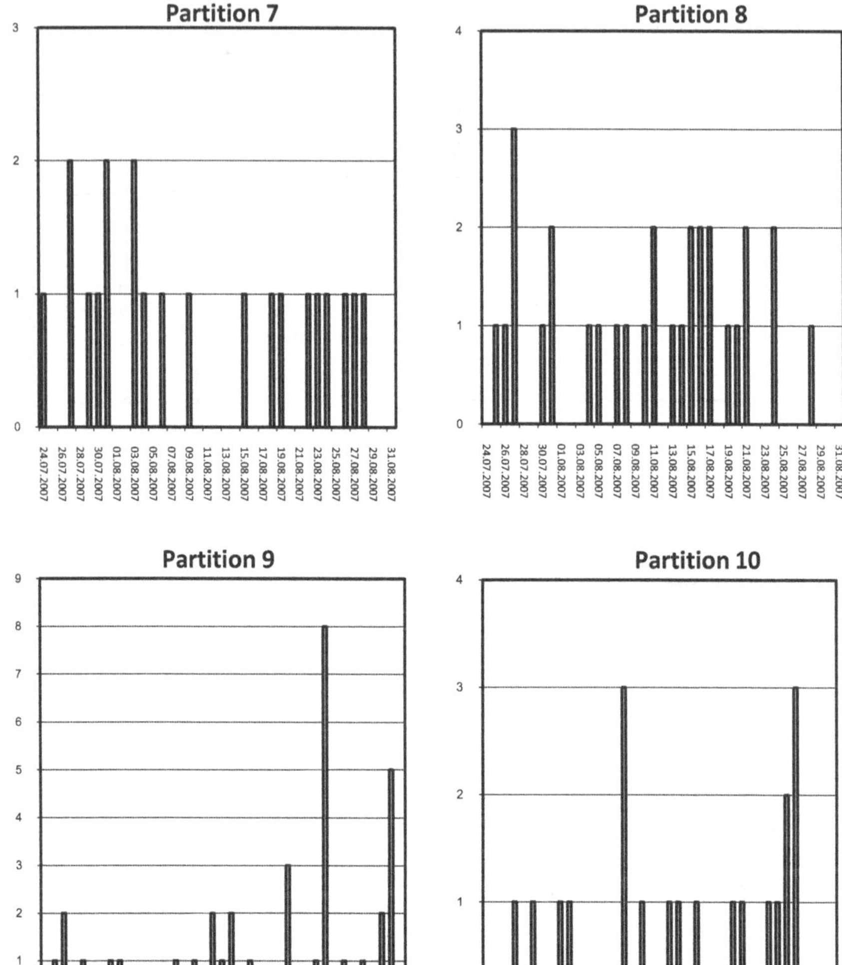
Partition 7
Partition 8
Partition 9
Partition 10
24.07.2007
26.07.2007
28.07.2007
30.07.2007
01.08.2007
03.08.2007
05.08.2007
07.08.2007
09.08.2007
11.08.2007
13.08.2007
15.08.2007
17.08.2007
19.08.2007
21.08.2007
23.08.2007
25.08.2007
27.08.2007
29.08.2007
31.08.2007

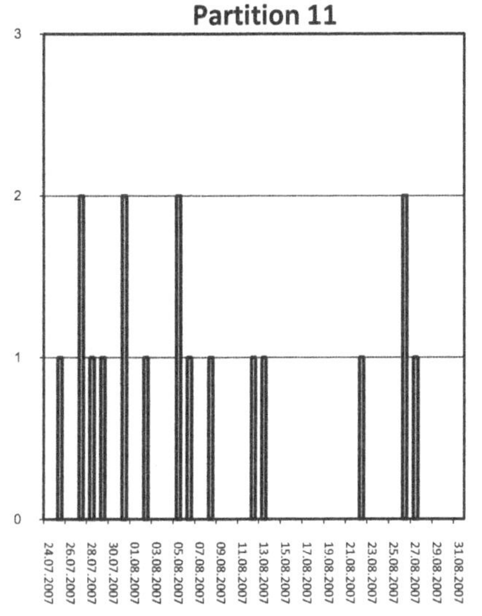
Partition 11
3
2
1
0
24.07.2007
26.07.2007
28.07.2007
30.07.2007
01.08.2007
03.08.2007
05.08.2007
07.08.2007
09.08.2007
11.08.2007
13.08.2007
15.08.2007
17.08.2007
19.08.2007
21.08.2007
23.08.2007
25.08.2007
27.08.2007
29.08.2007
31.08.2007

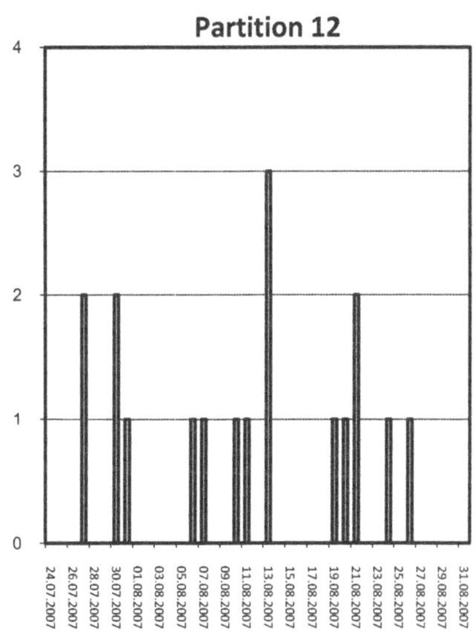
Partition 12
4
3
2
1
0
24.07.2007
26.07.2007
28.07.2007
30.07.2007
01.08.2007
03.08.2007
05.08.2007
07.08.2007
09.08.2007
11.08.2007
13.08.2007
15.08.2007
17.08.2007
19.08.2007
21.08.2007
23.08.2007
25.08.2007
27.08.2007
29.08.2007
31.08.2007

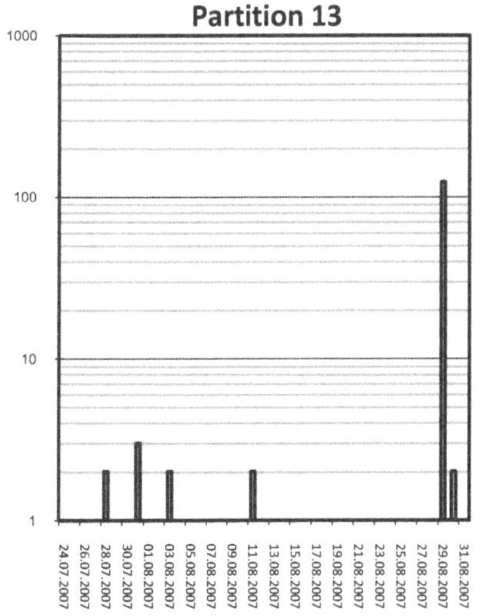
Partition 13
1000
100
10
1
24.07.2007
26.07.2007
28.07.2007
30.07.2007
01.08.2007
03.08.2007
05.08.2007
07.08.2007
09.08.2007
11.08.2007
13.08.2007
15.08.2007
17.08.2007
19.08.2007
21.08.2007
23.08.2007
25.08.2007
27.08.2007
29.08.2007
31.08.2007

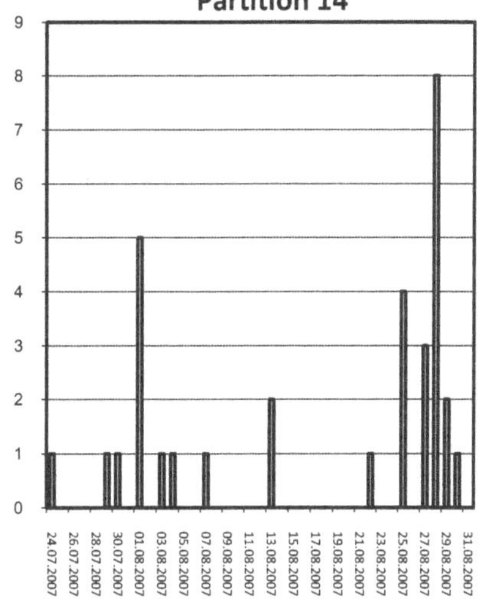
Partition 14
9
8
7
6
5
4
3
2
1
0
24.07.2007
26.07.2007
28.07.2007
30.07.2007
01.08.2007
03.08.2007
05.08.2007
07.08.2007
09.08.2007
11.08.2007
13.08.2007
15.08.2007
17.08.2007
19.08.2007
21.08.2007
23.08.2007
25.08.2007
27.08.2007
29.08.2007
31.08.2007

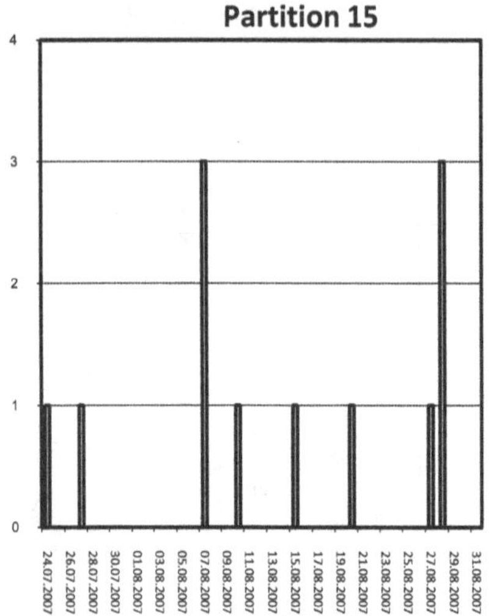
Partition 15
0
1
2
3
4
24.07.2007
26.07.2007
28.07.2007
30.07.2007
01.08.2007
03.08.2007
05.08.2007
07.08.2007
09.08.2007
11.08.2007
13.08.2007
15.08.2007
17.08.2007
19.08.2007
21.08.2007
23.08.2007
25.08.2007
27.08.2007
29.08.2007
31.08.2007

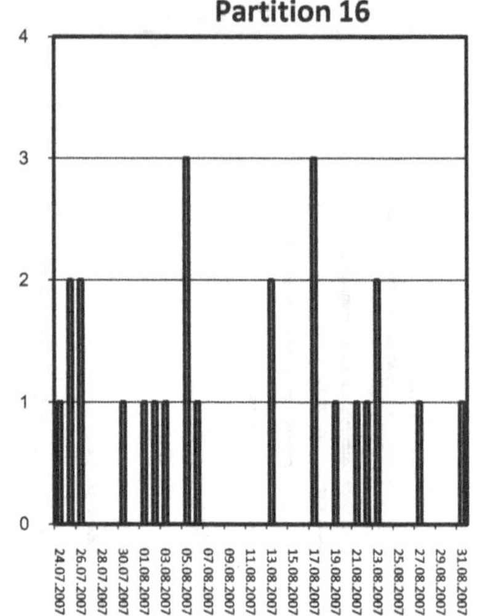
Partition 16
0
1
2
3
4
24.07.2007
26.07.2007
28.07.2007
30.07.2007
01.08.2007
03.08.2007
05.08.2007
07.08.2007
09.08.2007
11.08.2007
13.08.2007
15.08.2007
17.08.2007
19.08.2007
21.08.2007
23.08.2007
25.08.2007
27.08.2007
29.08.2007
31.08.2007

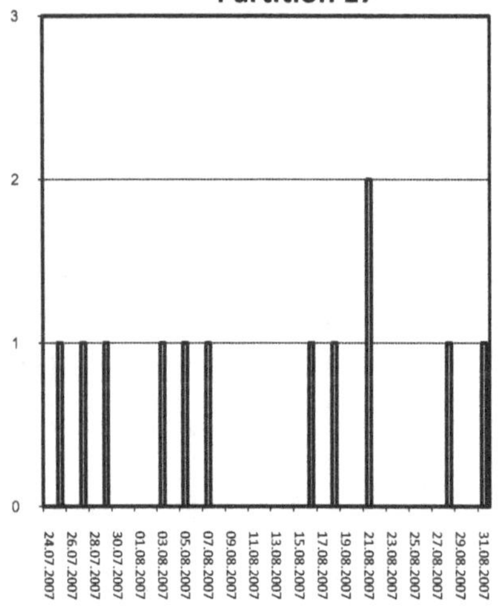
Partition 17
0
1
2
3
24.07.2007
26.07.2007
28.07.2007
30.07.2007
01.08.2007
03.08.2007
05.08.2007
07.08.2007
09.08.2007
11.08.2007
13.08.2007
15.08.2007
17.08.2007
19.08.2007
21.08.2007
23.08.2007
25.08.2007
27.08.2007
29.08.2007
31.08.2007

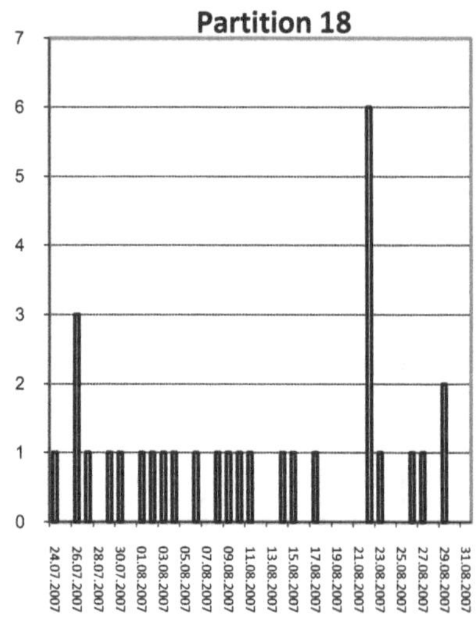
Partition 18
0
1
2
3
4
5
6
7
24.07.2007
26.07.2007
28.07.2007
30.07.2007
01.08.2007
03.08.2007
05.08.2007
07.08.2007
09.08.2007
11.08.2007
13.08.2007
15.08.2007
17.08.2007
19.08.2007
21.08.2007
23.08.2007
25.08.2007
27.08.2007
29.08.2007
31.08.2007

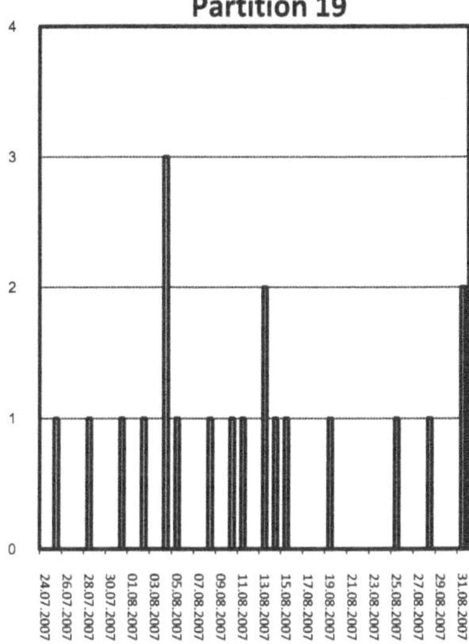
Partition 19
4
3
2
1
0
24.07.2007
26.07.2007
28.07.2007
30.07.2007
01.08.2007
03.08.2007
05.08.2007
07.08.2007
09.08.2007
11.08.2007
13.08.2007
15.08.2007
17.08.2007
19.08.2007
21.08.2007
23.08.2007
25.08.2007
27.08.2007
29.08.2007
31.08.2007

Anhang C: Standardzellen-Makefile

```
# /*-----------------------------------------------------------\
# | File   :                    Makefile                        |
# | Author :                Bernhard Fechner                    |
# \-----------------------------------------------------------*/
ALLIANCE_BIN=$(ALLIANCE_TOP)/bin
VASY   = $(ALLIANCE_BIN)/vasy
ASIMUT = $(ALLIANCE_BIN)/asimut
BOOM   = $(ALLIANCE_BIN)/boom
BOOG   = $(ALLIANCE_BIN)/boog
LOON   = $(ALLIANCE_BIN)/loon
OCP    = $(ALLIANCE_BIN)/ocp
NERO   = $(ALLIANCE_BIN)/nero
COUGAR = $(ALLIANCE_BIN)/cougar
LVX    = $(ALLIANCE_BIN)/lvx
DRUC   = $(ALLIANCE_BIN)/druc
S2R    = $(ALLIANCE_BIN)/s2r
DREAL  = $(ALLIANCE_BIN)/dreal
GRAAL  = $(ALLIANCE_BIN)/graal
XSCH   = $(ALLIANCE_BIN)/xsch
XPAT   = $(ALLIANCE_BIN)/xpat
XFSM   = $(ALLIANCE_BIN)/xfsm
TOUCH  = touch
TARGET_LIB       = $(ALLIANCE_TOP)/cells/sxlib
RDS_TECHNO_SYMB  = $(ALLIANCE_TOP)/etc/techno-symb.rds
RDS_TECHNO       = $(ALLIANCE_TOP)/etc/sx013.rds
SPI_MODEL        = $(ALLIANCE_TOP)/etc/spimodel.cfg
METAL_LEVEL      = 6

# /*-----------------------------------------------------------\
# |                        Environment                          |
# \-----------------------------------------------------------*/
ENV_BOOM = MBK_WORK_LIB=.; export MBK_WORK_LIB; MBK_CATAL_NAME=CATAL; export
MBK_CATAL_NAME
ENV_BOOG = MBK_WORK_LIB=.; export MBK_WORK_LIB; MBK_IN_LO=vst; export MBK_IN_LO;
MBK_OUT_LO=vst; export MBK_OUT_LO;
MBK_TARGET_LIB=$(TARGET_LIB); export MBK_TARGET_LIB;
MBK_CATAL_NAME=CATAL; export MBK_CATAL_NAME
ENV_LOON = MBK_WORK_LIB=.; export MBK_WORK_LIB; MBK_IN_LO=vst; export MBK_IN_LO;
MBK_OUT_LO=vst; export MBK_OUT_LO;
MBK_TARGET_LIB=$(TARGET_LIB); export MBK_TARGET_LIB;
```

```
MBK_CATA_LIB=$(TARGET_LIB); export MBK_CATA_LIB;
MBK_CATAL_NAME=CATAL; export MBK_CATAL_NAME
ENV_ASIMUT_VASY = MBK_WORK_LIB=.; export MBK_WORK_LIB;
MBK_CATAL_NAME=CATAL_ASIMUT_VASY; export MBK_CATAL_NAME;
MBK_IN_LO=vst; export MBK_IN_LO; MBK_OUT_LO=vst; export MBK_OUT_LO
ENV_ASIMUT_SYNTH = MBK_WORK_LIB=.; export MBK_WORK_LIB;
MBK_CATAL_NAME=CATAL; export MBK_CATAL_NAME;
MBK_CATA_LIB=$(TARGET_LIB); export MBK_CATA_LIB;
MBK_IN_LO=vst; export MBK_IN_LO;
MBK_OUT_LO=vst; export MBK_OUT_LO
ENV_OCP =  MBK_WORK_LIB=.; export MBK_WORK_LIB; MBK_IN_LO=vst; export MBK_IN_LO;
MBK_OUT_LO=vst; export MBK_OUT_LO;
MBK_CATA_LIB=$(TARGET_LIB); export MBK_CATA_LIB; MBK_IN_PH=ap; export MBK_IN_PH;
MBK_OUT_PH=ap; export MBK_OUT_PH; MBK_CATAL_NAME=CATAL; export MBK_CATAL_NAME
ENV_NERO =  MBK_WORK_LIB=.; export MBK_WORK_LIB; MBK_IN_LO=vst; export MBK_IN_LO;
MBK_OUT_LO=vst; export MBK_OUT_LO;
MBK_CATA_LIB=$(TARGET_LIB); export MBK_CATA_LIB; MBK_IN_PH=ap; export MBK_IN_PH;
MBK_OUT_PH=ap; export MBK_OUT_PH; MBK_CATAL_NAME=CATAL; export MBK_CATAL_NAME
ENV_COUGAR_SPI =  MBK_WORK_LIB=.; export MBK_WORK_LIB; MBK_IN_LO=spi; export MBK_IN_LO;
MBK_OUT_LO=spi; export MBK_OUT_LO; MBK_SPI_MODEL=$(SPI_MODEL); export MBK_SPI_MODEL;
MBK_SPI_ONE_NODE_NORC="true"; export MBK_SPI_ONE_NODE_NORC;
MBK_SPI_NAMEDNODES="true"; export MBK_SPI_NAMEDNODES;
RDS_TECHNO_NAME=$(RDS_TECHNO); export RDS_TECHNO_NAME; RDS_IN=cif; export RDS_IN;
RDS_OUT=cif; export RDS_OUT; MBK_CATA_LIB=$(TARGET_LIB); export MBK_CATA_LIB;
MBK_IN_PH=ap; export MBK_IN_PH; MBK_OUT_PH=ap; export MBK_OUT_PH;
MBK_CATAL_NAME=CATAL; export MBK_CATAL_NAME
ENV_COUGAR =  MBK_WORK_LIB=.; export MBK_WORK_LIB; MBK_IN_LO=al; export MBK_IN_LO;
MBK_OUT_LO=al; export MBK_OUT_LO; RDS_TECHNO_NAME=$(RDS_TECHNO); export RDS_TECHNO_NAME;
RDS_IN=cif; export RDS_IN; RDS_OUT=cif; export RDS_OUT;
MBK_CATA_LIB=$(TARGET_LIB); export MBK_CATA_LIB; MBK_IN_PH=ap; export MBK_IN_PH;
MBK_OUT_PH=ap; export MBK_OUT_PH;
MBK_CATAL_NAME=CATAL; export MBK_CATAL_NAMEENV_LVX =  MBK_WORK_LIB=.; export MBK_WORK_LIB;
MBK_IN_LO=vst; export MBK_IN_LO; MBK_OUT_LO=vst; export MBK_OUT_LO;
MBK_CATA_LIB=$(TARGET_LIB); export MBK_CATA_LIB;
MBK_CATAL_NAME=CATAL; export MBK_CATAL_NAME
ENV_DRUC = MBK_WORK_LIB=.; export MBK_WORK_LIB;
RDS_TECHNO_NAME=$(RDS_TECHNO_SYMB); export RDS_TECHNO_NAME;
MBK_IN_PH=ap; export MBK_IN_PH; MBK_OUT_PH=ap; export MBK_OUT_PH;
MBK_CATA_LIB=$(TARGET_LIB); export MBK_CATA_LIB;
MBK_CATAL_NAME=CATAL; export MBK_CATAL_NAME
ENV_S2R  = MBK_WORK_LIB=.; export MBK_WORK_LIB;
RDS_TECHNO_NAME=$(RDS_TECHNO); export RDS_TECHNO_NAME;
RDS_IN=cif; export RDS_IN; RDS_OUT=cif; export RDS_OUT; MBK_IN_PH=ap; export MBK_IN_PH;
MBK_OUT_PH=ap; export MBK_OUT_PH; MBK_CATA_LIB=$(TARGET_LIB); export MBK_CATA_LIB;
MBK_CATAL_NAME=CATAL; export MBK_CATAL_NAME
```

```
all:
	$(ENV_ASIMUT_VASY); $(ASIMUT) -b -c $1
	$(ENV_BOOM); $(BOOM) -V -l 3 -d 50 $1 $1_boom
	$(ENV_BOOG); $(BOOG) $1_boom
	$(ENV_LOON); $(LOON) $1_boom $1_loon
	$(ENV_OCP); $(OCP) -v -gnuplot -ring $1_loon $1
	$(ENV_NERO); $(NERO) -V -$(METAL_LEVEL) -p $1 $1_loon $1
	$(ENV_COUGAR_SPI); $(COUGAR) -v -ac $1 $1_e
	$(ENV_COUGAR_SPI); $(COUGAR) -v -ar $1 $1_erc
	$(ENV_COUGAR); $(COUGAR) -v -ar $1 $1_erc
	$(ENV_COUGAR); $(COUGAR) -v -ac $1 $1_e
	$(ENV_COUGAR); $(COUGAR) -v -ac -t $1 $1_et
	$(ENV_COUGAR_SPI); $(COUGAR) -v -ac -t $1 $1_et
	$(ENV_COUGAR); $(ENV_S2R); $(COUGAR) -v -ac $1 $1_real
	$(ENV_COUGAR); $(ENV_S2R); $(COUGAR) -v -t -ac $1 $1_real_t
	$(ENV_LVX); $(LVX) vst al $1_loon $1_e -f
	$(ENV_DRUC); $(DRUC) $1
	$(ENV_S2R); $(S2R) -v $1

transistors:
	@echo "Number of transistors";\
	grep -c "^T" $1_real_t.al
capacity:
	$(ENV_COUGAR); $(ENV_S2R); $(COUGAR) -v -t -ac $1 $1_real_t

# /*-----------------------------------------------------------\
# |                          Clean                             |
# \-----------------------------------------------------------*/
realclean : clean

clean     :
	$(RM) -f  *.vst *.spi *.boom *.done *.xsc *.gpl \
	          *.ap *.drc *.dat *.gds *.cif *.rep \
	          *.log *.out *.raw *.al
```

Literaturverzeichnis

[1] Agarwal, A. et al. *The MIT Alewife Machine: Architecture and Performance*. In Proc. of the 22nd Int'l. Symp. on Computer Architecture (ISCA'95), S. 2 – 13, 1995.

[2] Agarwal, A. *Performance Tradeoffs in Multithreaded Processors*. IEEE Trans. on Parallel and Distributed Systems, Band 3, Heft 5, S. 525 – 539, 1992.

[3] Agarwal, A., Kubiatowicz, J. et al. *Sparcle: An Evolutionary Processor Design for Multiprocessors*. IEEE Micro, Band 13, Heft 3, S. 48-61, 1993.

[4] Agrawal, P. *Fault Tolerance in Multiprocessor Systems Without Dedicated Redundancy*. IEEE Trans. on Computers, Band 37, Heft 3, S. 358-362, 1988.

[5] Akkary, H. *A Dynamic Multithreading Processor*. Dissertation, Department of Electrical and Computer Engineering, Portland State University (PSU-ECE-199811), 1998.

[6] Akkary, H., Driscoll, M. A. *A dynamic multithreading processor*. In Proc. of the 31st Int'l. Symp. on Microarchitecture (MICRO-31), S. 226-236, 1998.

[7] Arbeitsgruppe der Nachrichtentechnischen Gesellschaft im VDE (NTG): *Zuverlässigkeitsbegriffe im Hinblick auf komplexe Software und Hardware* (NTG-Empfehlung 3004); Nachrichtentechnische Zeitschrift, Band NTZ 35, Nr. 5, S. 325-333, 1982.

[8] Arnold, D. N., Institute for Mathematics and its Applications (IMA). *The Patriot Missile Failure*. http://www.ima.umn.edu/~arnold/disasters/patriot.html. Revision vom 23.08.2000/ Zitiert am 30.11.2007.

[9] Austin, T. M. *DIVA: A Dynamic Approach to Microprocessor Verification*. Journal of Instruction Level Parallelism, Band 2, 2000.

[10] Austin, T. M. *DIVA: A Reliable Substrate for Deep Submicron Microarchitecture Design*. In Proc. of the 32nd Intl. Symp. on Microarchitecture (MICRO-32), S. 196-207, 1999.

[11] Bannon, P. *Alpha 21364: A Scalable Single-Chip SMP*. 11th Microprocessor Forum, 1998.

[12] Barth, J. *Applying Computer Simulation Tools to Radiation Effects Problems*. In Proc. of the Nuclear Space Radiation Effects Conf. (NSREC'97), Short Course, 1997.

[13] Bass, J. M., Latif-Shabgahi, G., Bennett, S. *Experimental Comparison of Voting Algorithms in Cases of Disagreement*. In Proc. of the 23rd Euromicro Conference, S. 516-523, 1997.

[14] Baumann, R. *Silicon Amnesia: A Tutorial on Radiation Induced Soft Errors*. In Proc. of the Int'l. Reliability Physics Symp., Tutorial. 2001.

[15] Baumann, R. *Soft errors in commercial semiconductor technology: Overview and scaling trends.* IEEE Reliability Physics Tutorial Notes, Reliability Fundamentals, S. 121_01.1 - 121_01.14, 2002.

[16] Baumann, R., Smith, E. *Neutron-induced boron fission as a major source of soft errors in deep submicron SRAM devices.* In Proc. of the 38th Int'l. Reliability Physics Symp., S. 152-157, 2000.

[17] Baumeister, D. *Development and Characterisation of a Radiation Hard Readout Chip for the LHCb-Experiment.* Dissertation, Ruperto-Carola Universität Heidelberg, 2003.

[18] Bellaouar, A., Elmasry, M. I. *Low power digital VLSI design: circuits and systems.* Kluwer Acad. Publ., ISBN 0-7923-9587-5, 1995.

[19] Binder, D. et al. *Satellite Anomalies from Galactic Cosmic Rays.* IEEE Trans. on Nuclear Science, Band 22, Heft 6, S. 2675-2680, 1975.

[20] Boggs, D., Baktha, A. et al. *The Microarchitecture of the Intel® Pentium® 4 Processor on 90nm Technology.* Intel Technology Journal, Band 8, Heft 1, S. 4-15, 2004.

[21] Bondavalli, A. et al. *Threshold-Based Mechanisms to Discriminate Transient from Intermittent Faults.* IEEE Trans. on Computers, Band 49, Heft 3, S. 230-245, 2000.

[22] Bonnert, E. *Von Zellen und Prozessoren.* c't Magazin für Computertechnik, Heise Verlag, S. 18ff, 5/2005.

[23] Brehm, M., Bader, R., Ebner, R., Leibniz-Rechenzentrum (LRZ) der Bayerischen Akademie der Wissenschaften, *Hardware Description of HLRB II*, http://www.lrz-muenchen.de/services/compute/hlrb/hardware. Revision vom 29.03.2007/ Zitiert am 30.11.2007.

[24] Brière, D., Traverse, P. *AIRBUS A320/A330/A340 Electrical Flight Controls: A Family of Fault-Tolerant Systems.* In Proc. of the 23rd Int'l. Symp. on Fault- Tolerant Computing (FTCS-23), S. 616-623, 1993.

[25] CAO-VLSI Team im ASIM/LIP6/UPMC Labor. *Alliance CAD System.* alliance-support@asim.lip6.fr, Software, Université P. et M. Curie, Paris. 1991-2007.

[26] Carreira, J., Silva, J. G. *Why do Some (weird) People Inject Faults?* ACM SIGSOFT Software Engineering Notes, Band 23, Heft 1, S. 42-43, 1998.

[27] Chang, C. Y., Sze, S. M. *ULSI Technology.* McGraw-Hill, ISBN 0-07-063062-3, 1996.

[28] Chappell, R. S., Stark, J., Kim, S. P., Reinhardt, S. K., Patt, Y. *Simultaneous Subordinate Microthreading (SSMT).* In Proc. of the 26th Int'l. Symp. on Computer Architecture (ISCA-26), S. 186-195, 1999.

[29] Clark, W. A. *The Lincoln TX-2 Computer Development.* In Proc. of the Western Joint Computer Conference (WJCC), S. 143-145, 1957.

[30] Clarke, E. M., Grumberg, O., Peled, D. A. *Model Checking.* MIT Press, ISBN 0-262-03270-8, 2000.

[31] Collège d'experts chargé du contrôle des systèmes de vote et de dépuillement automatisés, rapport concernant les élections du 18 mai 1003 (Abschnitt 5.3.7), http://www.poureva.be/IMG/pdf/RapportExperts2003.pdf. Revision vom 02.06.2003/ Zitiert am 18.01.2008.

[32] Constantinescu, C. *Trends and Challenges in VLSI Circuit Reliability.* IEEE Micro, Band 23, Heft 4, S. 14-19, 2003.

[33] Cray Inc. Supercomputers. *CRAY MTA-The Promise of Parallelism Realized.* Whitepaper, http://www.cray.com/products/systems/mta/mta.pdf, 2000 (geprüft am 30.11.2007).

[34] Cutright, E., Delong, T., Johnson, B. *Generic Processor Fault Model.* Technischer Bericht UVA-CSCS-NSE-004, University of Virginia, Center for Safety-Critical Systems, August 2003.

[35] Czeck, E. W., Siewiorek, D. P. *Effects of Transient Gate-Level Faults on Program Behavior.* In Proc. of the 20th Int'l. Symp. on Fault-Tolerant Computing (FTCS-20), S. 236-243, 1990.

[36] Darcy, G. A. III, Brender, R. F. *Using Simulation to Develop and Port Software.* Digital Technical Journal, Band 4, Heft 4, Special Issue, 1992.

[37] Deutsches Institut für Normung. *Zuverlässigkeit; Begriffe.* DIN 40041:1990-12.

[38] Diefendorff, K. *Compaq Chooses SMT for Alpha.* Microprocessor Report, Band 13, Heft 16, 1999.

[39] Dobberpuhl, D. et al. *A 200-MHz 64-b Dual-Issue CMOS Microprocessor.* IEEE Journal of Solid-State Circuits, Band 27, Heft 11, S. 1555-1567, 1992.

[40] Dorozhevets, M., Wolcott, P. *The El'brus-3 and MARS-M: recent advances in Russian high-performance computing.* Journal of Supercomputing, Band 6, Heft 1, S. 5-48, 1992.

[41] Dressendorfer, P. V., Ma, T. P. (Hrsg.). *Ionizing Radiation Effects in MOS Devices and Circuits,* Wiley Interscience, ISBN 0-4718-4893-X, 1989.

[42] Echtle, K. *Fehlertoleranzverfahren.* Studienreihe Informatik, Springer-Verlag, ISBN 3-5405-2680-3, 1990.

[43] Echtle, K., Hinz, B., Nikolov, T. *On Hardware Fault Diagnosis by Diverse Software.* In Proc. of the 13th Int'l. Conference on Fault-Tolerant Systems and Diagnostics, S. 362–367, 1990.

[44] Echtle, K., Silva, J. G. *Fehlerinjektion – ein Mittel zur Bewertung der Maßnahmen gegen Fehler in komplexen Rechensystemen.* Informatik Spektrum Band 21, Heft 6, S. 328-336, 1998.

[45] Eggers, S., Emer, J., Levy, H., Lo, J., Stamm, R., Tullsen, D. *Simultaneous Multithreading: A Platform for Next-Generation Processors.* IEEE Micro, Band 17, Heft 5, S. 12–19, 1997.

[46] Eldred, R. D. *Test Routines Based on Symbolic Logic Statements.* Journal of the ACM, Band 6, S. 33-36, 1959.

[47] El-Moursy, A., Albonesi, D. H. *Front-End Policies for Improved Issue Efficiency in SMT Processors.* In Proc. of the 9th Int'l. Symp. on High-Performance Computer Architecture (HPCA-9), S. 31-39, 2003.

[48] Emer, J. S. *Multiplying Alpha Performance.* 12th Microprocessor Forum, 1999.

[49] Faccio, F. et al. *SEU effects in registers and in a Dual-Ported Static RAM designed in a 0.25 μm CMOS technology for applications in the LHC,* CERN/LHCC/99-33, S. 571ff, 1999.

[50] Faccio, F. *Radiation Effects in the Electronics for CMOS,* Tutorial Script, CERN, 1999.

[51] Fechner, B. *A Fault-Tolerant Dynamic Fetch Policy for SMT Processors in Multi-Bus Environments.* In Proc. of the 5th Int'l. Symp. on Parallel Computing in Electrical Engineering (PARELEC-5), S. 31-36, 2006.

[52] Fechner, B. *A Result Propagation Scheme for Redundant Multithreaded Systems.* In Proc. of the 2006 Int'l. Conf. on Parallel and Distributed Processing Techniques and Applications (PDPTA'06), S. 64-69, 2006.

[53] Fechner, B. *Analysis of Checksum-Based Execution Schemes for Pipelined Processors.* In Proc. of the 11th Workshop on Dependable Parallel, Distributed and Network-Centric Systems (DPDNS-11), 2006.

[54] Fechner, B. *Microcode with Embedded Timing Constraints.* In Proc. of the ARCS '06 Workshop on Dependability and Fault Tolerance, S. 45-51, 2006.

[55] Fechner, B., Walter, M. *Porting a portable computer architecture platform.* 20th EADTU Anniversary Conference, 2007.

[56] Fechner, B., Keller, J. *A Fault-Tolerant Voting Scheme for Multithreaded Environments.* In Proc. of the 4th Int'l. Conf. on Parallel Computing in Electrical Engineering (PARELEC-4), S. 237-239, 2004.

[57] Fisher, J. A., Faraboschi, P., Young, C. *Embedded Computing. A VLIW Approach to Architecture, Compilers, and tools,* Morgan Kaufmann, ISBN 1-5586-0766-8, 2005.

[58] Folkesson, P. *Assessment and Comparison of Physical Fault Injection Techniques*. Dissertation, Chalmers University of Technology, Göteborg, Schweden, 1999.

[59] Franklin, M. *A study of time redundant fault tolerance techniques for superscalar processors*. In Proc. of the IEEE Int'l. Workshop on Defect and Fault Tolerance in VLSI Systems, 1995, S. 207-215.

[60] Freeman, L. B. *Critical charge calculations for a bipolar SRAM array*. IBM Journal of Research and Development, Band 40, Heft 1, S. 119-129, 1996.

[61] Fuchs, E. *An Evaluation of the Error Detection Mechanisms in MARS Using Software Implemented Fault Injection*. In Proc. of the 2nd European Dependable Computing Conference (EDCC-2), S. 73-90, 1996.

[62] Glaskowsky, P. N. *Prescott Pushes Pipelining Limits*. Microprocessor Report, 2004.

[63] Gniady, C., Falsafi, B. *Speculative sequential consistency with little custom storage*. In Proc. of the 10th Int'l. Conference on Parallel Architectures and Compilation Techniques (PACT-10), S. 179-188, 2002.

[64] Gomaa, M., Scarbrough, C., Vijaykumar, T. N., Pomeranz, I. *Transient fault recovery for chip multiprocessors*. In Proc. of the 30th Int'l. Symp. on Computer Architecture (ISCA-30), S. 98-109, 2003.

[65] Gomaa, M., Vijaykumar, T. N. *Opportunistic transient-fault detection*. In Proc. of the 32nd Int'l. Symp. on Computer Architecture (ISCA-32), S. 172-183, 2005.

[66] Grünewald, W., Ungerer, Th. *Towards Extremely Fast Context Switching in a Blockmultithreaded Processor*. In Proc. of the 22nd Euromicro Conference, S. 592-599, 1996.

[67] Grünewald, W., Ungerer, Th. *A Multithreaded Processor Designed for Distributed Shared Memory Systems*. In Proc. of the Conference Advances in Parallel and Distributed Computing (APDC '97), S. 206–213, 1997.

[68] Gulati, M., Bagherzadeh, N. *Performance Study of a Multithreaded Superscalar Microprocessor*. In Proc. of the Int'l. Symp. on High Performance Computer Architecture (HPCA'96), S. 291-301, Feb. 1996.

[69] Gunnetlo, O., Karlsson J., Tonn, J. *Evaluation of Error Detection Schemes Using Fault Injection by Heavy-ion Radiation*. In Proc. of the 19th Int'l. Symp. on Fault-Tolerant Computing (FTCS-19), S. 340-347, 1989.

[70] Hamilton, S. N., Hertwig, A., Orailoglu, A. *Self Recovering Controller and Datapath Codesign*. Design, Automation and Test in Europe (DATE), S. 596-601, 1999.

[71] Han, S., Shin, K. G., Rosenberg, H. A. *Doctor: An Integrated Software Fault-Injection Environment for Distributed Real-Time Systems.* In Proc. of the 2nd Int'l. Computer Performance and Dependability Symp. (IDPS-2), S. 204-213, 1995.

[72] Hellebrand, S., Wunderlich, H. *An Efficient Procedure for the Synthesis of Fast Self-Testable Controller Structures.* In Proc. of the Int'l. Conf. on Computer-Aided Design, S. 110-116, 1994.

[73] Hennesey, J. *New Directions in Processor Design.* Keynote 12th Microprocessor Forum, 1999.

[74] Hennessy, J., Patterson, D. *Computer Architecture - A Quantitative Approach.* 4. Ausg. Morgan Kaufmann, ISBN 0-1237-0490-1, 2007.

[75] Hinton, G. et al. *The Microarchitecture of the Pentium 4 Processor.* Intel Technology Journal, Q1(9), 2001.

[76] Hirata, H. et al. An *Elementary Processor with Simultaneous Instruction Issuing from Multiple Threads.* In Proc. of the 19th Int'l. Symp. on Computer Architecture (ISCA-19), S. 136-145, 1992.

[77] Holmes-Siedle, A., Adams, K. *Handbook of Radiation Effects.* Oxford University Press, ISBN 0-19-856347-7, 1993.

[78] Hsueh, M. C., Tsai, T. K., Iyer, R. K. *Fault Injection Techniques and Tools.* IEEE Trans. on Computers, Band 30, Heft 4, S. 75-82, 1997.

[79] Hülsenbusch, R. *Multicore-Techniken im Vergleich. Krieg der Kerne.* iX Magazin für professionelle Informationstechnik, Heise Verlag, S. 46ff, 4/2006.

[80] Hwu, W-M., Patt, Y. *Checkpoint Repair for High-Performance out-of-order Execution Machines.* IEEE Trans. on Computers, Band 36, Heft 12, S. 1496-1514, 1987.

[81] Iannucci, R. A. (Hrsg.) et al. *Multithreaded Computer Architecture. A Summary of the State of the Art.* Kluwer Acad. Pub., ISBN 0-7923-9477-1, 1994.

[82] Intel Corporation. *Pentium Processor User's Manual, Vol. 3: Architecture and Programming Manual*, 1993.

[83] Intel Corporation. *PentiumPro BIOS writer's guide.* Rev. 2.01, Intel Corporation, 1996.

[84] Intel Corporation. *Hyperthreading Technology Architecture and Microarchitecture.* Intel Technology Journal, S. 1-12, Q1, 2002.

[85] Intel Corporation. *Hyperthreading Technology.* Intel Technology Journal, Band 6, Heft 1, 2002.

[86] Intel Corporation. IA-32 *Intel Architecture Optimization. Reference Manual.* Document Number: 248966-009, 2003.

[87] Intel Corporation. *Statistical analysis of floating point flaw in the Pentium processor.* Technischer Bericht, Intel Corporation, Nov. 1994.

[88] International Electrotechnical Commission (IEC). *IEC 61508 Functional Safety of electrical/ electronic/ programmable electronic safety-related Systems - Part 1 to Part 7.* IEC, 2001.

[89] Iyer, R. K. et al. *Automatic Recognition of Intermittent Failures: An Experimental Study of Field Data.* IEEE Trans. on Computers, Band 39, Heft 4, S. 525-537, 1990.

[90] Jewett, D. (Tandem Computers). *Integrity S2: A Fault-Tolerant Unix Platform.* In Proc. of the 21st Int'l. Symp. on Fault-Tolerant Computing (FTCS-21), S. 512-519, 1991.

[91] Johnson, B. W. *Design and Analysis of Fault-Tolerant Digital Systems.* Addison-Wesley, ISBN 0-2010-7570-9, 1989.

[92] Johnston, A. *Scaling and Technology Issues for Soft Error Rates.* In Proc. of the 4th Research Conf. on Reliability, 2000.

[93] Juhnke, T. *Die Soft-Error-Rate von Submikrometer-CMOS-Logikschaltungen.* Dissertation, Fakultät Elektrotechnik und Informatik, Technische Universität Berlin, 2003.

[94] Kahle, J. A. et al. *Introduction to the Cell multiprocessor.* IBM Journal of Research and Development, Band 9, Heft 4/5, S. 589-604, 2005.

[95] Kalla, R., Sinharoy, B., Tendler, J. M. *IBM POWER5 Chip: a Dual-Core Multithreaded Processor.* IEEE Micro, Band 24, Heft 2, S. 40-47, 2004.

[96] Kane, G., Heinrich, J., *MIPS RISC Architecture.* 2. Ausg. Prentice Hall, Englewood Cliffs, ISBN 0-1359-0472-2, 1992.

[97] Kane, M. *SGI stock falls following downgrade, recall announcement.* PC Week, Sept. 1996.

[98] Karlsson, J., Lidén, P. *Transient Fault Effects in the MC6809E 8 Bit Microprocessor: A Comparison of Results of Physical and Simulated Fault Injection Experiments.* Technischer Bericht Nummer 96, Dep. Of Computer Engineering, Chalmers University of Technology, Göteborg, Sweden, 1990.

[99] Karnik, T. et al. *Characterization of Soft Errors caused by Single-Event Upsets in CMOS Processes.* IEEE Trans. on Dependable and Secure Computing, Band 1, Heft 2, S. 128-143, 2004.

[100] Kastensmidt, F. L., Carro, L., Reis, R. *Fault-Tolerance Techniques for SRAM-based FPGAs.* Springer-Verlag, ISBN 0-387-31068-1, 2006.

[101] Kaxiras, S., Narlikar, G., Berenbaum, A. D., Hu, Z. *Comparing Power Consumption of an SMT and a CMP DSP for Mobile Phone Workloads.* In Proc. of the 2001 Int'l. Conference on Compilers, Architecture, and Synthesis for Embedded Systems (CASES), S. 211-220, 2001.

[102] Kleinrock, L. *Queueing Systems. Volume 1: Theory.* John Wiley& Sons, ISBN 0-4714-9110-1, 1975.

[103] Knuth, D. *The Art of Computer Programming. Volume 2 (Seminumerical Algorithms).* 3. Ausg. Addison-Wesley, ISBN 0-2010-3822-6, 1997.

[104] Kobayashi, H. et al. *Soft Errors in SRAM Devices Induced by High Energy Neutrons, Thermal Neutrons and Alpha Particles.* Int'l. Electronic Devices Meeting (IEDM'02), S. 337-340, 2002.

[105] Kongetira, P., Aingaran, K., Olukotun, K. *Niagara: A 32-Way Multithreaded Sparc Processor.* IEEE Micro, Band 25, Heft 2, S. 21-29, 2005.

[106] Koo, R., Toueg, S. *Checkpointing and Rollback-Recovery for Distributed Systems.* IEEE Trans. on Software Engineering, Band SE-13, S. 23-31, 1987.

[107] Koren, I., Krishna, C. M. *Fault-Tolerant Systems.* Morgan Kaufmann, ISBN 0-1208-8525-5, 2007.

[108] Koufaty, D., Marr, D. T. *Hyperthreading Technology in the Netburst Microarchitecture.* IEEE Micro, Band 23, Heft 2, S. 56-64, 2003.

[109] Kozyrakis, C., Patterson, D. *A New Direction for Computer Architecture Research.* IEEE Computer, Band 31, Heft 11, S. 24-32, 1998.

[110] Kreuzinger, J., Marston, R., Ungerer, Th. *The Komodo Project: Thread-based Event Handling Supported by a Multithreaded Java Microcontroller.* In Proc. of the 25th Euromicro Conference, S. 248-251, 1999.

[111] Krewell, K. *Intel's Hyperthreading Takes Off.* Microprocessor Report, 2002.

[112] Küfner, H. *Ein dynamisch fehlertolerantes, echtzeitfähiges und verteiltes Rechnersystem.* Dissertation, Fakultät Informatik, FernUniversität Hagen, 1999.

[113] Lala, P. K. *Digital Circuit Testing and Testability.* Academic Press, ISBN 0-12-434330-9.

[114] Laprie, J.-C. (Hrsg.). *Dependability: Basic Concepts and Terminology.* Springer-Verlag, ISBN 0-3878-2296-8, 1992.

[115] Latif-Shabgahi, G., Bennett, S. *Adaptive Majority Voter: A Novel Voting Algorithm for Real-Time Fault-Tolerant Control Systems.* In Proc. of the 25th Euromicro Conference, Band 2, S. 2113ff, 1999.

[116] Laudon, J., Gupta, A., Horowitz, M. *Interleaving: A multithreading technique targeting multiprocessors and workstations.* In Proc. of the 6th Int'l. Conf. on Architectural Support for Programming Languages and Operating Systems (ASPLOS-6), S. 308–318, 1994.

[117] Lawton, K. P. *Bochs: A Portable PC Emulator for Unix/X.* Linux Journal, Ausgabe 29es, Artikel 7, 1996.

[118] Le, H. Q. et al. *IBM POWER6 microarchitecture.* IBM Journal of Research and Development, Band 51, Heft 6, S. 639-662, 2007.

[119] Leveugle, R., Michel, T., Saucier, G. *Design of Microprocessors with Built-In On-Line Test.* In Proc. of the 20th Int'l. Symp. on Fault-Tolerant Computing (FTCS-20), S. 450-456, 1990.

[120] Lidén, P., Dahlgren, P., Johansson, R., Karlsson, J. *On Latching Probability of Particle Induced Transients in Combinational Networks.* In Proc. of the 24th Int'l. Symp. on Fault Tolerant Computing (FTCS-24), S. 340-349, 1994.

[121] Lim, Ch. *Strategies for enhancing throughput and fairness in SMT processors.* Master Thesis, University of Maryland, 2004.

[122] Lin, S., Costello, D. *Error Control Coding.* Prentice-Hall, ISBN 0-1328-3796-X, 1983.

[123] Lin, T.-T. Y., Siewiorek, D. P. *Error Log Analysis: Statistical Modeling and Heuristic Trend Analysis.* IEEE Trans. on Reliability, Band 39, S. 419-432, 1990.

[124] Lo, J., Barroso, L., Eggers, S., Gharachorloo, K., Levy, H., Parekh, S. *An Analysis of Database Workload Performance on Simultaneous Multithreaded Processors.* In Proc. of the 25th Int'l. Symp. on Computer Architecture (ISCA-25), S. 39-50, 1998.

[125] Lo, J., Eggers, S., Emer, J., Levy, H., Stamm, R., Tullsen, D. *Converting Thread-Level Parallelism Into Instruction-Level Parallelism via Simultaneous Multithreading.* ACM Trans. on Computer Systems, Band 15, Heft 2, S. 322-354, 1997.

[126] Loikkanen, M., Bagherzadeh, N. *A Fine-Grain Multithreading Superscalar Architecture.* In In Proc. of the 1996 Conf. on Parallel Architectures and Compilation Techniques (PACT'96), S. 163-168, 1996.

[127] Lovrič, T. *Fault-Design and Representative Sample Allocation for Software-Implemented Processor Fault Injection.* In Proc. of the 8th European Workshop on Dependable Computing (EWDC-8), 1997.

[128] Lovrič, T. *Fehlererkennung durch systematische Diversität in entwurfsdiversitären zeitredundanten Rechensystemen und ihre Bewertung mittels Fehlerinjektion.* Dissertation, Fachbereich Mathematik und Informatik, Universität GH Essen, 1996.

[129] Lozano, L. A., Gao, G.R. *Exploiting short-lived variables in superscalar processors*. In Proc. of the 28th Int'l. Symp. on Microarchitecture (MICRO-28), S. 292-302, 1995.

[130] Madan, N., Balasubramonian, R.. *Power Efficient Approaches to Redundant Multithreading*. IEEE Trans. on Parallel and Distributed Systems, Band 18, Heft 8, S. 1066-1079, 2007.

[131] Madon, D., Sanchez, E., Monnier, S. *A Study of a Simultaneous Multithreaded Processor Implementation*. In Proc. of the 5th Int'l. Euro-Par Conf. on Parallel Processing, S. 716-726, 1999.

[132] Mahmood, A., McCluskey, E. J. *Concurrent Error Detection using Watchdog Processors – A Survey*. IEEE Trans. on Computers, Band 37, Heft 2, S. 160-174, 1988.

[133] Marcuello, P., González, A., Tubella, J. *Speculative Multithreaded Processors*. In Proc. of the Int'l. Conf. on Supercomputing (ICS'98), S. 77-84, 1998.

[134] Marr, D. T. et al. *Hyperthreading Technology Architecture and Microarchitecture*. Intel Technology Journal, Band 6, Heft 2, S. 1-12, 2002.

[135] May, T. C., Woods, M. H. *Alpha-Particle-Induced Soft Errors in Dynamic Memories*. IEEE Trans. on Electronic Devices, Band 26, Heft 1, S. 2–9, 1979.

[136] McConnel, S. R., Siewiorek, D. P., Tsao, M. M. *The Measurement and Analysis of Transient Errors in Digital Systems*. In Proc. of the 9th Int'l. Symp. on Fault-Tolerant Computing (FTCS-9), S. 67-70, 1979.

[137] McNairy, C., Bhatia, R. *Montecito: A Dual-Core, Dual-Thread Itanium Processor*. IEEE Micro, Band 25, Heft 2, S. 10-20, 2005.

[138] Messenger, G. C. *Collection of Charge on Junction Nodes from Ion Tracks*. IEEE Trans. on Nuclear Science, Band NS-29, S. 2024-2031, 1982.

[139] Michalak, S. E. et al. *Predicting the number of fatal soft errors in Los Alamos National Laboratory's ASC Q computer*. IEEE Trans. on Device and Materials Reliability, Band 5, Heft 3, S. 329–335, 2005.

[140] Mikschl, A., Damm, W. *MSparc: A Multithreaded Sparc*. In Proc. of the 2nd Euro-Par Conference, Band 1124/1996, Springer Verlag, S. 461–469, 1996.

[141] Miremadi, G., Ohlson, J., Rimén, M., Karlsson, J. *Use of Time and Address Signatures for Control Flow Checking*. In Proc. of the 5th Int'l. Working Conf. on Dependable Computing for Critical Applications (DCCA-5), S. 201-221, 1995.

[142] Mongardi, G. *Dependable Computing for Railway Control Systems*. In Proc. of the 3rd Dependable Computing for Critical Applications (DCCA-3), S. 255-277, 1993.

[143] Motorola Inc. *MC88100 RISC Microprocessor User's Manual*, Prentice-Hall, 1993.

[144] Mukherjee, S. S. et al. *Incremental Checkpointing in a Multi-Threaded Architecture*, United States Patent 7,243,262 B2 (eingereicht 29.08.2003, Datum des Patents 10.07.2007).

[145] Mukherjee, S. S., Kontz, M., Reinhardt, S. K. *Detailed Design and Evaluation of Redundant Multithreading Alternatives.* In Proc. of the 29th Int'l. Symp. on Computer Architecture (ISCA-29), S. 99-110, 2002.

[146] Mukherjee, S. S., Weaver, C., Emer, J., Reinhardt, S. K., Austin, T. *Measuring Architectural Vulnerability Factors.* IEEE Micro, Band 23, Heft 6, S. 70-75, 2003.

[147] Mukherjee, S. S., Weaver, C., Emer, J., Reinhardt, S. K., Austin, T. *A Systematic Methodology to Compute the Architectural Vulnerability Factors for a High-Performance Microprocessor.* In Proc. of the 36th Int'l. Symp. on Microarchitecture (MICRO-36), S. 29-40, 2003.

[148] Namjoo, M. *Techniques for Concurrent Testing of VLSI Processor Operation.* In Proc. of the 12th Int'l. Symp. on Fault-Tolerant-Computing (FTCS-12), S. 461-468, 1982.

[149] National Geophysical Data Center (NGDC). *Cosmic Ray Neutron Monitor* (Kiel). ftp://ftp.ngdc.noaa.gov/STP/SOLAR_DATA/COSMIC_RAYS/kiel.07. Revision 12/2007/ Zitiert am 21.01.2008.

[150] Nemirovsky, M., Brewer, F., Wood, R. *DISC: Dynamic Instruction Stream Computer.* In Proc. of the 24th Int'l. Symp. on Microarchitecture (MICRO-24), S. 163-171, 1991.

[151] Nethercote, N., Seward, J. *Valgrind: a framework for heavyweight dynamic binary instrumentation.* In Proc. of the ACM SIGPLAN 2007 Conf. on Programming Language Design and Implementation (PLDI 2007), S. 89-100, 2007.

[152] Normand, E. *Correlation of in-flight neutron dosimeter and SEU measurements with atmospheric neutron model.* IEEE Trans. on Nuclear Science, Band 48, Heft 6, S. 1996-2003, 2001.

[153] Normand, E. *Single-Event Upset at Ground Level.* IEEE Trans. on Nuclear Science, Band 43, Heft 6, Teil 1, S. 2742-2750, 1996.

[154] Oehring, H., Sigmund, U., Ungerer, Th. *Simultaneous Multithreading and Multimedia.* Workshop on Multi-Threaded Execution, Architecture and Compilation (MTEAC '99), 1999.

[155] Parashar, A., Gurumurthi, S., Sivasubramaniam, A. *A complexity-effective approach to alu bandwidth enhancement for instruction-level temporal redundancy.* In Proc. of the 31st Int'l. Symp. on Computer Architecture (ISCA-31), S. 376-386, 2004.

[156] Pecht, M. G., Radojcic, R. , Rao, G. *Guidebook for Managing Silicon Chip Reliability*, CRC Press, ISBN 0-84993-96624-7, 1998.

[157] Peterson, E. L. *Single-Event Analysis and Prediction.* Nuclear and Space Radiation Effects Conference (NSREC'97), Short Course, 1997.

[158] Peterson, W., Weldon, E. J. *Error-Correcting Codes.* MIT Press, 2. Ausg., ISBN 0-2621-6039-0, 1972.

[159] Petley, G. *ASIC Standard Cell Design Library.* http://www.vlsitechnology.org/html/sx_description.html. Revision 12.01.2008/ Zitiert 22.01.2008.

[160] Pflanz, M. *On-Line Error Detection and Fast Recover Techniques for Dependable Embedded Processors*, LNCS 2270, Springer-Verlag, ISBN 3-540-43318-X, 2002.

[161] Pradhan, D. K., Vaidya, N. H. *Roll-Forward and Rollback Recovery: Performance-Reliability Trade-Off.* IEEE Trans. on Computers, Band 46, Heft 3, S. 372-378, 1997.

[162] Preston, R. P. et al. *Design of an 8-wide Superscalar RISC Microprocessor with Simultaneous Multithreading.* In Proc. of the 2002 Int'l. Solid-State Circuits Conf. (ISSCC-2002), S. 334-335, 2002.

[163] Purser, Z., Rotenberg, E. *Slipstream Processors: Improving Both Performance and Fault-Tolerance.* In Proc. of the 9th Int'l. Symp. on Architectural Support for Programming Languages and Operating Systems (ASPLOS-9), S. 257-268, 2000.

[164] Ray, J., Hoe, J. C., Falsafi, B. *Dual use of superscalar datapath for transient fault detection and recovery.* In Proc. of the 34th Int'l. Symp. on Microarchitecture (MICRO-34), S. 214-224, 2001.

[165] Rebaudengo, M., Reorda M. S., Torchiano, M., Violante, M. *Soft-error Detection through Software Fault-Tolerance techniques.* Int'l. Symp. on Defect and Fault Tolerance in VLSI Systems, S. 210-218, 1999.

[166] Reinhardt, S. K., Mukherjee, S. S. *Transient Fault Detection via Simultaneous Multithreading.* In Proc. of the 27th Int'l. Symp. on Computer Architecture (ISCA-27), S. 25 – 36, 2000.

[167] Rimén, M., Ohlson, J. *A Study of the Error Behavior of a 32 Bit RISC Subjected to Simulated Transient Fault Injection.* In Proc. of the 22nd Int'l. Test Conference, S. 696-704, 1992.

[168] Rimén, M., Ohlsson, J., Torin, J. *On Microprocessor Error Behavior Modeling.* In Proc. of the 24th Int'l. Symp. on Fault-Tolerant Computing, FTCS-24, 1994, S. 76-85.

[169] Robatmili, B., Yazdani, N., Sardashti, S., Nourani, M. *Thread-Sensitive Instruction Issue for SMT Processors.* IEEE Computer Architecture Letters, Band 3, Heft 1, S. 5, 2004.

[170] Rotenberg, E. *AR-SMT - A Microarchitectural Approach to Fault Tolerance in Microprocessors.* In Proc. of the 29th Symp. on Fault-Tolerant Computing (FTCS-29), S. 84-91, 1999.

[171] Rotenberg, E., Bennett, S., Smith, J. E. *Trace cache: a low latency approach to high bandwidth instruction fetching.* In Proc. of the 29th Int'l. Symp. on Microarchitecture (MICRO-29), S. 24-35, 1996.

[172] Rotenberg, E., Jacobson, Q., Sazeides, Y., Smith, J. *Trace Processors.* In Proc. of the 30th Int'l. Symp. on Microarchitecture (MICRO-30), S. 138-148, 1997.

[173] Rubin, S. M. *Computer Aids for VLSI Design.* Addison-Wesley, ISBN 0-201-05824-3, 1987. http://www.rulabinsky.com/cavd, Zitiert am 10.01.2008.

[174] Saxena, N. R., McCluskey, E. J. *Dependable Adaptive Computing Systems – The ROAR Project.* In Proc. of the 1998 Int'l. Conf. on Systems, Man, and Cybernetics, S. 2172-2177 (Band 3), 1998.

[175] Schiffmann, W., Schmitz, R. *Technische Informatik – Grundlagen der Digitalelektronik.* Band 2, 3. Auflage. Springer Verlag, 1998.

[176] Schlansker, M., Rau, B. *EPIC: Explicitly Parallel Instruction Computing.* IEEE Trans. on Computers, Band 33, Heft 2, S. 37-45, 2000.

[177] Serrano, M. J., Yamamoto, W., Wood, R. C., Nemirovsky, M. D. *A Model for Performance Estimation in a Multistreamed Superscalar Processor.* In Proc. of the 7th Int'l. Conf. on Computer Performance Evaluation, Modeling Techniques and Tools, S. 213-230, 1994.

[178] Sharkey, J. J. et al. *Trade-Offs in Transient Fault Recovery Schemes for Redundant Multithreaded Processors.* High Performance Computing (HiPC 2006), S. 135-147, 2006.

[179] Shen, J. P., Schuette, M. A. *On-Line Self-Monitoring Using Signatured Instruction Streams.* In Proc. of the 13th Int'l. Test Conference, S. 275-282, 1983.

[180] Shivakumar, P., Kistler, M., Keckler, S. W., Burger, D., Alvisi, L. *Modeling the effect of technology trends on the soft error rate of combinational logic.* In Proc. of the Int'l. Conference on Dependable Systems and Networks (DSN'02), S. 389–398, 2002.

[181] Siewiorek, D. P., Swarz, R. S. *Reliable Computer Systems: Design and Evaluation.* 3. Ausg., A K Peters, Ltd., ISBN 1-5688-1092-X, 1998.

[182] Sigmund, U. *Entwurf und Evaluierung mehrfädig superskalarer Prozessortechniken im Hinblick auf Multimedia.* Dissertation, Fakultät für Informatik, Universität Karlsruhe, 2000.

[183] Sigmund, U., Steinhaus, M., Ungerer, Th. *On Performance, Transistor Count and Chip Space Assessment of Multimedia enhanced Simultaneous Multithreaded Processors.* 4th Workshop on Multi-Threaded Execution, Architecture and Compilation (MTEAC-4), 2000.

[184] Sigmund, U., Ungerer, Th. *Identifying Bottlenecks in a Multithreaded Superscalar Microprocessor.* In Proc. of the 2nd Int'l. Euro-Par Conference, Band 2, S. 797-800, 1996.

[185] Sima, D., Fountain, T., Kacsuk, P. *Advanced Computer Architectures- A Design Space Approach.* Erste Ausgabe. Addison Wesley Longman, 1997.

[186] Sklaroff, J. *Redundancy Management Technique for Space Shuttle Computers.* IBM Journal of Research and Development, Band 20, Heft 1, S. 20-28, 1976.

[187] Slegel, T. J., et al. *IBM's S/390 G5 Microprocessor Design.* IEEE Micro, Band 19, Heft 2, S. 12–23, 1999.

[188] Smith, J. E., Pleskun, A. R. *Implementation of Precise Interrupts in Pipelined RISC Processors.* IEEE Trans. on Computers, Band 37, Heft 5, S. 562-573, 1988.

[189] Smolens, J. C. et al. *Fingerprinting: Bounding Soft-Error-Detection Latency and Bandwidth.* IEEE Micro, Band 24, Heft 6, S. 22 – 29, 2004.

[190] Smolens, J., Kim, J., Hoe, J. C., Falsafi, B. *Efficient resource sharing in concurrent error detecting superscalar microarchitecture.* In Proc. of the 37th Int'l. Symp. on Microarchitecture (MICRO-37), 2004.

[191] Sohi, G., Franklin, M., Saluja, K. K. *A study of time-redundant fault tolerance techniques for high-performance pipelined computers.* In Proc. of the 19th Int'l. Symp. on Fault-Tolerant Computing, FTCS-19, 1989, S. 436-443.

[192] Song, Y., Dubois, M. *Assisted Execution.* Technischer Bericht #CENG 98-25, Department of EE-Systems, University of Southern California, 1998.

[193] Spainhower, L. et al. *Design for Fault-Tolerance in System ES/9000 Model 900.* In Proc. of the 22nd Int'l Symp. Fault-Tolerant Computing (FTCS-22), S. 38-47, 1992.

[194] Spainhower, L., Gregg, T. A. *G4: A Fault-Tolerant CMOS Mainframe.* In Proc. of the 28th Int'l. Symp. on Fault-Tolerant Computing (FTCS-28), S. 432-440, 1998.

[195] Sridhar, T., Thatte, S. M. *Concurrent Checking of Program Flow in VLSI Processors.* In Proc. of the 12th Int'l. Test Conference, S. 191-199, 1982.

[196] Stiller, A. *Parallelwelten*, c't Magazin für Computertechnik, Heise Verlag, S. 20ff, 15/2004.

[197] Tamir, Y., Tremblay, M. *High-Performance Fault-Tolerant VLSI Systems Using Micro Rollback.* IEEE Trans. on Computers, Band 39, Heft 4, S. 548-554, 1990.

[198] Tamir, Y., Tremblay, M., Liang, M., Lai, T. *The UCLA Mirror Processor. A Building Block for Self-Checking Self-Repairing Computing Nodes.* In Proc. of the 21st Int'l. Symp. on Fault-tolerant Computing (FTCS-21), S. 178-185, 1991.

[199] Tendolkar, N. N., Swann, R. L. *Automated Diagnostic Methodology for the IBM 3081 Processor Complex.* IBM Journal of Research and Development, Band 26, S. 78-88, 1982.

[200] The International Technology Roadmap for Semiconductors (ITRS). *Front End Processes.* http://www.itrs.net/Links/2005ITRS/FEP2005.pdf, 2005 Edition/ Zitiert am 18.01.2008.

[201] Tjaden, G. S., Flynn, M. J. *Detection and parallel execution of independent instructions.* IEEE Trans. on Computers, Band 19, Heft 10, S. 889-895, 1970.

[202] Tomasulo, R. M. *An Efficient Algorithm for Exploiting Multiple Arithmetic Units.* IBM Journal of Research and Development, Band 11, Heft 1, S. 25–33, 1967.

[203] Tremblay, M. *MAJC-5200. A VLIW Convergent MPSoC.* 12th Microprocessor Forum, 1999.

[204] Trivedi, K. S., Center for Advanced Computing and Communication, Duke University, *Software Aging and Rejuvenation.* (SHAMAN 2002 Keynote address). http://srejuv.ee.duke.edu/shaman02_secure.pdf . Revision vom 23.06.2002/ Zitiert am 30.11.2007.

[205] Tsai J., Yew P. *The Superthreaded Architecture: Thread Pipelining with Run-Time Data Dependence Checking and Control Speculation.* In Proc. of the Conference on Parallel Architectures and Compilation Techniques (PACT), S. 35-46, 1996.

[206] Tsao, M. M., Siewiorek, D. P. *Trend Analysis on System Error Files.* In Proc. of the 13th Int'l Symp. on Fault-Tolerant Computing (FTCS-13), S. 116-119, 1983.

[207] Tuck, N., Tullsen, D. *Initial Observations of the Simultaneous Multithreading Pentium 4 Processor.* In Proc. of the 12th Int'l. Conf. on Parallel Architectures and Compilation Techniques (PACT-12), S. 26ff, 2003.

[208] Tullsen, D., Eggers, S., Levy, H. *Retrospective: Simultaneous Multithreading: Maximizing On-Chip Parallelism.* In 25 Years of the Int'l. Symposia on Computer Architecture (Selected Papers), S. 115-116, 1998.

[209] Tullsen, D., Eggers, S., Emer, J., Levy, H., Lo, J., Stamm, R. *Exploiting Choice: Instruction Fetch and Issue on an Implementable Simultaneous Multithreading Processor.* In Proc. of the 23rd Int'l. Symp. on Computer Architecture (ISCA-23), S. 191-202, 1996.

[210] Tullsen, D., Eggers, S., Levy, H. *Simultaneous Multithreading: Maximizing On-Chip Parallelism.* In Proc. of the 22nd Int'l. Symp. on Computer Architecture (ISCA-22), S. 392 - 403, 1995.

[211] UEFI. *Unified Extensible Firmware Interface (UEFI) Specification 2.1,* http://www.uefi.org, Revision 2.1, Jan. 2007, Zitiert am 30.11.2007.

[212] Ungerer, Th., Robič, B., Šilc, J. *Multithreaded Processors.* The Computer Journal, Band 45, Heft 3, S. 320-348, 2002.

[213] Ungerer, Th., Šilc, J., Robič, B. *A Survey of Processors with Explicit Multithreading.* ACM Computing Surveys, Band 35, Heft 1, S. 29-63, 2003.

[214] Vaidya, N. H. *A Case for Two-Level Recovery Schemes.* IEEE Trans. on Computers, Band 47, Heft 6, S. 656-666, 1998.

[215] VDI-Richtlinien Schadensanalyse (VDI 3822), Blatt 1-4, Juli 1984 (Entwurf).

[216] Vijaykumar, T. N., Pomeranz, I., Cheng, K. *Transient-Fault Recovery Using Simultaneous Multithreading.* In Proc. of the 29th Int'l. Symp. on Computer Architecture (ISCA-29), 2002.

[217] Voskamp, E., Rosenstiel, W. *Error Detection in Fault Secure Controllers using State Encoding.* In Proc. of the 1996 European Conf. on Design and Test, S. 200-204, 1996.

[218] Wadsack, R. L. *Fault Modeling and Logic Simulation in CMOS and MOS Integrated Circuits.* Bell System Technical Journal, Band 57, S. 1449-1474, 1978.

[219] Wall, D. W. *Limits of Instruction-Level Parallelism.* Research Report 93/6, Digital Equipment Corporation, 1993.

[220] Wall, J., Macdonald, A. (Hrsg.), Jet Propulsion Laboratory California Institute of Technology and National Aeronautics and Space Administration. *The NASA ASIC Guide: Assuring ASICs for Space.* Draft 0.6, http://parts.jpl.nasa.gov/asic/Sect.3.4.html#A3, 1993, Zitiert am 18.01.2008.

[221] Wang, C.-J., Emnett, F. *Implementing Precise Interrupts in Pipelined RISC-Processors.* IEEE Micro, Band 13, Heft 4, S. 36-43, 1993.

[222] Wang, N. J. et al. *Characterizing the Effects of Transient Faults on a High-Performance Processor Pipeline.* In Proc. of the 2004 Int'l. Conf. on Dependable Systems and Networks (DSN'04), Band 00, S. 61-70, 2004.

[223] Weatherford, T. *From Carriers to Contacts. A Review of SEE Charge Collection Processes in Devices.* IEEE Nuclear and Space Radiation Effects Conference (NSREC'02), Short Course, 2002.

[224] Weaver, C., Austin, T. *A Fault Tolerant Approach to Microprocessor Design.* In Proc. of the Int'l. Conf. on Dependable Systems and Networks (DSN-2001), S. 411-420, 2001.

[225] Webber, S., Beirne, J. *The Stratus Architecture.* In Proc. of the 21st Int'l. Symp. on Fault-Tolerant Computing (FTCS-21), S. 79-85, 1991.

[226] Wolfe, A. *For Intel, it's a case of FPU all over again.* EE Times, 05/1997.

[227] Wood, A., *Data Integrity Concepts, Features, and Technology*, White paper, Tandem Division, Compaq Computer Corporation.

[228] Xilinx. *Virtex-E 1.8 V Field Programmable Gate Arrays.* http://direct.xilinx.com/bvdocs/publications/ds022.pdf. Revision 2.3 vom 17.07.2002/ Zitiert am 30.11.2007.

[229] Yamamoto, W., Serrano, M. J., Talcott, A. R., Wood, R. C., Nemirosky, M. *Performance estimation of multistreamed, superscalar processors.* In Proc. of the 27th Int'l. Conf. on System Sciences, S. 195–204, 1992.

[230] Yeager, K. C. *MIPS R10000 Superscalar Microprocessor.* IEEE Micro, Band 16, Heft 2, S. 28-40, April 1996.

[231] Yeh, Y. *Triple-triple redundant 777 primary flight computer.* In Proc. of the 1996 Aerospace Applications Conference, Band 1, S. 293-307, 1996.

[232] Yourst, M. T. *PTLsim: A Cycle Accurate Full System x86-64 Microarchitectural Simulator.* In Proc. of the Int'l. Symp. on Performance Analysis of Systems and Software (ISPASS'07), S. 23-34, 2007.

[233] Yu, S. *Fault Tolerance in Adaptive Real-Time Computing Systems.* Dissertation (UMI AAI3038176), Universität Stanford, 2002.

[234] Zhou, H. *A Case for Fault Tolerance and Performance Enhancement using Chip-Multiprocessors.* IEEE Computer Architecture Letters, Band 5, Heft 1, S. 22-25, 2006.

[235] Ziegler, J. et al. *IBM Experiments in Soft Fails in Computer Electronics.* IBM Journal of Research and Development, Band 40, Heft 1, 1998.

[236] Ziegler, J. *Terrestrial cosmic ray intensities.* IBM Journal of Research and Development, Band 42, Heft 1, S. 117ff, 1998.

[237] Ziegler, J., Puchner, H. *SER - History, Trends, and Challenges: A Guide for Designing with Memory ICs,* 2004.

[238] Ziv, A. *Performance Optimization of Checkpointing Schemes with Task Duplication.* IEEE Trans. on Computers, Band 46, Heft 12, S. 1381-1386, 1997.

Index

WWW.VIEWEGTEUBNER.DE

Vieweg+Teubner Research

Wir veröffentlichen Ihre wissenschaftliche Arbeit

Mit unserem neuen Programm Vieweg+Teubner Research möchten wir der Fachwelt herausragende wissenschaftliche Arbeiten aus Technik und Naturwissenschaft präsentieren. Wir veröffentlichen Dissertationen, Habilitationen, Tagungs- und Sammelbände sowie Schriftenreihen – gerne auch Ihre.

Wir bieten Ihnen:

- Qualitative Begutachtung und Auswahl der Manuskripte
- Deutsche und englische Publikationen
- Veröffentlichung auch von kleinen Auflagen
- Kurze Produktionszeiten von 6-8 Wochen
- Erstellung Ihrer Pflichtexemplare mit Sonderausstattung gemäß Ihrer Promotionsordnung
- Vielseitige Marketing-Aktivitäten und verlegerisches Know-how aus über 400 Jahren Erfahrung
- Schnelle, weltweite Verfügbarkeit als klassisches Buch und als E-Book (SpringerLink)
- Dauerhafte Lieferbarkeit
- Starkes Verlagsprogramm in den Fachgebieten: Bauwesen, Elektrotechnik, Informatik und IT, Maschinenbau und KFZ, Mathematik, Naturwissenschaften

Möchten Sie Autor bei Vieweg+Teubner werden? Kontaktieren Sie uns!

Christel A. Roß | christel.ross@viewegteubner.de | Tel.: +49(0)611.7878-326

TECHNIK BEWEGT.

SPRINGER NATURE

GPSR Compliance

The European Union's (EU) General Product Safety Regulation (GPSR) is a set of rules that requires consumer products to be safe and our obligations to ensure this.

If you have any concerns about our products, you can contact us on ProductSafety@springernature.com

In case Publisher is established outside the EU, the EU authorized representative is:

Springer Nature Customer Service Center GmbH
Europaplatz 3
69115 Heidelberg, Germany